INTRODUÇÃO À TERAPIA COGNITIVO-COMPORTAMENTAL CONTEMPORÂNEA

H713i Hofmann, Stefan G.
Introdução à terapia cognitivo-comportamental contemporânea / Stefan G. Hofmann ; tradução: Régis Pizzato ; revisão técnica: Carmem Beatriz Neufeld. – Porto Alegre : Artmed, 2014.
xv, 218 p. : il. ; 23 cm.

ISBN 978-85-8271-094-4

1. Psicologia. 2. Terapia cognitivo-comportamental. I. Título.

CDU 159.9:615.851

Catalogação na publicação: Ana Paula M. Magnus – CRB 10/2052

STEFAN G. HOFMANN, PH.D.

INTRODUÇÃO À TERAPIA COGNITIVO-COMPORTAMENTAL CONTEMPORÂNEA

Tradução:
Régis Pizzato

Revisão técnica desta edição:
Carmem Beatriz Neufeld
Doutora em Psicologia pela Pontifícia Universidade Católica do
Rio Grande do Sul (PUCRS).
Mestre em Psicologia Social e da Personalidade pela PUCRS.
Professora Doutora II do Departamento de Psicologia da Faculdade de Filosofia,
Ciências e Letras de Ribeirão Preto da Universidade de São Paulo (USP).
Presidente da Federação Brasileira de Terapias Cognitivas
(Gestão 2011-2013/ 2013-2015).

2014

Obra originalmente publicada sob o título
An Introduction to Modern CBT: Psychological Solutions to Mental Health Problems
ISBN 9780470971765 / 0470971762

Copyright © 2012, John Wiley & Sons Limited.
All Rights Reserved. Authorised translation from the English language edition published by John Wiley & Sons Limited. Responsibility for the accuracy of the translation rests solely with Artmed Editora Ltda., and is not the responsibility of John Wiley & Sons Limited. No part of this book may be reproduced in any form without written permission of the original copyright holder, John Wiley & Sons Limited.

Gerente editorial – *Letícia Bispo de Lima*

Colaboraram nesta edição:

Coordenadora editorial: *Cláudia Bittencourt*

Assistente editorial: *Jaqueline Fagundes Freitas*

Capa: *Márcio Monticelli*

Imagem de capa : ©*thinkstockphotos.com / SIRIPONG JITCHUM, Abstract fractal background e* ©*thinkstockphotos.com / Trifonov_Evgeniy, Galaxy*

Preparação de originais: *Lisandra Cássia Pedruzzi Picon*

Leitura final: *Cristina Arena Forli*

Editoração: *Techbooks*

Reservados todos os direitos de publicação, em língua portuguesa, à
ARTMED EDITORA LTDA., uma empresa do GRUPO A EDUCAÇÃO S.A.
Av. Jerônimo de Ornelas, 670 – Santana
90040-340 – Porto Alegre – RS
Fone: (51) 3027-7000   Fax: (51) 3027-7070

É proibida a duplicação ou reprodução deste volume, no todo ou em parte, sob quaisquer formas ou por quaisquer meios (eletrônico, mecânico, gravação, fotocópia, distribuição na Web e outros), sem permissão expressa da Editora.

Unidade São Paulo
Av. Embaixador Macedo Soares, 10.735 – Pavilhão 5 – Cond. Espace Center
Vila Anastácio – 05095-035 – São Paulo – SP
Fone: (11) 3665-1100   Fax: (11) 3667-1333

SAC 0800 703-3444 – www.grupoa.com.br

IMPRESSO NO BRASIL
PRINTED IN BRAZIL
Impresso sob demanda na Meta Brasil a pedido de Grupo A Educação.

Sobre o autor

Stefan G. Hofmann, Ph.D., é professor de psicologia no Departamento de Psicologia da Boston University, onde atua como diretor do Laboratório de Pesquisa em Psicoterapia e Emoção. Suas pesquisas abordam, sobretudo, os mecanismos de mudança no tratamento, transpondo as descobertas da neurociência para aplicações clínicas, estratégias de regulação de emoções e expressões culturais da psicopatologia. Sua área principal de pesquisa é a terapia cognitivo-comportamental (TCC) e os transtornos de ansiedade. Suas pesquisas recebem o apoio do National Institute of Mental Health, da National Alliance for Research on Schizophrenia and Depression, de empresas farmacêuticas e de outras organizações privadas. Publicou mais de 200 artigos científicos e nove livros. Atualmente, é editor adjunto do *Journal of Consulting and Clinical Psychology*, foi editor da *Cognitive and Behavior Practice*, membro do conselho da Academy of Cognitive Therapy e consultor durante o processo de desenvolvimento do *Manual diagnóstico e estatístico de transtornos mentais – quinta edição* (DSM-5). Também trabalha como psicoterapeuta, usando TCC. Para mais informações, acesse http://www.bostonanxiety.org/.

Para Aaron T. Beck por seu trabalho pioneiro que mudou o campo da psicoterapia para sempre. Sua terapia ajudou incontáveis pacientes com transtornos mentais debilitantes, e sua teoria foi uma inspiração para gerações de clínicos e pesquisadores.

Agradecimentos

É impossível agradecer a todos que me ajudaram a desenvolver este livro. Portanto, a lista de pessoas a seguir é, inevitavelmente, incompleta e arbitrária. Em primeiro lugar e acima de tudo, gostaria de agradecer a minha esposa, doutora Rosemary Toomey, e meus filhos, Benjamin e Lukas, pelo apoio e amor. Em seguida, gostaria de agradecer a meus pacientes por sua coragem, confiança, *insight* e disposição para compartilhar seu sofrimento pessoal e por me tornar parte da experiência de cura. Testemunhar pessoalmente o poder da cura ensina mais que uma palestra ou um livro, incluindo este. Gostaria também de agradecer a meus professores, amigos e colaboradores, que são os gigantes sobre cujos ombros me coloquei ao escrever esta obra. Entre eles estão os doutores Aaron T. Beck, Leslie Sokol, Anke Ehlers, Walton T. Roth, C. Barr Taylor, David H. Barlow, Michael W. Otto e Richard J. McNally. Suas ideias fizeram do mundo um lugar melhor. Por fim, gostaria de agradecer a meus alunos e colaboradores atuais por revisar trechos deste livro, incluindo os doutores Idan Aderka, Anu Asnaani, Hans-Jakob Boer, Jacqueline Bullis, Michelle Capozzoli, Angela Fang, Cassidy Gutner, Angela Nickerson e Alice (Ty) Sawyer. Tenho plena consciência de minha sorte em ter tido o privilégio de trabalhar com esses amigos maravilhosos, mentores brilhantes, alunos excelentes e pacientes notáveis.

Apresentação

A terapia cognitiva é uma área em evolução. Depois de um período inicial de adolescência tempestuosa, chegou agora a um estágio de maturidade. Embora a farmacoterapia tenha evidenciado seus benefícios, ela pode ter alcançado seus limites, deixando claro que provavelmente nunca existirá uma "pílula mágica" para cada condição psiquiátrica. Por conseguinte, tornou-se evidente que intervenções psicoterapêuticas são necessárias para tratar, com eficácia, a gama de transtornos mentais.

Uma série de protocolos de terapia cognitiva específicos para cada transtorno vem sendo desenvolvida nos últimos anos. Esses tratamentos são destinados a vários problemas diferentes, incluindo dor, transtornos do sono, disfunções sexuais, depressão, ansiedade e uso de substâncias, para citar alguns. Apesar dos diversos enfoques específicos de sintomas pertencentes a esses protocolos de terapia cognitiva, todos eles compartilham características que os embasam dentro da mesma estrutura conceitual. A abordagem central da terapia cognitiva, a qual se aplica a praticamente todos os transtornos mentais, pode ser dividida em três aspectos: primeiro, há desencadeadores externos que ativam crenças mal-adaptativas que subsequentemente levam a pensamentos mal-adaptativos automáticos; segundo, existe um foco de atenção a tais crenças e pensamentos; e, terceiro, há mecanismos de controle mal-adaptativos. Por exemplo, no caso de transtorno de pânico, o desencadeador externo pode ser a sensação de palpitações cardíacas. A crença da pessoa pode ser de que os sintomas corporais são prejudiciais e incontroláveis. Na tentativa de controlar essas sensações, a pessoa pode assumir comportamentos de esquiva que funcionam como mecanismos de controle mal-adaptativos. Tais mecanismos de controle agravam o problema. Consequentemente, o indivíduo é forçado a se concentrar ainda mais nos sintomas temidos e a adotar mais comportamentos de esquiva, que levam à manutenção do transtorno.

Uma série de técnicas de tratamento surge da adoção dessa tríade na conceituação de um transtorno mental. Por exemplo, o terapeuta pode identificar e avaliar as crenças mal-adaptativas, visar os mecanismos de controle mal-adaptativos e lidar com o foco de atenção, por exemplo, ao encorajar o indivíduo a direcionar sua atenção a outros estímulos não ameaçadores.

Este livro adaptou esses princípios fundamentais de terapia cognitiva a uma série de transtornos mentais. Embora as técnicas distintas de tratamento sejam bastante específicas e feitas sob medida para determinado transtorno e um paciente em particular, todas as técnicas se sustentam sobre o mesmo modelo básico de intervenção. Acredito que esta obra será um recurso importante para terapeutas em treinamento e uma ferramenta de referência prática para o clínico.

Aaron T. Beck, M.D.
Professor de Psiquiatria
Departamento de Psiquiatria
University of Pennsylvania

Prefácio

A mente resolve o problema: se você não tem uma mente, qual o problema?
— Dublê de Benjamin Franklin, Boston, Massachusetts

Os transtornos mentais são frequentes e causam um alto grau de sofrimento pessoal e encargos financeiros à sociedade. Medicamentos psicotrópicos constituem o tratamento corrente para tais condições. Esses medicamentos estão entre os produtos mais bem-sucedidos de uma indústria altamente rentável.

Intervenções psicológicas, em particular, a terapia cognitivo-comportamental (TCC), são alternativas altamente eficientes ao tratamento medicamentoso. A TCC é um tratamento muito simples, intuitivo e transparente. Abrange um grupo de intervenções que compartilham a mesma ideia básica: a de que cognições influenciam emoções e comportamentos de forma profunda e causal e, portanto, contribuem para a manutenção de condições psiquiátricas. O modelo específico e as técnicas de tratamento dependem do transtorno, e as estratégias mudam quanto mais se descobre sobre o problema em questão. Este livro fornece uma introdução à abordagem moderna da TCC para alguns transtornos mentais frequentes. Embora a TCC tenha se tornado bastante conhecida, ainda há várias concepções equivocadas e "erros cognitivos" quanto a esse tratamento, o qual está definitivamente no caminho para se tornar a intervenção dominante para transtornos mentais. Minha intenção é resumir as estratégias de TCC estabelecidas, eficazes e com respaldo empírico, bem como as abordagens modernas e em desenvolvimento que ainda requerem validação por meio de experimentos clínicos bem-controlados e testes laboratoriais.

A mensagem principal deste texto é simples: a TCC é um modelo consistente, mas não envolve apenas uma única abordagem. Como a TCC está em evolução e sofre mudanças conforme se amplia o conhecimento, é mais adequado encará-la como uma disciplina científica em amadurecimento em vez de um conjunto de técnicas específicas de tratamento. O motivo para isso é o forte compromisso com o empreendimento científico e a abertura para traduzir e integrar novos achados empíricos sobre a psicopatologia de um transtorno em um modelo funcional da TCC do transtorno. Trata-se de um processo contínuo e iterativo; por exemplo, a TCC voltada para transtornos de ansiedade há 10 anos tinha uma roupagem muito diferente da TCC para essas condições atualmente. Embora o pressuposto fundamental da TCC continue o mesmo – mudanças na cognição são indícios causais de alterações na psicopatologia – as técnicas específicas de tratamento certamente se modificaram e irão continuar se modificando conforme o avanço das pesquisas de base sobre psicopatologia.

Minha esperança é que este livro facilite a divulgação da TCC. Estudos que compararam TCC e farmacoterapia demonstraram de forma consistente que a TCC é, no mínimo, tão eficaz quanto a farmacoterapia e, em várias ocasiões, provou-se que a TCC é ainda melhor que a maioria dos medicamentos eficazes, especialmente ao se levar em consideração os efeitos a longo prazo. Além disso, a TCC é mais bem tolerada, menos dispendiosa e está associada a menos complicações do que a farmacoterapia. Ainda assim, a farmacoterapia continua sendo o tratamento-padrão para transtornos comuns.

Há muitas razões que explicam por que a TCC ainda está lutando para se tornar a primeira opção de tratamento, ou pelo menos a alternativa inicial de tratamento, para uma variedade de problemas psiquiátricos. Empresas farmacêuticas têm um interesse constituído de promover e vender seus medicamentos, porque se pode ganhar muito dinheiro tratando as pessoas com eles, e uma grande quantidade de pessoas ganha muito dinheiro desenvolvendo e vendendo fármacos: pesquisadores que desenvolvem os fármacos, pesquisadores e vendedores que trabalham para a indústria farmacêutica e os médicos que receitam esses medicamentos. Em contrapartida, a TCC é consideravelmente menos lucrativa. Essa terapia é desenvolvida geralmente por psicólogos como parte de seus projetos de pesquisa. Caso o pesquisador tenha sorte, ele pode receber uma bolsa do National Institute of Mental Health para testar a eficácia do tratamento. Contudo, essas bolsas são poucas e extremamente difíceis de obter. Além disso, há uma enorme diferença entre o financiamento proporcionado para esses experimentos e os lucros obtidos pela bilionária indústria farmacêutica. Minha esperança é que este livro ajude a divulgar a TCC para um público esclarecido.

Os tratamentos farmacológicos frequentemente são escolhidos em detrimento de intervenções psicológicas devido ao estigma associado à psicoterapia. Tomar um comprimido para resolver um problema sugere que ele está vinculado a uma condição médica, o que desloca o suposto motivo de um problema comportamental ou um pensamento mal-adaptativo do paciente para um desequilíbrio bioquímico, o que, dessa forma, exime o paciente da responsabilidade. Associar transtornos mentais à desregulação bioquímica também é compatível com o modelo médico geral de sofrimento humano e dá a impressão de que o medicamento trata a raiz do problema. Especialistas em saúde mental sabem que isso não é verdade, já que modelos psicológicos fornecem uma explicação igualmente (e, às vezes, ainda mais) plausível e com validação científica para problemas psiquiátricos. Este livro oferece aos leitores esses modelos psicológicos contemporâneos.

Por fim, a preferência por farmacoterapia em detrimento às intervenções psicológicas parece estar relacionada ao pressuposto equivocado de que o tratamento medicamentoso detém fundamentos científicos superiores em comparação às psicoterapias. Medicamentos psiquiátricos são objeto de pesquisa durante anos, às vezes décadas, para que sua segurança e eficácia sejam estabelecidas. Esses testes geralmente iniciam com pesquisa em animais e depois examinam os efeitos do fármaco em seres humanos. Em contrapartida, o processo de desenvolvimento do tratamento psicológico é amplamente desconhecido do público. Neste livro, pretendo esclarecer esse processo e sintetizar a base empírica do desenvolvimento do tratamento psicológico.

Esta obra é destinada principalmente a estudantes e clínicos em processo de treinamento, bem como aos formuladores de políticas e consumidores que querem se informar sobre opções eficazes de intervenção psicológica. Minha intenção não foi escrever mais um livro de autoajuda. Ao contrário, meu objetivo é fornecer um guia prático de tratamento de uma única etapa para algumas das condições psiquiátricas mais comuns e debilitantes para todos que desejam se informar sobre alternativas de tratamento psicológico para transtornos mentais comuns. A seleção dos transtornos abordados nesta obra foi arbitrária, e muitas psicopatologias importantes deixaram de ser incluídas, como os transtornos alimentares, os transtornos da personalidade e os transtornos psicóticos. Ademais, não compilei uma análise exaustiva da literatura sobre TCC, mas ofereci ao leitor amostras de alguns dos modelos e abordagens estabelecidos e em desenvolvimento da técnica. O livro se propõe a apresentar uma introdução coerente, de orientação prática, e que captura algumas das técnicas tanto estabelecidas como mais novas em evolução da TCC. Pessoalmente, usarei este livro para o treinamento e a supervisão de clínicos e também como forma de manter atual meu próprio conhecimento sobre TCC para cada transtorno específico. Espero que você, leitor, faça o mesmo.

Stefan G. Hofmann, Ph.D.
Boston, Massachusetts

Sumário

Capítulo 1	A ideia básica	1
Capítulo 2	Fortalecendo a mente	23
Capítulo 3	Confrontando as fobias	47
Capítulo 4	Combatendo o pânico e a agorafobia	61
Capítulo 5	Vencendo o transtorno de ansiedade social	79
Capítulo 6	Tratando o transtorno obsessivo-compulsivo	93
Capítulo 7	Derrotando o transtorno de ansiedade generalizada e a preocupação	105
Capítulo 8	Lidando com a depressão	121
Capítulo 9	Superando os problemas com álcool	135
Capítulo 10	Resolvendo os problemas sexuais	151
Capítulo 11	Manejando a dor	165
Capítulo 12	Dominando o sono	177
Referências		191
Índice		205

1 A ideia básica

Joe

Joe é um vendedor de carros de 45 anos. Mora com sua esposa Mary em um subúrbio de Boston e tem dois filhos, de 9 e 12 anos de idade. A família contava com uma boa situação financeira até Joe ser despedido há três meses. Mary já trabalhava em meio expediente como recepcionista em um consultório dentário e conseguiu passar para turno integral quando o marido ficou desempregado. Sua renda é suficiente para sustentá-los, pelo menos por enquanto.

Desde que foi despedido, Joe fica em casa. Ele ajuda a aprontar os filhos para a escola, mas, então, volta para a cama, onde fica até às 13 ou 14 horas. Assiste à TV até que os filhos e a esposa retornem. Às vezes, não tem energia nem para isso. Sente-se imprestável e acredita que nunca vai conseguir outro emprego. Mary está muito preocupada com ele. Apesar da ausência de motivação de Joe ter gerado discussões sobre as tarefas domésticas e o preparo das refeições, ela faz o possível para que o esposo se sinta melhor. Contudo, o acúmulo de responsabilidades torna-se pesado para Mary.

Joe está deprimido. Seguidamente, tem dificuldades com seu humor, sua motivação e sua energia, mas, dessa vez, sua depressão é mais grave que de costume. O fato de ter sido despedido aparentemente desencadeou uma depressão maior. Qualquer um ficaria chateado e triste depois de ser despedido, mas, no caso de Joe, o nível e a duração da tristeza estão evidentemente fora da faixa de normalidade. Esta não é a primeira vez que Joe se sentiu assim. Logo após o nascimento de seu segundo filho, ele passou por um período de depressão grave que durou quase um ano. Não houve um fator desencadeador específico, além do nascimento do filho. Ele ficou tão deprimido que chegou a pensar em suicídio por enforcamento. Felizmente, não agiu movido por esses pensamentos. Ele usou vários medicamentos para depressão, mas achou que eles não ajudavam e ficou incomodado devido aos efeitos colaterais.

> Mary leu recentemente sobre uma forma de terapia verbal em uma revista, chamada de terapia cognitivo-comportamental (TCC). Ela ficou bastante animada e resolveu que Joe devia experimentar a TCC. Naquele dia, quando chegou em casa, pediu a Joe que lesse o artigo na revista. Ele não acreditou que a terapia pudesse ajudá-lo. O casal teve uma discussão mais intensa que o normal, e Mary fez com que Joe prometesse tentar se submeter ao tratamento. Mary marcou um horário com um psicólogo em Boston especializado em TCC.
>
> No decorrer de 16 sessões de uma hora de TCC, a depressão de Joe começou a melhorar e, no final do tratamento, havia praticamente desaparecido. Ele desenvolveu uma perspectiva positiva em relação à vida e uma atitude positiva em relação a si mesmo. Seu relacionamento com a esposa e os filhos melhorou consideravelmente, e ele conseguiu um novo emprego como vendedor de carros algumas semanas depois de iniciar a TCC.

A recuperação de Joe após o tratamento não é incomum. A TCC é uma forma de psicoterapia de curto prazo altamente eficiente que abrange uma ampla gama de psicopatologias graves, incluindo depressão, transtornos de ansiedade, transtornos pelo uso de álcool, transtornos do sono, transtornos dolorosos, entre diversas outras condições. As estratégias de TCC que abordam alguns desses transtornos comuns são descritas detalhadamente nos capítulos seguintes. Este capítulo analisa os princípios norteadores sobre os quais se baseiam as estratégias específicas para cada transtorno.

Os fundadores

Aaron T. Beck e Albert Ellis desenvolveram, de forma independente, a terapia que mais tarde veio a ser conhecida como TCC. Beck tinha formação em psicanálise e ficou descontente com a falta de respaldo empírico para as ideias de Freud. Em seu trabalho com indivíduos com depressão, descobriu que esses pacientes relatavam fluxo de pensamentos negativos que pareciam surgir espontaneamente. Beck chamou essas cognições de pensamentos automáticos. Tais pensamentos baseiam-se em crenças centrais, denominadas esquemas, que a pessoa tem sobre si mesma, o mundo e o futuro. Esses esquemas determinam como um indivíduo pode interpretar uma situação específica e, isso, gerar pensamentos automáticos específicos. Os pensamentos automáticos específicos contribuem para uma avaliação cognitiva mal-adaptativa da situação ou do evento, levando a uma resposta emocional. Com base nesse modelo geral, Beck desenvolveu um método de tratamento para ajudar pacientes a identificar e avaliar esses pensamentos e crenças de ordem superior com a finalidade de encorajá-los a pensarem de forma mais realista, comportarem-se de modo mais funcional e sentirem-se melhor psicologicamente.

Como Beck, Ellis tinha formação em psicanálise freudiana, mas, mais tarde, foi influenciado pela neofreudiana Karen Horney. Similarmente à abordagem de Beck, o método de tratamento de Ellis enfatiza a importância dos processos cognitivos e é uma forma ativa e direcionada de psicoterapia. O terapeuta ajuda o paciente a perceber que suas próprias crenças contribuem enormemente para manter, e até mesmo causar, seus problemas psicológicos. Essa abordagem faz os pacientes perceberem a irracionalidade e a rigidez de sua forma de pensar e os encoraja a mudar de forma ativa crenças e comportamentos derrotistas. Ellis inicialmente batizou o tratamento de terapia racional, depois de terapia racional emotiva e, finalmente, de terapia racional emotiva comportamental, para acentuar a importância correlacionada de cognição, comportamento e emoção. Beck prefere a expressão *mal-adaptativo* ou *disfuncional*, em vez *de irracional*, para descrever a natureza das cognições distorcidas, já que pensamentos não precisam ser irracionais para serem mal-adaptativos. Por exemplo, algumas pessoas com depressão podem apresentar uma avaliação mais realista do perigo potencial na vida. Contudo, esse "realismo depressivo" é mal-adaptativo, porque interfere na vida normal.

Infelizmente, o doutor Ellis morreu em 24 de julho de 2007. O doutor Beck, agora com mais de 90 anos, ainda está atuante, como clínico e cientista, e tem uma sede insaciável por conhecimento. Beck e Ellis, que desenvolveram suas duas abordagens de terapia nos anos de 1960, tiveram uma enorme influência sobre a psicologia e a psiquiatria clínicas contemporâneas. Frente ao domínio avassalador do pensamento psicanalítico, esses dois pioneiros começaram a questionar alguns dos pressupostos fundamentais da psiquiatria. Motivados pela intuição de que os problemas humanos são mais bem resolvidos por soluções humanas, Beck e Ellis começaram a utilizar métodos empíricos para tratar transtornos mentais e a estudar, de forma crítica, questões incômodas na psiquiatria. Ellis, um psicólogo clínico, montou seu consultório no centro de Manhattan. Como em vários outros lugares na época, Nova York era vastamente dominada pela psicanálise. De modo semelhante, Beck, um psiquiatra acadêmico da University of Pennsylvania, continuou sua busca frente a uma forte resistência da comunidade psiquiátrica geral, a qual era dominada por ideias freudianas. Quando sua solicitação de fundos de pesquisa para testar suas ideias foi rejeitada, ele reuniu amigos e colegas para conduzir seus estudos sem apoio financeiro do governo nem de outras instituições. Quando seus artigos foram rejeitados por publicações acadêmicas, ele convenceu editores mais liberais a divulgar seus escritos na forma de livros.

Em reconhecimento a sua influência, Beck recebeu o Prêmio Lasker em 2006, uma distinção médica de alto prestígio geralmente concedida a indivíduos que, mais tarde, ganham o Prêmio Nobel. O presidente do corpo de jurados do Prêmio Lasker destacou que "a terapia cognitiva é um dos avanços mais importantes

– senão o mais importante – no tratamento de doenças mentais nos últimos 50 anos" (Altman, 2006).

Apesar da evidente influência da abordagem e da eficácia do tratamento, a maioria das pessoas com problemas psicológicos não tem fácil acesso a serviços de TCC. Ao contrário do que ocorre com medicamentos psiquiátricos, não há uma indústria de peso que promova a TCC. Em uma tentativa de aumentar a disponibilidade desse tipo de terapia, em alguns países, políticos decidiram não deixar o destino dos serviços de saúde mental ser determinado pelo interesse financeiro da indústria farmacêutica e assumiram o controle da situação. Em outubro de 2007, a Secretaria da Saúde do Reino Unido anunciou um plano de gastos de 300 milhões de libras (600 milhões de dólares) para iniciar um programa de seis anos com o objetivo de treinar um exército de terapeutas para que o povo britânico tivesse acesso à TCC. Essa mudança na prestação de serviços de saúde baseou-se nos dados econômicos que demonstraram a redução dos custos proporcionada pela TCC para o tratamento de transtornos mentais comuns com relação à farmacoterapia ou à psicanálise. Similarmente, em 1996, o governo australiano recomendou a disponibilização da TCC e introduziu um plano para fornecer maior acesso a esses serviços.

Uma ideia simples e eficaz

Embora Beck e Ellis recebam o devido crédito por seu trabalho pioneiro, a ideia básica que deu origem à nova abordagem de psicoterapia certamente não é recente. Pode-se até argumentar que se trata apenas de senso comum aplicado na prática. Talvez a primeira expressão da ideia da TCC remonte a Epicteto, um filósofo grego estoico que viveu de 55 a 134 d.C. Atribui-se a ele a frase: "Os homens são movidos e perturbados não pelas coisas, mas pelas opiniões que têm delas". Mais tarde, Marco Aurélio (121-180 d.C.) escreveu em *Meditações*: "Se estás aflito por alguma coisa externa, não é ela que te perturba, mas o juízo que dela fazes. E está em teu poder dissipar esse juízo." E William Shakespeare escreveu, em *Hamlet*: "Nada é bom ou mau, a não ser por força do pensamento". Outros filósofos, artistas e poetas expressaram ideias semelhantes ao longo da história.

A noção fundamental da TCC é simples. Trata-se da ideia de que nossas reações comportamentais e emocionais são fortemente influenciadas por nossas cognições (i.e., pensamentos), as quais determinam como percebemos as coisas. Ou seja, apenas ficamos ansiosos, com raiva ou tristes se acreditamos que temos motivos para ficarmos ansiosos, com raiva ou tristes. Em outras palavras, não é a situação em si, e sim nossas percepções, expectativas e interpretações (i.e., a avaliação cognitiva) de eventos que são responsáveis por nossas emoções. Talvez essa ideia seja mais bem explicada pelo exemplo a seguir, fornecido por Beck (1976):

> **A dona de casa (Beck, 1976, p. 234-235)**
>
> Uma dona de casa ouve uma porta bater. Ela faz várias hipóteses: "Talvez seja Sally voltando da escola", "Talvez seja um ladrão", "Talvez tenha sido o vento que fechou a porta com força". A hipótese escolhida vai depender da consideração dada a todas as circunstâncias relevantes. O processo lógico de testagem da hipótese pode ser perturbado, entretanto, pela carga psicológica da dona de casa. Se seus pensamentos são dominados pelo conceito de perigo, ela pode imediatamente chegar à conclusão de que se trata de um ladrão. Ela faz uma inferência arbitrária. Embora a inferência não seja necessariamente incorreta, ela se baseia sobretudo em processos cognitivos internos em vez de informações reais. Caso fuja e se esconda, ela adia ou negligencia a oportunidade de refutar (ou confirmar) a hipótese.

Dessa forma, o mesmo evento inicial (ouvir uma porta bater) suscita emoções muito diferentes, dependendo de como a dona de casa interpreta o contexto situacional. O barulho em si não suscita emoções de qualquer tipo, mas quando a dona de casa acredita que o bater da porta sugere que há um ladrão em casa, ela sente medo. Ela pode chegar a essa conclusão mais rapidamente se estiver de alguma forma predisposta por ter lido sobre arrombamentos no jornal ou se ela possui uma crença central (esquema) de que o mundo é um lugar perigoso e que é uma questão de tempo até que um ladrão invada sua casa. Seu comportamento, evidentemente, seria muito diferente se ela sentisse medo do que se ela acreditasse que o evento não possuísse um sentido significativo. É a isto que Epicteto se referia quando afirmou que "os homens são movidos e perturbados não pelas coisas, mas pelas opiniões que têm delas". Se usarmos uma terminologia mais moderna, podemos afirmar que é a avaliação cognitiva da situação ou do evento que determina nossa resposta, incluindo comportamentos, sintomas físicos e experiência subjetiva.

Beck (1976) chama essas pressuposições sobre eventos e situações de *pensamentos automáticos*, porque os pensamentos surgem sem muita reflexão ou raciocínio prévio. Ellis (1962) se refere a essas pressuposições como *autoafirmações*, porque são ideias que a pessoa diz a si mesma. As autoafirmações interpretam os eventos no mundo exterior e desencadeiam respostas emocionais e comportamentais a esses eventos. Tal relação é ilustrada no modelo ABC de Ellis, no qual A representa o evento antecedente (o bater da porta); B, a crença ("deve ser um ladrão"); e C, a consequência (medo). B também pode representar uma *lacuna*, porque o pensamento pode ocorrer tão rápida e automaticamente que a pessoa age como que por reflexo ao evento ativador, sem reflexão crítica. Se a cognição não está no centro da consciência do indivíduo, pode ser difícil identificá-la – razão pela qual Beck se refere a essas pressuposições como um pensamento *automático*. Nesse caso, a pessoa precisa observar criteriosamente a sequência de eventos e a reação a eles, e, então, explorar o sistema de crenças subjacente. Portanto, a TCC frequentemente requer que o paciente atue como um detetive ou um cientista que está tentando encontrar as peças que faltam do quebra-cabeça (i.e., preencher as lacunas).

Apesar das diferenças que usam em terminologia, Beck e Ellis desenvolveram, de forma independente, abordagens de tratamento bastante semelhantes. A ideia por trás de seus métodos é que cognições distorcidas se encontram na base dos problemas psicológicos. Essas cognições são consideradas distorcidas porque são percepções e interpretações errôneas de situações e eventos, caracterizadamente não refletem a realidade, são mal-adaptativas e levam a sofrimento emocional, problemas comportamentais e excitação fisiológica. Os padrões específicos dos sintomas físicos, sofrimento emocional e comportamentos disfuncionais que resultam de tal processo são interpretados como síndromes de transtornos mentais.

Fatores de início *versus* fatores de manutenção

O motivo pelo qual um problema psicológico começa em geral não é a mesma razão pela qual o problema se mantém. Pode ser interessante saber como e por que o problema começou, mas essa informação é relativamente pouco importante para o tratamento no caso da TCC. Conhecer os fatores de início não fornece informações necessárias nem suficientes para o tratamento. Um simples exemplo médico pode demonstrar esse argumento: há várias maneiras de quebrar o braço. Uma delas pode ser cair nas escadas em casa, sofrer um acidente de esqui ou ser atropelado. Quando vamos ao médico, ele pode perguntar como aconteceu, por curiosidade, mas a informação é pouco importante para selecionar o tratamento adequado: engessar o braço.

Evidentemente, os transtornos mentais são de forma considerável mais complexos do que um braço quebrado. No caso de Joe, por exemplo, mais de um único motivo o levou à depressão. Aparentemente, ele tem uma tendência a se deprimir. Quando foi despedido, não conseguiu lidar com o estresse. Contudo, muitas pessoas são despedidas, mas apenas uma minoria desenvolve depressão. Outras não desenvolvem depressão, mas sofrem de outros problemas, como uso de substâncias, transtornos de ansiedade ou disfunções sexuais. Em outras palavras, o mesmo estressor pode ter efeitos extremamente distintos sobre pessoas diferentes. A maioria das pessoas lida com o fato sem sofrer consequências duradouras, apenas em uma minoria o estressor produz transtornos mentais, e quando isso ocorre, o mesmo estressor raramente fica associado a um problema psicológico específico. Uma exceção que se destaca é o transtorno de estresse pós-traumático (TEPT), em que um evento terrível fora da experiência humana cotidiana – como trauma psicológico causado por estupro, guerra ou um acidente – fica vinculado especificamente ao desenvolvimento de uma síndrome característica de transtornos mentais. Contudo, mesmo nesses casos extremos, apenas uma minoria sofre de TEPT. Na maioria dos casos, os estressores têm efeitos bastante inespecíficos sobre problemas psicológicos, isso quando apresentam efeitos.

O fato de um estressor levar ou não a um problema psicológico específico é determinado pela vulnerabilidade da pessoa que desenvolve tal condição. Essa vulnerabilidade, por sua vez, é determinada primariamente pela predisposição genética do indivíduo a desenvolver um problema específico. O modelo diátese--estresse de psicopatologia é uma teoria amplamente aceita de como transtornos mentais aparecem. Contudo, determinar quais dos mais de 20 mil genes codificadores de proteínas causam predisposição a transtornos mentais é uma tarefa para futuras gerações de pesquisadores. Mesmo se conhecêssemos a identidade e as combinações desses genes, seria difícil prever quem irá e quem não irá desenvolver um transtorno mental; além da configuração genética do indivíduo, precisaríamos saber se ou quando a pessoa será exposta a determinados estressores e se ela conseguirá ou não lidar com eles. Para complicar ainda mais a questão, a área ainda em expansão da epigenética sugere que as experiências ambientais podem levar à ativação ou à desativação de determinados genes, e essas mudanças conduzem não apenas a alterações de longo prazo em traços em um indivíduo, mas também podem ser transmitidas a gerações posteriores. Isso destaca a importância de aprendizado e experiência, o processo que ocorre na TCC, para psicopatologia dentro da mesma geração e de uma geração para outra.

Na maioria dos transtornos mentais, os fatores de início e os de manutenção são muito diferentes, porque o motivo pelo qual um problema começou frequentemente não está relacionado, ou apresenta pouca relação, com a razão pela qual a perturbação persiste. No caso de Joe, por exemplo, a depressão, em grande parte, manteve-se devido a seus pensamentos autodepreciativos, sua inatividade e ao sono excessivo. Observe que psiquiatras geralmente consideram pensamentos autodepreciativos, inatividade e sono excessivo sintomas de depressão, enquanto terapeutas de TCC acreditam que esses quesitos são parcialmente responsáveis pela depressão e que Joe tem o poder de mudá-los.

TCC na psiquiatria

A TCC é uma estratégia altamente eficiente para lidar com vários transtornos mentais. Na realidade, a TCC é, no mínimo, tão eficaz quanto medicamentos para os transtornos que serão abordados neste livro. Além disso, a TCC não está associada a qualquer tipo de efeito colateral e pode ser praticada sem riscos durante um período de tempo ilimitado. O objetivo da TCC é mudar as formas mal-

-adaptativas de pensamento e de atuação com a finalidade de melhorar o bem-estar psicológico. Nesse contexto, é importante explicar o termo *mal-adaptativo*, essencial para a definição de transtornos mentais. Tanto psiquiatras quanto psicólogos enfrentam uma discussão acalorada, prolongada e ainda em andamento sobre a melhor maneira de definir um transtorno mental. Jerome Wakefield (1992) ofereceu uma definição contemporânea e popular de transtorno mental: uma *disfunção nociva*. O transtorno é prejudicial porque apresenta consequências negativas para o indivíduo e também porque é encarado de forma negativa pela sociedade. Trata-se de uma disfunção porque ter o problema significa que a pessoa não consegue desempenhar uma função natural conforme ela foi estabelecida pela evolução (para uma abordagem crítica, consultar McNally, 2011).

Alguns dos posicionamentos mais extremos nesse debate questionam se os transtornos mentais existem ou não. Um dos primeiros e mais eloquentes defensores de tal posicionamento foi Thomas Szasz (1961). Szasz vê transtornos mentais como construtos essencialmente arbitrários e fabricados pela sociedade sem uma base empírica evidente. Ele argumenta que psicopatologias, como depressão, transtorno de pânico e esquizofrenia, são simplesmente rótulos que a sociedade aplica a experiências humanas normais. As mesmas experiências que são rotuladas como doença em uma cultura ou em um momento específico na história, podem ser consideradas normais ou até mesmo desejáveis em outra cultura ou em outro momento histórico.

Defensores da TCC reconhecem que a cultura contribui para a expressão de um transtorno, mas discordam da visão de que o sofrimento humano é apenas um construto fabricado pela sociedade. Ao contrário, a TCC conceitualiza transtornos mentais como problemas humanos reais que podem ser tratados com soluções humanas reais. Ao mesmo tempo, a TCC critica a medicação excessiva das experiências humanas. Na TCC, não é importante se um problema psicológico que interfere no funcionamento normal é rotulado como uma doença psiquiátrica. As denominações das psicopatologias mentais são passageiras, e os critérios usados para definir um transtorno mental específico são arbitrários e fabricados. Mas o sofrimento humano, a aflição emocional, os problemas comportamentais e as distorções cognitivas são reais. Independentemente da denominação aplicada ao sofrimento humano – ou mesmo da existência de uma designação para ele – a TCC ajuda a pessoa acometida a compreender e a aliviar esse sofrimento.

No outro extremo, está a visão de que os transtornos mentais são entidades médicas distintas. Clínicos com orientação psicanalítica acreditam que esses transtornos estão enraizados em conflitos arraigados. Com base no pensamento freudiano, esses conflitos geralmente são considerados resultado da repressão (p. ex., supressão) de pensamentos, desejos, impulsos, vontades ou sentimentos indesejados. Por exemplo, seria possível considerar que o conflito de Joe está enraizado em seu relacionamento com a mãe ou o pai e que seu humor deprimido poderia ser encarado como resultado da raiva por eles que foi redirecionada para si mesmo. Psicanalistas mais modernos, que costumam se identificar como psicoterapeutas voltados para o *insight* ou psicodinâmicos, podem colocar ênfase maior na existência de conflitos interpessoais não resolvidos, em comparação com terapeutas freudianos, que se concentram nas experiências da infância. Por exemplo, terapeutas psicodinâmicos modernos podem ver a depressão de Joe como o resultado de um pesar mal-resolvido decorrente de um relacionamento perdido com uma pessoa significativa, como seu pai ou sua mãe. O problema com tais ideias é que mesmo depois de mais de cem anos de psicanálise, elas praticamente não têm respaldo científico.

Em vez de investigar o passado para revelar algum conflito primário no relacionamento do filho com os pais que possa ter causado o problema, a TCC concentra-se principalmente no aqui e agora, a menos que o passado esteja de modo evidente causando o problema presente. Por exemplo, o desemprego recente de Joe, suas tentativas anteriores de lidar com a depressão e todos os eventos que ocorreram no passado e que podem ter contribuído para a situação presente são importantes. Contudo, ao contrário da terapia psicodinâmica, a TCC não se baseia em uma noção preconcebida de que a depressão atual de Joe possa estar relacionada a conflitos não resolvidos com seu pai, sua mãe ou qualquer outra figura de apego, ou que a doença seja a expressão de uma energia fugidia que foi direcionada a ele mesmo. Ao contrário, a TCC adota uma abordagem científica e exploratória na tentativa de compreender o sofrimento humano. Ao fazê-lo, o paciente é encarado como um especialista que tem a capacidade de mudar o problema, e não como uma vítima impotente.

Psiquiatras com orientação biológica acreditam que os transtornos mentais são entidades biológicas. Defensores dessa perspectiva argumentam que transtornos mentais têm vínculo causal com fatores biológicos específicos, como disfunções em determinadas regiões do cérebro e desequilíbrio de neurotransmissores. Neurotransmissores são moléculas que transmitem sinais de uma célula nervosa para outra. Por exemplo, a serotonina é um neurotransmissor envolvido nos sentimentos de ansiedade e depressão. Muitos psiquiatras com orientação biológica atualmente acreditam que uma deficiência de serotonina é a causa de diversos transtornos mentais. A área específica do cérebro com maior número de pesquisas é a amígdala, uma estrutura pequena em forma de amêndoa localizada no interior do encéfalo. Com os avanços na tecnologia genética, alguns pesquisadores estão tentando localizar genes específicos que contribuem para o desenvolvimento de transtornos mentais. A TCC reconhece a importância da biologia para os problemas psicológicos e o sofrimento humano. Contudo, descobrir o substrato biológico de um sentimento não o explica. Estamos simplesmente deslocando a questão do que causa uma emoção de um nível psicológico para um nível biológico. O real motivo para o sofrimento emocional permanece desconhecido. Esse fato frequentemente é de difícil aceitação. Para demonstrar tal questão, consideremos outro exemplo, talvez mais óbvio. Podemos desenvolver cefaleia por vários motivos diferentes. Entre as causas estão ressaca, privação do sono e abstinência de cafeína, apenas para citar algumas. A aspirina é um fármaco analgésico que pode ajudar em todos esses casos. É possível argumentar que a aspirina funciona porque nosso corpo precisa dela, que a dor da cefaleia é causada por uma espécie de síndrome de deficiência de aspirina e que, se nosso corpo não obtém aspirina suficiente, ele produz dor de cabeça. Todavia, pode-se argumentar que a aspirina atua bloqueando a produção de prostaglandinas, levando a um efeito analgésico geral (que parece ser o mecanismo de ação). Métodos alternativos para tratar a mesma cefaleia podem incluir beber um *bloody mary* (no caso da ressaca), tirar uma soneca (no caso de privação do sono) ou tomar um café expresso duplo (no caso de abstinência de cafeína).

Similarmente, algumas pessoas se sentem menos deprimidas quando administram fármacos que prolongam a ação da serotonina, liberada de modo natural. Um exemplo é o popular fármaco Prozac®, que faz parte de uma classe de fármacos denominada inibidores seletivos da recaptação de serotonina (ISRSs). Como no caso da aspirina para cefaleias, não podemos concluir que a depressão é causada por um déficit de serotonina, mas vale afirmar que a depressão e os níveis de serotonina estão relacionados e que administrar um ISRS pode ajudar a minimizar a doença. Contudo, outros métodos de tratamento também são possíveis, porque tomar um ISRS para depressão não é a única maneira de acabar com ela, e o Prozac® não funciona em todas as pessoas deprimidas. Assim como ocorre com Joe, algumas pessoas não toleram os efeitos colaterais do medicamento ou querem interromper a farmacoterapia por outros motivos. A literatura sobre a combinação de medicamentos e TCC é frustrante ao afirmar que o acréscimo de farmacoterapia tradicional contribui muito pouco ou nada para a psicoterapia. Alguns estudos chegam a relatar que adicionar um comprimido de açúcar à TCC é mais eficaz do que combiná-la com medicamentos ansiolíticos-padrão (Barlow et al., 2000). O motivo subjacente a esses resultados estranhos não é evidente. É possível que a aprendizagem estado-dependente contribua para isso, porque o aprendizado que ocorre durante a TCC enquanto sob a influência de um agente psicogênico pertence a um estado diferente do que quando o paciente é solicitado a recuperar essa informação posteriormente quando não se encontra mais sob a influência do medicamento. Outro motivo possível é um efeito de atribuição, no qual o paciente provavelmente imputa os ganhos a um medicamento ativo, e sua descontinuação pode, assim, aumentar sua expectativa e, por conseguinte, o risco de recaída. Em contrapartida, comprimidos de placebo costumam ser corretamente identificados como tal pelos pacientes, fazendo com que o indivíduo em tratamento atribua os benefícios à TCC. Outra estratégia mais recente que meus colegas e eu investigamos nos últimos anos é expandir a TCC com um intensificador cognitivo (d-cicloserina), o qual parece facilitar o aprendizado que ocorre durante a terapia. Desde o primeiro experimento positivo, que foi conduzido com pacientes com fobia de altura (Ressler et al., 2004), acumulou-se um corpo de evidências considerável, narrando uma história muito promissora e incrivelmente coerente (para uma análise, consultar Hofmann, 2007b; Norberg et al., 2008). O objetivo deste texto, no entanto, é apresentar abordagens contemporâneas da TCC para vários transtornos. Estratégias combinadas serão mencionadas apenas circunstancialmente.

Enfoque nas emoções

Nas duas últimas décadas, toda a área da psicologia vem sofrendo um deslocamento para a pesquisa sobre emoções e afeto. A criação da disciplina *neurociência afetiva* certamente é um exemplo disso. Trata-se de uma subdisciplina relativamente nova da psicologia que examina os correlatos biológicos dos estados afetivos e das emoções. Outros sinais da popularidade dessa área incluem a criação do periódico *Emotion* e da publicação de *The Emotional Brain*, de Joseph LeDoux (1996). Tal obra foi escrita por um neurocientista de primeira linha e se tornou bastante popular mesmo entre o público em geral. As teorias e os estudos sobre neurociência afetiva foram particularmente reveladores para vários teóricos da TCC, inclusive, porque forneceu um sistema de referência biológico para explicar por que as estratégias da TCC são eficazes para regular emoções – e como melhorá-las ainda mais.

Emoções sempre foram um elemento fundamental da TCC. Ao contrário do que se acredita, a TCC não está limitada às mudanças de pensamento e comportamentos. A ideia central da TCC é a noção de que nossas respostas emocionais são fortemente moderadas e influenciadas por nossas cognições e pela forma como percebemos o mundo, nós mesmos, outras pessoas e o futuro. Portanto, mudar a avaliação de um objeto, evento ou situação também pode modificar a resposta emocional a eles associada. Desde que os primeiros pacientes foram tratados por Beck e Ellis, a TCC evoluiu para uma iniciativa científica que teve um impacto sem precedentes sobre o campo da psicoterapia. Diferentemente de outras abordagens psicoterapêuticas, a TCC adotou o método científico e se abriu para a averiguação empírica. Pressupostos básicos sobre o modelo de tratamento foram levados ao laboratório e testados empiricamente. Além disso, à medida que pesquisas laboratoriais acumularam mais conhecimento sobre transtornos específicos, terapeutas com orientação para TCC desenvolveram técnicas mais adequadas para tratar problemas psicológicos específicos. Logo no início de seu desenvolvimento, a TCC foi testada de modo rigoroso em experimentos clínicos, os quais eram anteriormente de domínio da pesquisa farmacêutica. Inicialmente, abordagens específicas da TCC para transtornos identificados de forma clara (depressão, transtorno de ansiedade social, etc.) foram comparadas a grupos- -controle em lista de espera (i.e., pacientes que não recebiam tratamento e esperavam o decorrer do mesmo período de tempo da duração da intervenção) e a condições de placebo psicológico (i.e., psicoterapia geral que não inclui técnicas específicas da TCC ou um comprimido de açúcar que se parece com um medicamento real). Mais tarde, a TCC foi comparada aos medicamentos psiquiátricos mais eficazes em estudos randomizados controlados com placebo. Esses estudos são a forma mais rigorosa de verificar a eficácia de um tratamento, porque os participantes são designados aleatoriamente para intervenção ativa (TCC ou farmacoterapia) ou uma condição placebo. O efeito placebo em psiquiatria é extraordinariamente forte. Entre 30 e 40% dos pacientes com transtornos mentais se recuperam após a administração de comprimidos inativos de açúcar. Mesmo quando são usados padrões extremamente rigorosos, os resultados são de modo notável confiáveis. Várias vezes, demonstrou-se que a TCC é evidentemente mais eficaz do que a terapia com placebo e tem a mesma eficácia, e, em alguns casos, é ainda mais efetiva, que as formas mais bem-sucedidas de farmacoterapia.

Atualmente, a TCC é uma expressão abrangente que inclui muitas terapias diferentes com respaldo empírico e que compartilham seus princípios básicos. Contudo, a TCC não é um tratamento coringa. Há diferenças bem estabelecidas nas estratégias específicas direcionadas a problemas específicos. Mas apesar das diferenças nas conceitualizações da TCC e da abordagem terapêutica de diversos problemas psicológicos, as estratégias estão firmemente enraizadas no método básico da TCC – ou seja, que as cognições mal-adaptativas estão vinculadas de forma causal a emoções, comportamentos e fisiologia, e que a correção de cognições mal-adaptativas resulta na eliminação de transtornos mentais e maior bem-estar geral. Evidências científicas consistentes para esse modelo geral foram obtidas a partir da área da neurociência afetiva e de pesquisas sobre a regulação das emoções.

Neurobiologia das emoções

Pesquisas recentes na área da neurociência conseguiram vincular processos cognitivos com atividades encefálicas específicas. Com base em pesquisas experimentais com animais, LeDoux e outros pesquisadores argumentaram que a amígdala, uma pequena estrutura no formato de amêndoa no centro do encéfalo, é, em particular, de vital importância para o processamento e a expressão das emoções. O modelo de LeDoux supõe que estímulos emocionais são processados de duas formas diferentes, as quais apresentam variação quanto à velocidade e à profundidade de processamento. Por exemplo, suponhamos que você esteja fazendo uma trilha em algum lugar e enxerga um objeto que parece uma cobra grande. O modelo de LeDoux estabelece que essa informação é processada de duas formas diferentes. Primeiramente, a informação visual do objeto viaja até o tálamo visual, que é a estação retransmissora central do estímulo sensorial da visão, e, então, vai diretamente para a amígdala, a qual está conectada de modo estreito ao sistema nervoso autônomo. Como a informação se parece com uma cobra, a amígdala sofre ativação, levando a uma resposta imediata de luta ou fuga com pouco discernimento consciente. LeDoux chamou esse processo de *caminho inferior* para a amígdala. Ele se referiu a esse circuito de informações como uma via inferior, porque o processo ocorre sem envolvimento cortical superior. Além desse processo subcortical, presume-se que a informação também seja enviada do tálamo para o córtex visual, que, então, processa ainda mais a informação. Se o objeto apenas se parece com uma cobra viva, mas na realidade é um galho ou uma cobra morta, os processos corticais superiores, por sua vez, inibem a ativação da amígdala, reprimindo a resposta inicial de luta ou fuga. Como tal circuito de informações até a amígdala envolve centros corticais superiores, LeDoux o chamou de *caminho superior* para a amígdala. Esse modelo é compatível com a TCC, já que os processos cognitivos, os quais exigem funções corticais superiores, podem inibir as áreas encefálicas subcorticais que, do ponto de vista evolutivo, são mais primitivas.

Pode-se ter a ideia de que não é fácil estudar os mecanismos biológicos ou mesmo correlatos da TCC, porque vários fatores influenciam o processo de tratamento, os quais incluem a motivação do paciente, a empatia do terapeuta e o relacionamento entre o terapeuta e o paciente, mas não se limitam a esses. Contudo, é possível isolar e estudar componentes específicos da TCC, como a reavaliação cognitiva. Há estudos que começam a surgir que dão um embasamento geral para tal noção. Por exemplo, Ochsner e colaboradores (2002) apresentaram imagens neutras (p. ex., um abajur) ou com valência negativa (p. ex., um corpo mutilado) a mulheres saudáveis enquanto estavam deitadas em um equipamento de imagem de ressonância magnética funcional (IRMf), o qual mediu sua ativação encefálica. As mulheres receberam a instrução de olhar a imagem e de entregar-se à reação emocional que ela poderia suscitar. A imagem permanecia na tela durante um período adicional de tempo com as instruções de simplesmente olhar ou de reavaliar o estímulo. Como parte das instruções de reavaliação, pediu-se às mulheres que reinterpretassem a imagem negativa de modo que ela não gerasse mais uma resposta emocional negativa (p. ex., a imagem do corpo mutilado é parte de um filme de terror que não é real). Conforme previsto pelo modelo de LeDoux, a reavaliação das imagens negativas reduziu seu efeito negativo e foi associada ao aumento de atividade nas estruturas corticais superiores (incluindo as regiões dorsal e ventral do córtex pré-frontal lateral esquerdo e do córtex pré-frontal mediodorsal) e à diminuição da atividade na amígdala. Além disso, o aumento da ativação no córtex pré-frontal ventrolateral foi correlacionado à diminuição da ativação na amígdala, o que sugere que essa parte do córtex pré-frontal pode ter um papel importante nos processos conscientes e voluntários de regulação emocional.

Estratégias de regulação de emoções

A regulação de emoções é o processo pelo qual as pessoas influenciam quais emoções elas têm, quando as têm e como as vivenciam e expressam. Gross e colaboradores (Gross, 2002; Gross e Levenson, 1997) conduziram uma série de experimentos bem elaborados, os quais demonstraram que é possível mudar intencionalmente a própria resposta emocional, incluindo a reação física, dependendo da abordagem que se adota para lidar com o conteúdo afetivo. Em um experimento típico, solicitou-se a indivíduos saudáveis que olhassem para imagens diferentes. Algumas dessas imagens (p. ex., uma mão humana amputada) poderiam suscitar reações negativas muito fortes em todas as pessoas, como sentimentos de aversão. Durante o experimento, seria possível medir a resposta psicofisiológica antes, durante e algum tempo após a exposição às imagens. Ao utilizar esse paradigma, Gross e colaboradores notaram que simplesmente fornecer instruções diferentes para os participantes sobre o que fazer enquanto observavam as imagens pode ter efeitos impressionantes sobre sua reação subjetiva e fisiológica. Uma estratégia bastante eficaz é a reavaliação. Por exemplo, se pudermos encontrar explicações alternativas e menos aflitivas, a informação (imagem, evento, etc.) resulta em emoções menos negativas. Em contrapartida, quando se solicita ao indivíduo que suprima suas emoções ao olhar para as imagens, comportando-se de forma que fosse impossível dizer o que ele está sentindo, o resultado é o aumento do sofrimento subjetivo e a elevação da excitação psicofisiológica em comparação às pessoas que não tentam eliminar suas emoções.

Pode parecer inesperado, mas esse resultado é compatível com uma grande quantidade de estudos que demonstram os efeitos paradoxais da supressão: quanto mais nos esforçamos para que algo não nos incomode, mais nos sentimos incomodados, seja por sentimentos, pensamentos, imagens ou acontecimentos no ambiente a nosso redor (como uma torneira que pinga ou o tique-taque de um relógio). Esse fenômeno foi estudado por Daniel Wegner, que desenvolveu o experimento do urso branco para exemplificar a questão (Wegner, 1994). O experimento é bastante simples, e sua eficácia é confiável: imagine um urso branco e felpudo. Agora, durante um minuto, pense em qualquer coisa que queira, exceto o urso branco. Conte cada vez que o urso branco vier à mente durante esse período. Quantos ursos brancos surgiram? Um urso branco geralmente não cria uma imagem intrusiva, a menos que haja uma experiência pessoal com um urso branco na vida do indivíduo, sobretudo se essa experiência teve carga emocional. Obviamente, esse experimento funciona ainda melhor se escolhermos pensamentos ou imagens com significado pessoal ou valor emocional. Nesse pequeno experimento, o motivo pelo qual a imagem neutra de um urso branco se torna uma imagem intrusiva deve-se simplesmente à tentativa de suprimi-la. A razão para esse efeito paradoxal está obviamente relacionada à atividade cognitiva necessária para suprimi-la. Para que não pensemos sobre algo, devemos monitorar nossos processos cognitivos. Como parte desse processo de monitoramento, acabamos nos concentrando justamente no objeto que estamos tentando evitar, o que leva ao paradoxo e, quando feito de modo regular, tem o potencial de conduzir a transtornos mentais. Wegner demonstrou ainda que as tentativas de suprimir pensamentos sobre um urso branco paradoxalmente aumentaram a frequência desses pensamentos durante um período pós-supressão, no qual os participantes estavam liberados para pensar sobre qualquer tema (Wegner, 1994). Pesquisas posteriores mostraram vínculos entre esse efeito rebote, como fenômeno de laboratório, e transtornos mentais. Por exemplo, a supressão de pensamentos leva ao aumento de respostas eletrodérmicas a pensamentos emocionais (Wegner, 1994), sugerindo que a supressão eleva a excitação simpática. De forma semelhante, ficar ruminando sobre eventos desagradáveis prolonga o humor deprimido e a raiva (Nolen-Hoeksema e Morrow, 1993; Rusting e Nolen-Hoeksema, 1998), e tentativas de eliminar a dor também são infrutíferas (Cioffi e Holloway, 1993).

De forma geral, várias doenças psiquiátricas estão relacionadas a tentativas ineficazes de regular experiências indesejadas, como sentimentos, pensamentos e imagens. Tratamentos psicológicos eficientes se concentram na promoção de estratégias de regulação benéficas e no desencorajamento do uso de métodos ineficazes. Dependendo do alvo terapêutico, as estratégias da TCC incluem uma variedade de técnicas diferentes. Algumas estratégias visam a *esquiva de vivências* e tentativas de manejo de emoções desagradáveis por meio de supressão e outras estratégias de regulação emocional disfuncionais, enquanto outros métodos enfocam o próprio estímulo suscitador de emoções – a situação ou evento que gera a experiência emocional.

O modelo de processo de emoções de Gross enfatiza a avaliação de indicações emocionais externas ou internas (Gross, 2002; Gross e John, 2003; Gross e Levenson, 1997). Assim que essas indicações são processadas, um conjunto de respostas experienciais, fisiológicas e comportamentais é ativado e influenciado por tendências de regulação de emoções. O momento no qual o indivíduo inicia a regulação da emoção influencia a eficiência de seus esforços regulatórios. Correspondentemente, com base no momento durante o processo gerador de emoções, as estratégias de regulação de emoções podem ser divididas em métodos voltados para antecedentes e métodos voltados para resposta. Estratégias de regulação de emoções voltadas para antecedentes ocorrem antes que a resposta emocional tenha sido totalmente ativada. Os exemplos incluem reavaliação cognitiva, mudança de situação e mobilização de atenção. Em contrapartida, estratégias de regulação das emoções voltadas para resposta são tentativas de alterar a expressão ou a experiência de uma emoção depois que a tendência de resposta foi iniciada. Exemplos incluem métodos para suprimir ou tolerar a resposta emocional ativada. Resultados de investigações empíricas até o momento convergiram para sugerir que estratégias voltadas para antecedentes constituem métodos relativamente eficientes de regulação das emoções em curto prazo, enquanto estratégias voltadas para resposta costumam ser contraproducentes (Gross, 1998; Gross e Levenson, 1997).

Outra estratégia eficaz para regular as emoções é encorajar o indivíduo a se separar de seus pensamentos, o que pode ser obtido por meio de práticas de *mindfulness* e de meditação que encorajam uma postura voltada para o presente e imparcial com relação a pensamentos e sentimentos. Na literatura mais recente, essa estratégia é com frequência chamada de *descentração*. Tal conceito está intimamente relacionado ao *distanciamento* na TCC tradicional (Beck, 1970). Embora sejam semelhantes em relação a implicações práticas, há diferenças sutis entre esses dois construtos, especialmente quanto a suas respectivas fundamentações teóricas. O distanciamento refere-se ao processo de ganhar objetividade em relação aos pensamentos ao aprender a distinguir entre pensamentos e realidade. Portanto, o distanciamento presume que o verdadeiro conhecimento pode ser alcançado ao se avaliar os próprios pensamentos, os quais frequentemente são expressos na forma de afirmações previsoras (i.e., hipóteses). Em contrapartida, a descentração, de acordo com alguns autores (p. ex., Hayes, 2004), assume um modelo teórico que não faz distinção entre pensamentos e comportamentos em nível conceitual (i.e., pensamentos são encarados como comportamentos verbais).

A incapacidade de aplicar descentração e distanciamento pode resultar em *fusão de pensamento e ação* (FPA), o que implica na dificuldade de separar cognições de comportamentos. Foi proposto que a FPA compreende dois componentes distintos (Shafran et al., 1996). O primeiro componente refere-se à crença de que vivenciar um pensamento específico aumenta a chance de o evento realmente ocorrer (probabilidade), enquanto o segundo componente (moralidade) refere-se à crença de que pensar sobre uma ação é praticamente a mesma coisa que praticar a ação. Por exemplo, o pensamento de matar outra pessoa pode ser considerado moralmente equivalente a desempenhar a ação. Presume-se que esse componente moral seja o resultado da conclusão equivocada de que ter "maus" pensamentos indica a natureza e as intenções "reais" de um indivíduo.

Abordagem geral à TCC

Embora a TCC seja um método popular de tratamento, há uma série de crenças falsas (erros cognitivos, por assim dizer) sobre do que se trata essa terapia (TCC moderna). Ao contrário do que se acredita, a TCC não está limitada à modificação cognitiva. Ela simplesmente identifica e modifica distorções cognitivas – objetivos importantes do tratamento – porque a TCC baseia-se no princípio de que as cognições têm vínculo causal com sofrimento emocional e problemas comportamentais. A TCC também aborda experiências emocionais, sintomas fisiológicos e comportamentos. Dependendo da natureza da estratégia de tratamento, Beck faz distinção entre abordagens intelectuais, experienciais e comportamentais, constituindo todas elas aspectos importantes da TCC. Como parte da abordagem intelectual, o paciente aprende a se expor a experiências com a finalidade de mudar seus conceitos equivocados, testar a validade de seus pensamentos e substituí-los por ideias mais adaptativas. A abordagem experiencial ajuda o paciente a se expor a vivências com a finalidade de mudar conceitos errôneos. No caso de Joe, o terapeuta de TCC investigou os motivos de seus sentimentos de inutilidade e suas tentativas de suicídio anteriores. Um objetivo importante do tratamento era elevar o nível de energia e a motivação de Joe, o que foi atingido inicialmente ao encarregá-lo de algumas tarefas simples, que passaram a ser mais complexas, durante o dia, que iam desde exercícios físicos leves, afazeres domésticos e compras, para cadastro em agências de emprego, entrevistas profissionais e dedicação a um *hobby*. O elemento fundamental da abordagem comportamental é encorajar o desenvolvimento de formas de comportamento para melhorar o bem-estar do paciente. Essa tarefa costuma ser chamada de *ativação comportamental*. Ela pode interromper o ciclo de pensamentos negativos e de baixa energia e motivação. A ativação comportamental aumentou a energia de Joe, alterou a percepção que ele tinha de si mesmo e melhorou seu humor. Devido à forte ênfase nos aspectos comportamentais de diversos transtornos mentais, a expressão TCC parece ser mais adequada do que apenas *terapia cognitiva* ou *terapia racional*, como foi chamada inicialmente por seus dois idealizadores.

A TCC está centrada principalmente no aqui e agora. O paciente é um colaborador ativo, considerado um especialista em seus problemas psicológicos. O relacionamento entre o terapeuta e o paciente é cordial e genuíno, e a comunicação é direta, mas de respeito mútuo. O paciente não é visto como deficiente; e o terapeuta não é encarado como onipotente. Ao contrário, o terapeuta e o paciente formam um relacionamento de cooperação com a finalidade de solucionar um problema. O papel inicial de um terapeuta de TCC costuma ser bastante ativo, enquanto ensina ao paciente os princípios que fundamentam essa abordagem de tratamento. Contudo, conforme a terapia avança, espera-se que o paciente se torne cada vez mais ativo em relação a seu próprio tratamento, mais proativo e mais independente.

Geralmente, o paciente busca ajuda para diversos problemas. Uma análise criteriosa com frequência revela que as diversas condições estão diretamente relacionadas umas com as outras, ou que subproblemas diferentes podem ser incluídos em uma perturbação maior. Por exemplo, a falta de motivação de Joe, sua baixa energia e a tendência a dormir demais estão evidentemente relacionadas a seu problema mais abrangente de depressão e de sentimentos de baixa autoestima. Se a TCC se voltasse de forma prioritária aos problemas de sono de Joe, estaria obviamente enganada a respeito de seus problemas psicológicos. Aparentemente, os sentimentos de baixa autoestima de Joe são o problema principal para o qual o tratamento deve ser direcionado. Algumas das crenças centrais (esquemas) de Joe eram: "Sou inútil, a menos que consiga sustentar minha família" e "Sou incompetente". Essas crenças centrais geralmente ficam mais evidentes em um estágio posterior durante o processo de tratamento, quando se torna claro que os diversos pensamentos automáticos compartilham determinadas características comuns. Tal processo requer uma autoinvestigação criteriosa por parte do paciente e um questionamento orientado (ou descoberta guiada) pelo terapeuta (o qual foi chamado de estilo de questionamento socrático na TCC beckiana). Com o avanço da terapia, os objetivos da TCC enfocam e se voltam para as crenças centrais do paciente. Contudo, esses objetivos não são determinados por apenas uma pessoa. Durante o processo de tratamento, o terapeuta e o paciente revisitam com frequência os objetivos da terapia, incluindo a identificação de intervenções mais eficazes para atingir tais metas e o esboço de resultados concretos observáveis que indicam que cada objetivo foi alcançado. O paciente está totalmente envolvido nos processos de tomada de decisão.

Há uma concepção errônea comum de que a TCC substitui pensamento negativo por pensamento positivo, o que, então, miraculosamente, resolve todos os problemas psicológicos. Trata-se de uma ideia incorreta em vários aspectos. A TCC não pode e não deve tentar tornar boa uma má situação. A TCC não encoraja o paciente a pensar de forma positiva sobre eventos realisticamente aflitivos ou a ignorar uma tragédia ocorrida. Na verdade, o terapeuta de TCC ajuda o paciente a examinar de forma crítica se sua reação à situação se justifica. Se houver uma boa razão para apresentar uma reação emocional negativa, então a TCC encoraja o paciente a mobilizar seus próprios recursos a fim de lidar com o evento negativo e a levar uma vida plena de sentido.

Uma mãe em luto no Missouri que perdeu os dois filhos na guerra contra o Iraque tem bons motivos para se deixar abalar. Não há absolutamente nada de positivo quanto a perder seus filhos, e a mãe tem todo o direito de passar por um período intenso de luto. Coisas ruins acontecem, e elas ocorrem com pessoas boas. Ainda assim, a maioria de nós consegue lidar com as adversidades da vida e, de algum modo, encontrar formas de seguir adiante. Perder os filhos em uma guerra é um exemplo extremo, e a maioria das pessoas tem a sorte de não passar por esse tipo de tragédia. No caso de Joe, o fator que desencadeou a depressão foi a perda do emprego. Embora a demissão não seja um evento agradável, não se trata de uma catástrofe, e a maioria das pessoas consegue lidar com esse desafio. Contudo, os desencadeadores de depressão não estão necessariamente presentes. Na realidade, muitas pessoas nem se lembram qual evento desencadeou sua depressão. O mesmo vale para outros transtornos mentais. Pacientes relatam com frequência que seus transtornos mentais simplesmente aconteceram. Os terapeutas de TCC encorajam o paciente a identificar os motivos pelos quais o problema persiste e ajudam a motivá-lo a mudar esses motivos.

Ao tratar pensamentos como hipóteses, o paciente é colocado no papel de observador ou cientista, em vez de vítima de suas psicopatologias. Para contestar esses pensamentos, o terapeuta e o paciente debatem as evidências a favor e contra uma pressuposição específica, o que pode ser obtido ao usar informações das experiências anteriores do paciente (p. ex., "Qual é a probabilidade com base em suas experiências anteriores?"), ao fornecer informações mais precisas (p. ex., "O que sabemos sobre o evento?"), ao reavaliar o resultado de uma situação (p. ex., "Qual a pior coisa que pode acontecer?"), e ao dar ao paciente a oportunidade de testar suas hipóteses ao expô-lo às atividades e situações evitadas.

Muitos dos pensamentos automáticos relatados por pacientes com problemas emocionais estão associados a padrões de pensamento que conduzem *à superestimação de probabilidades*. Essa expressão refere-se ao erro cognitivo que ocorre quando um indivíduo acredita que um evento improvável tem chances de acontecer. Por exemplo, pessoas com transtorno de pânico ou ansiedade relativa à saúde podem interpretar palpitações cardíacas inofensivas como um sinal de ataque cardíaco iminente, e uma mulher com transtorno de ansiedade generalizada pode concluir que seu marido sofreu um acidente de carro, porque ele não chegou em casa no horário de costume. Embora esses eventos (ataque cardíaco, acidente de carro) não sejam impossíveis, a probabilidade de ocorrência é muito baixa. Contudo, a probabilidade de que um evento dessa natureza tenha ocorrido pode ser maior, justificando a preocupação da esposa se o marido for um mau motorista que seguidamente sofre acidentes de trânsito, se ele sempre é pontual ou se ele prometeu que chegaria em casa na hora.

Outro padrão de pensamento típico é chamado de *pensamento catastrófico*, o que significa "fazer tempestade em copo d'água" ou "fazer um bicho de sete cabeças", de algo que não é tão importante. Em outras palavras, uma pessoa que comete esse erro cognitivo percebe um resultado como catastrófico, mesmo quando isso não é verdade. Um exemplo é quando um homem com transtorno de ansiedade social, depois de ser rejeitado por uma mulher que havia convidado para sair, acredita que nunca irá encontrar uma companheira na vida, porque nenhuma mulher ficaria interessada por ele.

Assim que os pensamentos mal-adaptativos são identificados e contestados, o paciente deve testar suas crenças antigas. Por exemplo, no caso de transtornos de ansiedade, o paciente é confrontado com eventos e situações (que também podem incluir imagens e atividades) que ele geralmente interpretava de maneira disfuncional. O paciente ganha a oportunidade de conduzir experimentos de campo para examinar a validade de suas suposições. Por exemplo, pode-se solicitar ao indivíduo com transtorno de ansiedade social que inicie uma conversa com 10 mulheres quaisquer em uma livraria. Em práticas posteriores, pode-se solicitar que ele aja de forma deliberada para ser rejeitado por mulheres com a finalidade de lidar com suas preocupações sobre as consequências de ser desprezado. Além dessas formas gerais de erros cognitivos, os capítulos seguintes debatem outras disfunções cognitivas específicas de cada transtorno e intervenções para disfunções cognitivas. Em todos esses capítulos, as disfunções cognitivas são investigadas e modificadas no contexto de experimentos comportamentais, nos quais o paciente é confrontado com situações que o permitem testar a validade de suas crenças. A maioria desses experimentos ocorre em geral fora do consultório do terapeuta, em um ambiente menos seguro.

Uma das medidas mais difíceis na TCC é substituir pensamentos mal-adaptativos por pensamentos adaptativos. Para que tenha ideia de pensamentos alternativos, o paciente precisa perguntar a si mesmo: "Quais as formas alternativas de interpretar esse evento em particular?" ou "Como outras pessoas interpretariam esse evento?". Com a prática, o paciente aprende a modificar sua perspectiva, passando de vítima passiva de seus problemas psicológicos para observador ativo. Formas de automonitoramento costumam ser usadas para orientar tal processo.

Como qualquer tipo de mau hábito, a forma como interpretamos as coisas tende a ser muito resistente a mudanças. O primeiro passo em direção à mudança é perceber que existem muitas formas diferentes de interpretar o mesmo evento. Para que possamos interpretar um evento, precisamos formular hipóteses, as quais, em última análise, determinam nossa resposta emocional. Conforme explicamos, o objetivo do tratamento é testar as hipóteses do paciente e, caso essas hipóteses sejam inválidas, modificá-las a fim de desenvolver uma perspectiva mais realista do mundo. O pressuposto da abordagem cognitiva é que previsões e autoafirmações exercem uma forte influência sobre o comportamento e a experiência. Portanto, a fim de assegurar que uma sessão prática proporcione a capacidade máxima de contestar os pensamentos disfuncionais do paciente, a preparação para a sessão é fundamental. Além disso, o processamento de experiências após uma exposição é igualmente importante.

O modelo geral de TCC, na forma como é utilizada neste livro, está representado na Figura 1.1. Esse modelo mostra que crenças mal-adaptativas (esquemas) podem levar a cognições mal-adaptativas específicas (e frequentemente automáticas) quando a atenção é dispensada a aspectos de determinados fatores desencadeadores, como situações, eventos, sensações ou, até mesmo, outros pensamentos. Tais processos de atenção costumam apresentar um alto grau de automatismo e podem ocorrer em nível subconsciente. Quando o processo atinge o nível de consciência, os desencadeadores são avaliados e interpretados. Essa avaliação, então, conduz a experiência subjetiva, sintomas fisiológicos e resposta comportamental. Por exemplo, uma pessoa que defende a opinião "Sou socialmente incompetente" tem mais chances de interpretar um evento (p. ex., o bocejo de um membro do público) de uma forma coerente com essa crença ou esse esquema. Tal interpretação da situação leva a sintomas fisiológicos (coração disparado), respostas comportamentais (gagueira) e experiência subjetiva (medo e constrangimento). Fisiologia, comportamentos e experiência subjetiva da emoção tiram a atenção do desempenho da tarefa em si, alimentando um ao outro e corroborando ainda mais a avaliação cognitiva mal-adaptativa da situação e o esquema da pessoa como incompetente, estabelecendo, assim, um ciclo positivo de *feedback* e círculo vicioso. Esse ciclo positivo de *feedback* pode ser reforçado ainda mais pelo raciocínio emocional, um processo cognitivo mal-adaptativo que utiliza a experiência emocional do indivíduo como evidência para a validade de um pensamento. Como exemplo de raciocínio emocional, pode-se citar o caso de uma criança que tem medo de cachorro e passa a utilizar esse temor como evidência para a crença de que cães devem, portanto, ser perigosos. O raciocínio emocional é um processo

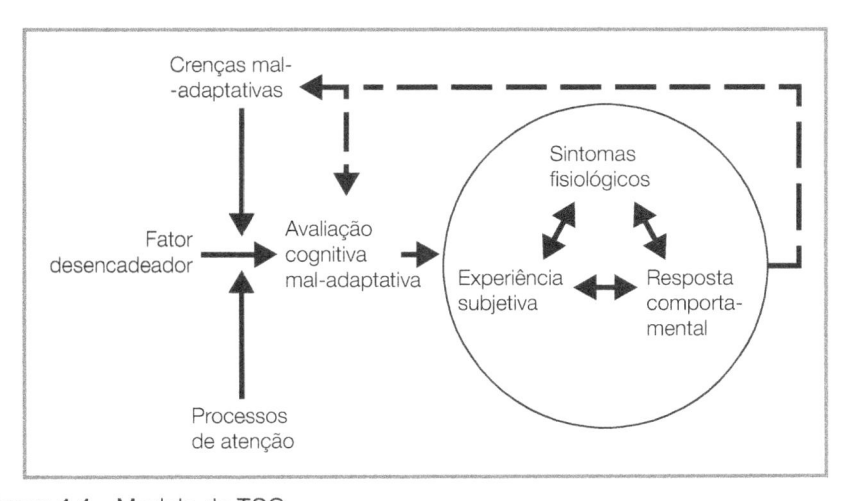

Figura 1.1 Modelo de TCC.

determinante, porque estabelece um ciclo positivo de *feedback* ao transformar a consequência de um pensamento (p. ex., medo de cachorro) em um antecedente do mesmo pensamento (p. ex., cachorros são perigosos). Encontramos esse ciclo positivo de *feedback* em todos os transtornos mentais.

A distinção entre fisiologia, experiência subjetiva e comportamentos baseia-se em um modelo de emoções geral tripartido. Dissociar a resposta emocional nesses três componentes pode parecer artificial, e algumas correntes da psicologia acreditam que não é necessário fazer tal divisão. Por exemplo, o defensor de uma abordagem teórica chamada de análise de comportamento pode argumentar que toda resposta a um evento ou situação é uma resposta comportamental e que não adianta sequer presumir que a avaliação cognitiva anteceda a resposta e que as reações subjetivas e fisiológicas tenham uma diferença singular na resposta comportamental manifesta. Contudo, a literatura empírica fornece evidências suficientes para defender esse modelo, o qual é útil para estabelecer pontos a serem tratados ao formular estratégias específicas de intervenção. Juntos, os três componentes – comportamentos, fisiologia e experiência subjetiva – formam um sistema, mas podem ser abordados separadamente. O componente comportamental pode ser expresso na forma de sinais manifestos da experiência emocional. No caso de ansiedade, esses comportamentos podem ser estratégias de esquiva com o objetivo de melhorar ou eliminar o estado desagradável vivenciado pelo indivíduo. Outras estratégias de esquiva podem ser experienciais como, por exemplo, evitar a vivência subjetiva ou as sensações fisiológicas de uma resposta emocional. Tais estratégias, no entanto, mantêm a abordagem mal-adaptativa com relação a experiências externas, porque o ciclo positivo de *feedback* não permite que o sistema mude ao se levar em consideração todas as evidências que o invalidam. Pode-se, ainda, estabelecer um *feedback* positivo como resultado de raciocínio emocional e autopercepção, sintomas fisiológicos, comportamentos e experiências subjetivas, que tanto determinam como são determinados pela avaliação cognitiva da situação, uma observação com longa tradição em pesquisa (Bem, 1967; Festinger e Carlsmith, 1959; Schachter e Singer, 1962).

2 Fortalecendo a mente

Disposição para mudança

Os transtornos mentais são desagradáveis e indesejáveis. Eles causam sofrimento subjetivo para a pessoa afetada e seus amigos e familiares e podem produzir restrições graves à vida pessoal, à carreira e à felicidade geral do indivíduo. Apesar de todas essas consequências negativas, as pessoas frequentemente realizam atividades que sustentam esses estados indesejáveis. Geralmente, estão cientes do caso, mas, ainda assim, perpetuam essas atividades, como um paciente com câncer de pulmão que não consegue parar de fumar. Outros exemplos, talvez não tão dramáticos, incluem a pessoa com depressão que dorme 12 horas por noite e é inativa durante o dia ou o indivíduo com ansiedade social que evita festas. Embora as pessoas com frequência percebam que muitos comportamentos agravam sua condição, é muito difícil alterá-los, e há vários motivos para isso. Por exemplo, a ausência de motivação e a inatividade, no caso de depressão, ou comportamentos de esquiva, no caso de ansiedades, não são apenas fatores de manutenção, mas também uma expressão desses transtornos.

Estágios de mudança

Uma teoria influente que descreve esses processos de modificação é o *modelo transteórico* de mudança. Esse modelo identifica os diferentes estágios que se distinguem na disposição para mudança (Prochaska et al., 1992). Embora esse modelo tenha sido desenvolvido para comportamentos de adicção, não se limita a qualquer transtorno mental específico ou processo de mudança terapêutico (por isso a expressão modelo "transteórico"). Além disso, o problema não precisa estar restrito a mudanças em comportamentos evidentes, pois também se aplica a modificações nas cognições e percepções.

Mais especificamente, o modelo postula que o processo de mudança planejamento ou determinação, envolve a progressão ao longo de seis estágios: *pré-contemplação, contemplação, ação, manutenção e término*. Na fase de pré-contemplação, o indivíduo não pretende dar início a qualquer tipo de mudança no futuro próximo. O indivíduo na fase de contemplação considera a possibilidade de tomar uma atitude no futuro próximo (no caso de comportamentos de adicção, nos próximos seis meses) e começa a avaliar o custo e os benefícios dos comportamentos ou cognições mal-adaptativos. No estágio de determinação, a pessoa pretende alterar seus comportamentos ou cognições no futuro imediato (geralmente em algum momento do próximo mês), e pode começar a testar pequenas mudanças, mas ainda não está pronta para embarcar em modificações mais profundas. Apenas quando alcança a fase de ação, o indivíduo toma uma atitude definitiva para mudar seus comportamentos ou cognições mal-adaptativos. A manutenção é a fase na qual o indivíduo faz um esforço ininterrupto para dar continuidade às estratégias de mudança. Por fim, a fase de término é atingida quando ele não sofre tentações e está bastante confiante de que não retomará os padrões comportamentais ou cognitivos mal-adaptativos.

Dar início a uma mudança exige uma dose gigantesca de motivação e coragem, porque as estratégias para superar os problemas costumam ser difíceis, dolorosas ou aflitivas. Além disso, o indivíduo não tem como estar certo de que as estratégias do terapeuta realmente irão conduzir às consequências desejadas. Portanto, o objetivo de tratamento precisa ser desejável e alcançável para que o paciente esteja pronto para mudanças e para que ele dedique-se totalmente à intervenção. A disposição para mudança pode ser intensificada ao se conduzir uma análise de custo e benefício de ter o problema em comparação a estar livre dele. No caso de modificação comportamental, o indivíduo provavelmente irá mudar se a proporção de custo e benefício para a continuidade do comportamento é maior do que a proporção de custo e benefício da mudança do comportamento (i.e., é mais dispendioso e menos benéfico continuar o comportamento do que mudá-lo). Os aspectos que devem ser considerados nessa análise de custo e benefício são os valores pessoais, a felicidade, as decisões de vida e os planos para o futuro.

Intensificação motivacional

Uma estratégia específica de intervenção que pode auxiliar o paciente na análise de custo e benefício de seus comportamentos é a intensificação motivacional ou entrevista motivacional. As técnicas de intensificação motivacional foram desenvolvidas e testadas pela primeira vez em indivíduos com transtornos de uso de substâncias (Miller e Rollnick, 2002). Contudo, elas também podem ser aplicadas, em princípio, em qualquer problema psicológico, e apresentam maior eficácia em pessoas na fase de contemplação, mas também têm o potencial de motivar indivíduos em outros estágios do modelo transteórico. Essas técnicas se baseiam em quatro princípios terapêuticos: (1) expressão de empatia; (2) desenvolvimento de discrepância; (3) manejo da resistência; e (4) promoção de autoeficácia.

Expressão de empatia

É normal que o paciente seja ambivalente quanto a mudar seus comportamentos. O terapeuta reage à ambivalência com empatia pela luta do paciente e sem fazer juízos de valor. Entre as estratégias para tal finalidade estão incluídas as seguintes ações: fazer perguntas abertas; usar técnicas de escuta reflexiva; e estabelecer uma aliança terapêutica respeitosa e colaborativa.

Desenvolvimento de discrepância

O paciente com transtornos mentais geralmente se apresenta com algum grau de ambivalência em relação à mudança dos comportamentos que contribuem para a psicopatologia. Por exemplo, o paciente com transtorno obsessivo-compulsivo pode reconhecer que seu comportamento compulsivo é excessivo e mal-adaptativo. Contudo, ele também pode achar que não se entregar à compulsão pode aumentar as chances de ocorrência de um resultado temido ou uma consequência catastrófica (o conteúdo da obsessão). Similarmente, o paciente com transtorno de ansiedade generalizada (TAG) pode sofrer quando se preocupa, mas também pode perceber a preocupação como uma forma de controlar a ansiedade. O terapeuta pode auxiliar o paciente a pender em direção à mudança de comportamento, ajudando-o a perceber que há mais vantagens em substituir comportamentos antigos e mal-adaptativos por comportamentos novos e mais adaptativos e ao criar e amplificar uma dissonância entre a situação atual do paciente e a situação que ele deseja. Se um indivíduo encara seu comportamento atual como em conflito com valores ou objetivos pessoais importantes, maior a chance de que ele o mude. O terapeuta pode aumentar o grau em que um comportamento é percebido como discrepante com os objetivos ou valores do paciente, o que, então, aumenta a probabilidade de que o comportamento seja mudado. Entre as habilidades terapêuticas importantes para colocar esse princípio em prática estão identificação e reflexão seletiva de afirmações ou sentimentos que defendem a mudança do comportamento.

Manejo da resistência

O objetivo da entrevista motivacional é encorajar o paciente a resolver sua ambivalência ao escolher adotar comportamentos mais adaptativos. Para atingir esse objetivo, o terapeuta não argumenta a favor da mudança de comportamento, porque senão o paciente pode apresentar argumentos contra a alteração de comportamento. O tratamento, então, torna-se uma contenda entre o terapeuta e o paciente, em vez de um processo colaborativo. Para evitar essa situação, o terapeuta reage à resistência ou à ambivalência expressa pelo paciente não com confrontação, e sim com entendimento e empatia com o objetivo de explorar perspectivas alternativas do paciente. As estratégias de mudança devem ser iniciadas pelo paciente, e não pelo terapeuta. A resistência do paciente já é esperada. Em reação a essa resistência, o terapeuta geralmente envolve o paciente em um debate para explorar formas de resolver a ambivalência ao falar sobre estratégias de resolução de problemas, ao mesmo tempo em que valida as preocupações do paciente, usando perguntas abertas para atrair novas perspectivas e facilitar métodos de resolução de problemas.

Promoção da autoeficácia

A pesquisa de Bandura (1977) demonstrou de forma convincente que a crença na própria capacidade de efetivamente mudar um comportamento indica a real mudança de comportamento muito além da intenção de modificar um comportamento. Portanto, a crença do paciente em sua capacidade de ser bem-sucedido em alterar o comportamento em questão (i.e., sua autoeficácia) tem importância crítica para iniciar a mudança de comportamento. O terapeuta pode encorajar a autoeficácia ao reforçar a mudança positiva de comportamento e ao indicar para o paciente as medidas bem-sucedidas que foram tentadas ou alcançadas em direção à modificação de comportamento. De modo geral, acredita-se que há duas fases distintas na mudança de comportamento durante a entrevista motivacional (Miller e Rollnick, 1991). A primeira fase concentra-se na construção da motivação para a mudança de comportamento e consiste em técnicas elaboradas para identificar objetivos ou valores pessoais importantes. Ela também destaca a discrepância entre o comportamento atual e os objetivos pessoais e explora os custos e benefícios associados à mudança de comportamento. A segunda fase foca a intensificação da crença do paciente em sua capacidade de ser bem-sucedido em mudar o comportamento mal-adaptativo. Essa fase tira proveito do deslocamento do equilíbrio decisório ao intensificar a autoeficácia do paciente para a mudança bem-sucedida dos comportamentos mal-adaptativos. Técnicas úteis para essa fase incluem o estabelecimento de objetivos concretos de mudança de comportamento; a geração e a exploração de planos diferentes para a mudança de comportamento; e o comprometimento com um plano de mudança de comportamento finalizado. Neste estágio, as estratégias da terapia cognitivo-comportamental (TCC) que são feitas sob medida para o indivíduo devem ser levadas em consideração. Tais estratégias são esboçadas nos capítulos seguintes. Todas essas estratégias são conduzidas no contexto de processo geral da TCC.

A motivação do paciente tem ampla variação, entrando e saindo de estágios diferentes e, até mesmo, pulando fases do modelo transteórico. Ainda assim, vale considerar esse modelo para gerar uma hipótese de trabalho durante a condução do tratamento com pacientes, a fim de aplicar métodos de entrevista motivacional que estimulem o paciente a continuar a terapia, caso necessário.

Avaliação

Uma vez que o paciente está motivado e comprometido com o tratamento, o primeiro passo de qualquer intervenção é uma avaliação diagnóstica criteriosa. O ideal é utilizar entrevistas semiestruturadas, como a Entrevista Clínica Estruturada para o DSM-IV (SCID-IV) (First et al., 1995). Como alternativa, um clínico treinado e experiente pode usar diretamente os critérios do *Manual diagnóstico e estatístico de transtornos mentais* (*DSM*) para determinar a presença ou a ausência de transtornos específicos. O importante não é apenas avaliar os transtornos que o clínico supõe que estejam presentes, mas também descartar a presença de outras psicopatologias, aparentemente não relacionadas. O clínico experiente se mantém aberto e disposto a revisar sua avaliação clínica inicial do problema do paciente, ou seja, ele não deve apenas tentar encontrar evidências que defendam sua hipótese, mas também reunir informações que podem contradizer e invalidar as suposições iniciais. Além de uma avaliação diagnóstica completa, é proveitoso pedir ao paciente que mantenha um diário enumerando, no mínimo, o dia, a hora, a situação e a descrição do problema que é alvo do tratamento (p. ex., grau de humor, ansiedade, etc.). Além de funcionar como um indicador para mudança, o diário também pode identificar condições ou fatores desencadeadores do problema. No mínimo, uma avaliação deve responder às seguintes questões básicas:

Quais são as queixas principais? O paciente com frequência chega com diversos problemas, mais ou menos relacionados. Identificar o problema principal é um passo importante na direção da recuperação.

Por que o paciente decidiu procurar ajuda agora? Condições psiquiátricas são doenças crônicas. O paciente geralmente relata apresentar problemas psicológicos durante vários anos antes de consultar profissionais da área da saúde mental. O motivo pelo qual o paciente decide procurar ajuda nesse momento em particular frequentemente fornece informações relevantes para o tratamento. Por exemplo, um emprego novo pode significar que alguém com transtorno de ansiedade social terá que lidar com mais interações sociais, ou que o marido da mulher com depressão não sabe mais o que fazer e ameaçou divorciar-se, a menos que ela supere a doença.

Qual o histórico do problema? Embora condições psiquiátricas sejam doenças crônicas, a incidência de sintomas específicos aumenta e diminui. Uma avaliação detalhada do histórico do problema fornece ao clínico indícios importantes sobre fatores que contribuem para a situação. Por exemplo, a depressão de um paciente pode estar correlacionada a mudanças no ambiente de trabalho ou familiar. Caso as mudanças nos sintomas estejam diretamente ligadas a alterações externas específicas, é aconselhável investigar se há algum tipo de benefício em se ter o problema. Por exemplo, a depressão pode resultar em mais dias perdidos no trabalho, mas também em menos estresse associado a uma atividade específica no ambiente profissional. Esse ganho secundário do transtorno é um fator importante que pode contribuir para a manutenção do problema.

Qual é o histórico psiquiátrico do paciente? Além do histórico do problema atual, o clínico deve reunir informações detalhadas do histórico psiquiátrico do paciente, mesmo que este aparentemente não esteja relacionado à condição que se apresenta. Há casos em que outros transtornos mentais estão relacionados diretamente à preocupação primária, mesmo quando o paciente não acredita que possa haver tal conexão. Por exemplo, a timidez extrema de um paciente pode contribuir para a depressão, porque ele evita contato social e leva uma vida isolada sem muitas interações positivas.

Qual é o histórico familiar e social relevante? Conhecer o histórico familiar e social do paciente pode dar ao clínico uma ideia da contribuição de fatores genéticos e outros aspectos ambientais. Contudo, mesmo se a família relatar vários problemas psicológicos, incluindo alguns dos mesmos problemas apresentados pelo paciente, não quer dizer que a condição não possa ser tratada com uma intervenção psicológica eficaz. O motivo pelo qual um problema se desenvolve em primeiro lugar geralmente não é a mesma razão pela qual ele se mantém.

Processo geral de TCC

Com uma avaliação completa e o paciente motivado, o tratamento pode começar. As estratégias específicas dependem do problema principal, e essas estratégias são descritas a seguir. Embora estejam direcionadas a transtornos específicos, essas estratégias também apresentam uma série de características em comum quanto ao processo geral, são elas:

Estabelecer um bom relacionamento terapêutico

Interações positivas entre terapeuta e paciente surgem de um relacionamento colaborativo. De modo geral, o comportamento do terapeuta deve ser sincero e cordial. O paciente não é considerado impotente e passivo, e sim, um especialista em seus próprios problemas, portanto, tem um papel ativo no tratamento. Por exemplo, ele é encorajado a formular e testar determinadas hipóteses a fim de obter uma compreensão melhor do mundo real e de seus próprios problemas. Durante a terapia, coloca-se ênfase na resolução de problemas. O papel do terapeuta é trabalhar com o paciente para encontrar soluções adaptativas para problemas que podem ser solucionados. Cada passo na terapia é transparente e claramente fundamentado. Encoraja-se o paciente a fazer perguntas para estabelecer com segurança que ele entendeu e concorda com a abordagem de tratamento.

O papel inicial do terapeuta de TCC é bastante ativo. Ele deve informar ao paciente os princípios fundamentais dessa abordagem de tratamento. Além disso, terapeutas frequentemente percebem que o paciente precisa de muita orientação nos estágios iniciais da terapia para que consiga identificar com sucesso suas concepções errôneas e os pensamentos automáticos a elas associados. Conforme as sessões avançam, o paciente deve tornar-se cada vez mais ativo em seu próprio tratamento. Um exímio terapeuta de TCC reforça a independência de seu paciente ao mesmo tempo em que está ciente da necessidade de apoio e informação contínuos enquanto o paciente começa a aplicar, pela primeira vez, os conceitos da TCC a suas dificuldades.

Enfoque no problema

A TCC é um processo de resolução de problemas. Isso inclui esclarecer a situação do problema atual, definir o objetivo desejado e encontrar os meios para atingir tal objetivo. Portanto, o terapeuta e o paciente debatem os objetivos da terapia no início do tratamento, incluindo identificar as intervenções que devem ser usadas para atingir esses objetivos e esboçar resultados concretos e observáveis que indicam que cada objetivo foi alcançado. A formulação de caso da TCC pode facilitar essa medida. O objetivo de uma avaliação baseada em formulação é identificar as crenças centrais que norteiam concepções equivocadas e pensamentos automáticos para que as intervenções durante o tratamento sejam eficazes. Por meio do processo de redução de problema, o terapeuta e o paciente podem identificar perturbações com causas semelhantes e agrupá-las. Assim que o problema principal for identificado, normalmente o terapeuta o divide em condições componentes que devem ser combatidas em determinado caso. Frequentemente, o terapeuta solicita uma comunicação de retorno do paciente durante todo o tratamento para assegurar que os esforços para resolução de problemas estão alinhados com os objetivos identificados.

Identificar cognições mal-adaptativas

Assim que o paciente define seus problemas e objetivos para o tratamento, o terapeuta da TCC o encoraja a tomar consciência de seus pensamentos e processos de pensamento. Conforme abordado no Capítulo 1, as cognições são classificadas, de modo geral, em pensamentos automáticos negativos e crenças mal-adaptativas (por vezes também chamadas de disfuncionais ou irracionais). Pensamentos automáticos negativos são pensamentos ou imagens que ocorrem durante situações específicas quando um indivíduo se sente ameaçado de alguma forma. Crenças centrais mal-adaptativas, por sua vez, são suposições que o indivíduo faz sobre o mundo, o futuro e si mesmo. Essas crenças centrais, mais globais e abrangentes, fornecem um esquema que determina como uma pessoa pode interpretar uma situação específica. Assim como ocorre com pensamentos automáticos, o terapeuta consegue identificar crenças centrais mal-adaptativas por meio do processo de questionamento guiado.

Contestar cognições mal-adaptativas

Ao tratar cognições mal-adaptativas como hipóteses, o paciente se coloca no papel de observador – cientista ou detetive – em vez de vítima de suas preocupações. A fim de contestar esses pensamentos, o terapeuta e o paciente discutem as evidências a favor e contra uma suposição específica em um debate, o que Beck chama de *diálogo socrático*. Há vários métodos para essa contestação, tais como usar informações sobre as experiências anteriores do paciente, avaliar uma situação de forma empírica, examinar o resultado de uma situação e proporcionar ao paciente a oportunidade de testar sua hipótese por meio de atividades ou situações temidas e/ou evitadas.

No início, costuma-se pedir ao paciente que crie alternativas racionais para suas reações irracionais a uma situação difícil. Depois que essa habilidade é aperfeiçoada, encoraja-se o paciente a usar suas habilidades tanto antes quanto durante situações difíceis. Além disso, devido à natureza supostamente automática e habitual de seus pensamentos negativos, pode ser necessária uma reestruturação contínua e reiterada antes que um pensamento seja totalmente contestado. Acredita-se que, com prática constante, um pensamento mais preciso acaba se tornando o modo automático de resposta.

Testar a validade dos pensamentos

Uma vez que os pensamentos irracionais são identificados e contestados, pede-se ao paciente que teste as crenças centrais mal-adaptativas adotadas anteriormente. Ao confrontar estímulos (p. ex., situações, sensações corporais, imagens, atividades) que provocam emoções negativas (p. ex., ansiedade, constrangimento, culpa), o paciente tem a oportunidade de conduzir experimentos de campo para examinar a validade de suas pressuposições.

Substituir cognições mal-adaptativas por adaptativas e suscitar *feedback*

Um dos passos mais difíceis na TCC é substituir cognições mal-adaptativas por cognições adaptativas. O motivo é que hábitos, como pensamentos automáticos, podem ser muito resistentes a mudanças. O objetivo da TCC não é demonstrar ao paciente como seus pensamentos são ridículos, nem ensiná-lo técnicas de pensamento positivo. Ao contrário, o objetivo é testar as hipóteses do paciente, e, se elas forem inválidas, modificá-las a fim de assumir uma perspectiva mais realista do mundo. Testes diretos por meio de experimentos comportamentais fornecem o *feedback* necessário para substituir pensamentos irracionais por racionais.

Categorias de cognições mal-adaptativas

Cognições mal-adaptativas podem facilmente levar à distorção da realidade, porque induzem percepções errôneas ou exagero de uma situação. No Capítulo 1, identificamos dois tipos gerais de padrões de pensamento mal-adaptativo: superestimação de probabilidades (superestimar a probabilidade de um evento desagradável e com poucas chances de ocorrência) e pensamento catastrófico (atribuir proporções catastróficas a um evento que é desagradável, mas não trágico). Esses dois padrões de pensamento frequentemente produzem uma série de pensamentos automáticos específicos e típicos (adaptação de Burns, 1980). Essa lista é incompleta e não é necessário abordar cada uma dessas categorias com o paciente durante a terapia, embora isso fosse de praxe nos primeiros protocolos de tratamento. Na verdade, essa lista se propõe a fornecer exemplos ao leitor de alguns pensamentos mal-adaptativos típicos que podem ser encontrados na terapia. Para ilustrar cada erro, o exemplo simples de uma pessoa com ansiedade relacionada a falar em público é fornecido.

Pensamento em preto e branco (dicotômico)

Essa cognição mal-adaptativa divide a realidade em duas categorias distintas. Tudo é visto como preto (ruim) ou branco (bom), sem tons de cinza. Por exemplo, se o desempenho social de uma pessoa não é absolutamente perfeito, a situação é interpretada como fracasso total.

Personalização

Eventos negativos são levados para o lado pessoal. Por exemplo, se uma pessoa da plateia boceja, o palestrante pode concluir que todos estão morrendo de tédio. Alternativamente, a pessoa pode estar bocejando porque não dormiu suficientemente na noite passada.

Concentração nos aspectos negativos

A pessoa se concentra em um único detalhe negativo e ignora todos os aspectos positivos de uma situação ou um evento. Como resultado, a percepção de realidade fica sombria, da mesma forma que uma gota de tinta muda a cor de um balde inteiro de água. Por exemplo, o palestrante concentra-se excessivamente na única pessoa da plateia que bocejou, bem como quaisquer outros aspectos negativos da situação que poderiam confirmar a crença de que todos estavam entediados.

Desqualificação dos aspectos positivos

O indivíduo menospreza os aspectos positivos da situação. Por exemplo, mesmo que várias pessoas da plateia aparentemente tenham gostado da fala, o palestrante ainda se concentra no único sujeito que bocejou.

Conclusões precipitadas

O indivíduo desenvolve uma interpretação negativa do evento, mesmo quando não há evidências que a justifiquem. Por exemplo, o palestrante pode antever que a apresentação será um desastre e está convencido de que essa previsão é um fato consumado. Tal ocorrência também é chamada de "erro de vidente". Outra expressão desse erro ocorre quando o palestrante acredita que um membro do público reagiu a ele de forma negativa, mesmo sem evidências manifestas que justifiquem essa suposição; aspecto também chamado de "leitura mental".

Supergeneralização

O palestrante encara um único evento negativo como um padrão permanente. Por exemplo, ele pode acreditar que uma má apresentação significa que ele é um palestrante ruim e deveria seguir uma carreira diferente.

Catastrofização

De modo semelhante, catastrofização é quando uma pessoa atribui consequências desproporcionais ao evento. Por exemplo, o palestrante pode acreditar que simplesmente porque uma vez seu desempenho no trabalho foi sofrível, seu chefe irá despedi-lo e, por conseguinte, sua carreira acabou.

Raciocínio emocional

Esse erro é particularmente importante para a compreensão de por que as cognições mal-adaptativas e os transtornos mentais são tão persistentes e resistentes à mudança. Tal erro é cometido quando a pessoa interpreta uma reação emocional a um pensamento como evidência da validade desse pensamento. Portanto, se um pensamento específico (p. ex., preocupação em estar desempregado) causa aflição, então a pessoa que desenvolve o raciocínio emocional usa a aflição como evidência de que tem bons motivos para se preocupar em perder seu emprego.

Essas categorias funcionam como descritores gerais. Abordar exemplos com o paciente ajuda a demonstrar que suas cognições mal-adaptativas específicas não são singulares e que frequentemente são vivenciadas por outras pessoas.

Estratégias gerais da TCC

A TCC utiliza diversas estratégias para visar aos diferentes componentes de seu modelo. Um resumo das estratégias gerais é apresentado na Figura 2.1. As estratégias específicas dependem dos problemas particulares para os quais são direcionadas e serão abordadas nos capítulos seguintes.

As estratégias incluem modificação de atenção e de situação para alterar os estímulos desencadeadores. A reestruturação cognitiva é uma das estratégias fundamentais usadas para modificar pensamentos mal-adaptativos e esquemas. Estratégias de meditação, incluindo meditação de amor-bondade*, podem ajudar na regulação da emoção e, dessa forma, auxiliar na reestruturação cognitiva. Os procedimentos de ativação e modificação comportamental estão voltados mais diretamente para os componentes comportamentais da resposta emocional. Da mesma forma, exercícios de relaxamento e de respiração podem ser aplicados para modificar sintomas fisiológicos associados a problemas psiquiátricos. Tendências de esquiva desempenham um papel fundamental na manutenção do transtorno mental. Estratégias de aceitação e exposição podem atingir de modo direto e experiencial os comportamentos de esquiva e, assim,

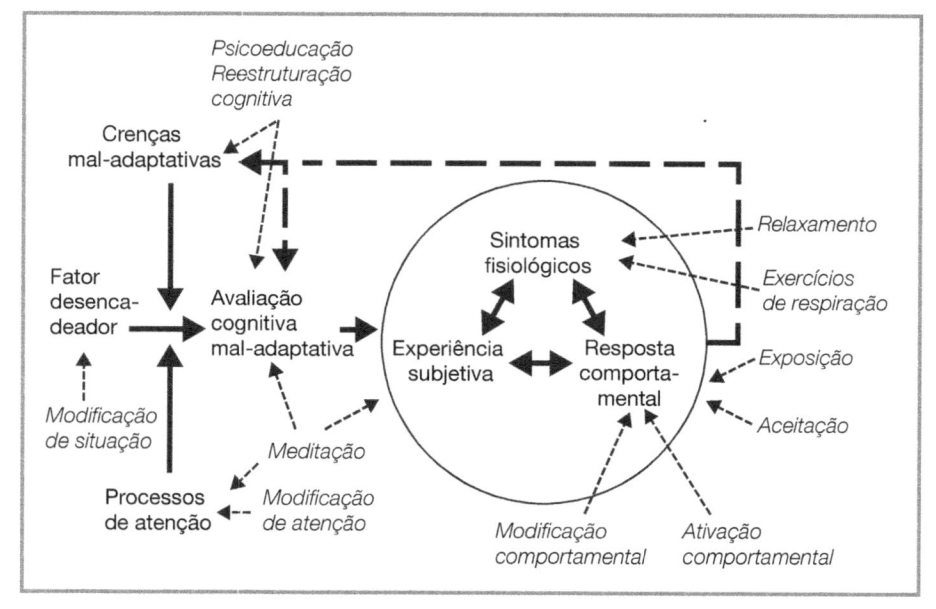

Figura 2.1 Estratégias da TCC.

---

* N. de R.T.: Esse tipo de meditação é chamado mettā.

interromper o ciclo positivo de *feedback* que leva à manutenção do transtorno. Enquanto a Figura 2.1 apresenta essas estratégias de forma esquemática, uma descrição mais detalhada das técnicas é fornecida a seguir.

Modificação de atenção e de situação

Uma resposta a um evento ou uma situação pode ser enfrentada ao se modificar o evento ou a situação responsável pela aflição. Por exemplo, o estresse no ambiente profissional pode ser reduzido ou eliminado ao se reestruturar o trabalho ou mesmo demitir-se do emprego. De forma semelhante, problemas conjugais podem ser resolvidos melhorando o relacionamento ou pedindo o divórcio. Também é possível concentrar-se em aspectos menos aflitivos de um evento ou uma situação, ou seja, focar seus aspectos agradáveis e gratificantes e, assim, mudar a experiência geral do evento ou da situação.

Reestruturação cognitiva

Um elemento fundamental da TCC é a reestruturação cognitiva de esquemas. Esquemas são crenças centrais sobre o mundo, sobre si mesmo e sobre o futuro. Os esquemas cognitivos determinam a avaliação cognitiva específica de uma situação ou um evento. Por exemplo, uma mulher que se envolveu em muitos relacionamentos interpessoais instáveis e dolorosos no passado pode ter mais chances de acreditar que o novo namorado deixou de amá-la, porque ficou até tarde no trabalho em vez de passar mais tempo com ela. Experiências repetidas como essa podem desgastar o relacionamento, levando a uma profecia autorrealizável.

Na TCC, avaliações mal-adaptativas são tratadas como hipóteses que podem ou não corresponder à verdade. Com o intento de explorar a validade desses pensamentos, o paciente é colocado no papel de observador – cientista ou detetive – em vez de vítima de tais pensamentos. Para examinar a validade de cognições mal-adaptativas, são usadas diferentes fontes de informação. Por exemplo, o terapeuta e o paciente podem discutir as evidências contra e a favor de uma suposição em particular durante um debate, incorrendo no que Beck chama de *diálogo socrático*. A técnica costuma ser usada a partir de informações sobre as experiências passadas do paciente, avaliando empiricamente a situação e seu resultado. Outra forma de examinar a validade de um pensamento pode se dar encorajando o paciente a testar diretamente suas hipóteses por meio de experimentos comportamentais, em conjunto com técnicas de exposição. Conforme abordado no Capítulo 1, os tipos de cognições mal--adaptativas apresentam diferenças consideráveis de um transtorno para outro e podem ser classificadas, de forma geral, em concepções errôneas decorrentes de *superestimação de probabilidade*, um erro cognitivo que ocorre quando o indivíduo acredita que um evento improvável tem chances de acontecer, e *pensamento catastrófico*, um erro cognitivo que ocorre quando se exagera o resultado negativo de uma situação.

Esquemas são crenças abrangentes que fazem surgir pensamentos mal-adaptativos específicos. Por exemplo, pessoas com depressão podem defender o esquema "sou inútil", e indivíduos com transtornos de ansiedade podem encarar o mundo como um lugar perigoso. Esquemas também podem ser expressos na forma de cognições sobre cognições. Um bom exemplo é o TAG. Pacientes com TAG em geral preocupam-se demasiadamente com vários aspectos, como situação financeira, futuro e saúde. Metacognições mal-adaptativas podem ser crenças sobre a possível função dessas preocupações. Por exemplo, algumas pessoas podem acreditar que se preocupar com uma situação indesejável torna as suas chances de ocorrência menores no futuro. Essas metacognições podem ser enfrentadas de forma semelhante como lidamos com a preocupação e outros padrões mal-adaptativos de pensamento.

Uma estratégia eficaz para identificar esquemas mal-adaptativos é a técnica da seta descendente (Greenberger e Padesky, 1995). Essa abordagem inicia com a identificação de um pensamento automático. Contudo, em vez de opor-se a esse pensamento, o paciente é encorajado a aprofundar seu nível de afeto e investigar o pensamento com perguntas como: "O que aconteceria se esse pensamento refletisse a verdade?". Geralmente, esse questionamento leva à aparição de um pressuposto condicional subjacente, um nível de cognição que costuma assumir a forma de afirmações do tipo "se... então". Essas "regras" caracteristicamente especificam uma circunstância e uma consequência emocional de natureza disfuncional.

De modo geral, tais regras existem em um baixo grau de consciência, de forma que dificilmente foram objeto de reflexão pelo paciente. Nessas ocasiões, frequentemente é o terapeuta quem detecta uma espécie de norma emocional que parece ser recorrente nas dificuldades que o paciente enfrenta. Várias situações podem compartilhar algumas características e produzir respostas emocionais semelhantes. Com frequência, isso significa que regras semelhantes se aplicam a essas situações. O terapeuta pode inicialmente verbalizar essa regra, e, então, há um esforço colaborativo para modificar a enunciação específica do pressuposto condicional. Outras vezes, o paciente está ciente de suas crenças condicionais e é capaz de enunciar as regras que governam suas respostas emocionais e comportamentais em determinadas situações.

Contrariamente às regras condicionais, as crenças centrais representam visões extremas e unilaterais de si mesmo, dos outros e do mundo, que fazem surgir tanto pressuposições condicionais como pensamentos automáticos. Presume-se que crenças centrais sejam visões extremas e primitivas que se formam em decorrência das primeiras experiências. O conteúdo dessas crenças varia em cada indivíduo, mas é importante enfatizar que as crenças centrais são formas de compreender o mundo e foram racionais nas circunstâncias em que se originaram. O fator desencadeador mais importante para identificar crenças centrais é explicar esse conceito durante a terapia. Encoraja-se o paciente a encarar seus pensamentos automáticos como extensões de algo que teve um impacto intenso e profundo sobre suas interpretações de eventos ao longo do tempo. O raciocínio (primeiro aprendizado) também deve ser fornecido, já que é importante que o paciente compreenda que suas crenças centrais negativas não são acidentais nem aleatórias, e sim resultados compreensíveis de experiências anteriores (p. ex., o que fazia sentido e funcionava no início da vida pode não mais servir o mesmo propósito ou estar fundamentado em evidências, dadas as diferentes circunstâncias). Crenças centrais costumam assumir a forma de uma afirmação absoluta como: "Sou um fracasso", "É impossível alguém me amar" ou "Estou em perigo constante". O paciente normalmente sente um afeto considerável quando é exposto a suas crenças centrais e com frequência chora, fica triste ou mostra-se muito ansioso. Isso costuma ser um sinal de que um tipo altamente proeminente de processamento foi identificado.

Muitas das técnicas usadas para mudar pensamentos automáticos (p. ex., examinar distorções, reunir evidências) podem ser aplicadas em níveis mais profundos de cognição, embora mudar crenças leve mais tempo e exija mais esforço do que alterar um pensamento automático negativo. Além dessas técnicas, há outros três processos que ajudam a mudar crenças centrais. Em primeiro lugar, o paciente precisa formular uma narrativa sobre o desenvolvimento dessas crenças. Em segundo lugar, o paciente precisa encarar essas experiências de forma mais objetiva e receptiva, reconhecendo que aprendeu algo negativo e potencialmente prejudicial. Em terceiro lugar, é importante criar a esperança de que esses tipos de crença podem ser "reaprendidos" com o auxílio das estratégias desenvolvidas durante a terapia. Assim que o paciente reconhece a necessidade de mudar crenças centrais, ele pode ser encorajado a criar uma crença central alternativa, da mesma forma que ele se dedicou a alternativas para seus pensamentos automáticos e pressuposições condicionais. Uma vez que a crença alternativa é identificada, encoraja-se o paciente a reunir evidências para a crença central anterior e para a crença central alternativa mais adaptativa. Essa estratégia encoraja o paciente a encarar experiências subsequentes por meio de um novo filtro e a avaliar qual das duas crenças se encaixa melhor em sua realidade atual.

Sessões cujo enfoque são cognições profundas geralmente são menos estruturadas do que as primeiras sessões, em parte porque abrangem mais áreas da vida e não apresentam o registro de pensamento como tema unificador. O debate pode envolver reflexões sobre eventos que ocorreram no início da vida, concentrar-se na rigidez de determinadas suposições condicionais ou explorar uma crença central, mas também pode passar de uma dessas alternativas para outra. Ao mesmo tempo, o terapeuta precisa estar atento a oportunidades para colocar em prática diversos planejamentos e exercícios como a seta descendente, um registro de eventos positivos e uma planilha de crenças centrais (ver Beck, 1979).

Meditação

Derivada das práticas budistas, a terapia baseada em *mindfulness* (TBM), como a TCC baseada em *mindfulness* (Segal et al., 2002) e a redução de estresse baseada em *mindfulness* (Kabat-Zinn, 1994) se tornaram formas de tratamento bastante populares na psicoterapia contemporânea (para uma análise, ver Baer, 2003; Hayes, 2004; Hofmann et al., 2010; Kabat-Zinn, 1994). A prática de *mindfulness*, como vem sendo usada na literatura contemporânea, refere-se a um processo que conduz a um estado mental caracterizado pela consciência sem juízo de valor da experiência do momento presente, incluindo as próprias sensações, os pensamentos, os estados corporais, a consciência e o ambiente, ao mesmo tempo em que encoraja receptividade, curiosidade e aceitação (Bishop et al., 2004; Kabat-Zinn, 2003; Melbourne Academic Mindfulness Interest Group, 2006). Bishop e colaboradores (2004) diferenciam dois componentes de *mindfulness*: um que abarca a autorregulação da atenção, e outro que envolve uma orientação direcionada ao momento presente, caracterizada por curiosidade, receptividade e aceitação.

Uma análise recente da literatura sugere que a TBM é uma intervenção benéfica para a redução de estados psicológicos negativos, como estresse, ansiedade e depressão (Hofmann et al., 2010). Essa análise identificou 39 estudos, com um total de 1.140 participantes que receberam TBM para uma variedade de condições, incluindo câncer, TAG, depressão e outras condições médicas ou psiquiátricas. Estimativas da magnitude dos efeitos sugerem que a TBM está associada a fortes efeitos para a melhora de ansiedade e de sintomas do humor em pacientes com transtornos de ansiedade e do humor. Em outros pacientes, essa intervenção teve efeito moderado sobre a melhora da ansiedade e de sintomas do humor. A dimensão dos efeitos foi consistente e não esteve relacionada à quantidade de sessões de tratamento ou do ano de publicação. Além disso, os efeitos do tratamento foram mantidos ao longo de períodos de acompanhamento. Esses achados sugerem que a TBM é uma intervenção promissora para o tratamento de ansiedade e de transtornos do humor em populações clínicas. Outra intervenção com alto potencial de valor como ferramenta terapêutica é a meditação de amor-bondade. Nessa prática meditativa, o indivíduo cultiva a intenção de viver emoções positivas durante a própria meditação, bem como na vida em geral. O objetivo é aprender sobre a natureza da própria mente e descartar pressupostos falsos sobre as fontes da própria felicidade (Dalai Lama e Cutler, 1998). Tais experiências podem, por sua vez, deslocar a forma básica de como o indivíduo vê a si mesmo em relação aos outros, aumentando a empatia geral. Essa técnica específica de meditação parece ser particularmente útil para tratar raiva, agressividade e conflitos interpessoais.

Aceitação

Técnicas de aceitação são estratégias importantes da terapia de aceitação e comprometimento (ACT; Hayes, 2004), uma forma mais recente de tratamento com base na análise comportamental. Embora a ACT oponha-se ao modelo cognitivo, estratégias de aceitação são, decididamente, compatíveis com a TCC (Hofmann e Asmundson, 2008). Os objetivos gerais da ACT são estimular a aceitação de pensamentos e sentimentos indesejados e incentivar tendências à ação que contribuem para a melhora das circunstâncias de vida. Mais especificamente, o objetivo da ACT é desencorajar a *esquiva de experiências*, que é a relutância em vivenciar sentimentos, sensações físicas e pensamentos avaliados negativamente. As estratégias de aceitação podem ser encaradas como técnicas usadas para neutralizar métodos de regulação da emoção voltados para respostas mal-adaptativas, como a supressão. O paciente é encorajado a assumir pensamentos e sentimentos indesejados – como ansiedade, dor e culpa – como uma alternativa à esquiva de experiências. O objetivo é acabar com a luta contra pensamentos e sentimentos indesejados sem tentar mudá-los ou eliminá-los.

Exercícios de respiração

A hiperventilação está vinculada a vários transtornos mentais. Por exemplo, em 1929, a hiperventilação foi usada para explicar a síndrome de Da Costa, ou "síndrome cardíaca irritável", que incapacitou soldados durante a Guerra Civil dos Estados Unidos. De forma semelhante, supôs-se que a hiperventilação explicava a "astenia neurocirculatória" ou "síndrome do esforço", em 1938 (Roth et al., 2005). Desde então, exercícios de respiração se tornaram componentes de praxe de diversas intervenções psicológicas, especialmente para o tratamento de transtornos de ansiedade, como transtorno de pânico.

Modificação comportamental

Conforme ilustrado na Figura 2.1, sentimentos subjetivos, comportamentos e sintomas fisiológicos influenciam uns aos outros bidirecionalmente. Por exemplo, a experiência subjetiva não apenas influencia a excitação fisiológica e os comportamentos, como os comportamentos e a excitação fisiológica também interferem na experiência subjetiva. Portanto, mudar comportamentos produz alterações na excitação fisiológica e na experiência subjetiva.

A modificação de comportamentos está no cerne da psicologia, o que explica por que muitos psicólogos se identificam como cientistas comportamentais. Ao contrário da experiência subjetiva e dos sintomas fisiológicos, é relativamente fácil controlar comportamentos de modo direto. Além disso, todos os transtornos mentais contidos neste texto são influenciados significativamente por comportamentos mal-adaptativos associados. Reforçar comportamentos adaptativos e desencorajar comportamentos mal-adaptativos surte um efeito direto e significativo sobre o problema.

O efeito do comportamento sobre a excitação fisiológica é evidente. O que pode ser menos evidente é a influência de comportamentos sobre a experiência subjetiva. Contudo, um método eficiente para mudar a depressão, por exemplo, é a ativação comportamental. Em outras palavras, instruir o paciente com depressão a se tornar ativo, a se dedicar a atividades agradáveis ou exercícios físicos e a resistir à tendência de ficar na cama e se isolar constitui um método de grande eficácia para opor a depressão ao interromper o círculo vicioso entre inativação comportamental e sintomas subjetivos e fisiológicos de depressão. Similarmente, outras condições psicológicas podem ser tratadas de maneira efetiva ao se comportar como se o problema não estivesse presente.

Relaxamento

Estratégias de relaxamento costumavam ser a intervenção habitual para uma série de condições psicológicas, incluindo transtornos relacionados à ansiedade e ao estresse. Estudos experimentais executados de forma criteriosa e experimentos de resultado de tratamento, no entanto, demonstraram que a terapia de relaxamento geralmente não é uma estratégia muito eficaz para abordar transtornos mentais, com algumas honrosas exceções (transtornos do sono e TAG). Para psicopatologias pode ser até contraproducente do ponto de vista terapêutico. Por exemplo, o paciente com transtorno de pânico pode ter mais chances de sofrer ataques de pânico como resultado da prática de relaxamento, porque alguns se concentram em seus sintomas corporais, o que pode, involuntariamente, desencadear um ataque. Os ataques de pânico induzidos por relaxamento podem ser usados durante o tratamento como um procedimento de desafio se outras estratégias foram desenvolvidas para enfrentar e manejar os sintomas corporais de uma forma mais adaptativa. Sem essas estratégias, entretanto, o relaxamento como único método de intervenção é contraproducente no caso de transtorno de pânico e ineficaz em muitas outras condições, o que chega a ser surpreendente ao se levar em consideração a eficácia de exercícios de respiração para transtorno de pânico, que inclui um componente de relaxamento. A diferença básica é o componente de exercícios de respiração, o qual não está presente em técnicas simples de relaxamento, e que pode encorajar o paciente a se concentrar em uma imagem agradável ou a progressivamente tensionar e relaxar grupos de músculos.

Vale destacar que, em média, todo tratamento plausível que foi desenvolvido com a intenção de beneficiar tem probabilidade de ajudar uma pequena parcela de pacientes, principalmente devido ao efeito placebo. Em outras palavras, alguns pacientes apresentam melhora apenas porque recebem uma intervenção que acreditam que irá ajudá-los. Assim como ocorre nos experimentos com fármacos que frequentemente usam um comprimido de açúcar como condição de controle de placebo, alguns experimentos clínicos que investigam a eficácia de um tratamento psicológico empregam estratégias de relaxamento como condição de controle e produzem efeitos sólidos e de alcance moderado (Smits e Hofmann, 2009).

Exposição

Durante o tratamento de fobias e transtornos de ansiedade, a exposição é essencial, isto se não for o componente individual mais importante da TCC. O mecanismo exato pelo qual a exposição funciona continua desconhecido. A exposição refere-se à apresentação repetida e contínua do estímulo temido e anteriormente evitado na ausência de todo tipo de estratégia de esquiva (p. ex., sinais e comportamento de segurança). Essas mudanças têm mais chances de ocorrer se as pistas internas de medo e outros contextos significativos são produzidos de modo sistemático e se o resultado da situação social é inesperadamente positivo, porque força a pessoa a reavaliar a ameaça real da situação. Esse processo compartilha muitas semelhanças com aprendizado de extinção em animais e humanos e, portanto, foi considerado o principal responsável pela terapia de exposição desde os primórdios dos estudos experimentais em psicologia (Watson e Rayner, 1920) até o campo contemporâneo da neurociência (p. ex., Myers e Davis, 2002).

As teorias modernas de aprendizado de extinção supõem que o condicionamento ocorre quando o participante forma representações das pistas relevantes (estímulo condicionado [EC] e estímulo incondicionado [EI]) e contextos situacionais e quando ele adquire informações sobre a associação entre as pistas e as situações (Myers e Davis, 2002). Tais associações podem ser tanto excitatórias (i.e., ativação de uma representação ativa outra) ou inibitórias (i.e., ativação de uma representação inibe a ativação de outra). A aquisição de respostas condicionadas é explicada pela formação de uma associação excitatória entre representações do EC e do EI. A representação do EI é ativada indiretamente por meio de sua associação com a representação do EC, o qual, por sua vez, desencadeia a resposta condicionada. Presume-se que a extinção avance por mecanismos múltiplos (Myers e Davis, 2002), o que também inclui novo aprendizado que inibe a associação excitatória entre EC e EI. Como parte dessa nova forma de aprendizado, o participante muda a contingência EC-EI de tal maneira que o EC não sinaliza mais um evento que causa aversão e, assim, inibe a expressão da resposta de medo (Myers e Davis, 2002). A exposição em seres humanos é benéfica, ao menos, pelos motivos a seguir:

A exposição permite a identificação e o teste de cognições mal-adaptativas. Ela proporciona oportunidades para identificar cognições mal-adaptativas e testar sua exatidão.

A exposição altera a experiência emocional. Exposição repetida e prolongada enquanto se resiste à ânsia de executar comportamentos que modificam a experiência resultam na redução da emoção desagradável.

A exposição intensifica a sensação de controle. A ausência de controle leva à aflição. Em contrapartida, a exposição proporciona controle sobre a situação e sobre a resposta emocional a ela. À medida que o indivíduo começa a aprender formas de enfrentar a situação ou o evento e a emoção associada, a sensação de controle sobre a emoção e os estímulos desencadeadores aumenta. A autoeficácia está relacionada ao autocontrole e refere-se à sensação da própria competência em dominar uma situação (Bandura, 1977).

Monitorando mudanças durante o tratamento

Com a finalidade de acompanhar o progresso do paciente durante o curso do tratamento, é importante monitorar os sintomas que receberam prioridade. Seria impossível fornecer uma lista abrangente de instrumentos de avaliação para as diversas psicoptologias abordadas neste livro. Portanto, a recomendação de instrumentos é inevitavelmente arbitrária e limitada. A seleção baseou-se principalmente na facilidade de administração e popularidade. A Tabela 2.1 apresenta algumas recomendações voltadas a instrumentos de avaliação simples e sólidos que são habitualmente utilizados na prática clínica.

Tabela 2.1 Medidas recomendadas para acompanhamento do progresso do tratamento

Transtorno	Nome da medida	Autores	Descrição
Transtorno de pânico	Panic Disorder Severity Scale (Escala de Gravidade do Transtorno de Pânico)	Shear et al. (1997)	Esta escala de sete itens, administrada por um clínico, quantifica a frequência de ataques de pânico, o sofrimento durante os ataques, a gravidade do temor de ansiedade antecipatória e a esquiva de situações de agorafobia, o medo e a esquiva de sensações relacionadas ao pânico e o prejuízo no funcionamento ocupacional e social. A escala pode ser facilmente transformada em um instrumento de autorrelato.
Agorafobia	Mobility Inventory (Inventário de Mobilidade)	Chambless et al. (1985)	Esta escala de 26 itens solicita que o indivíduo pontue situações diferentes que normalmente são evitadas por pessoas com agorafobia. Cada item é pontuado duas vezes: uma para medir a esquiva quando o indivíduo está acompanhado e a outra quanto está sozinho.
Transtorno de ansiedade social	Liebowitz Social Anxiety Scale (Escala de Liebowitz para a Ansiedade Social)	Liebowitz (1987)	Esta escala de 24 itens solicita que o indivíduo pontue seu temor e sua esquiva em relação a diferentes situações sociais. A escala original é pontuada por um clínico, mas também pode ser usada como medida de autorrelato (Baker et al., 2002).
Fobias	Fear Survey Schedule-III (Roteiro de Levantamento de Medo-III)	Wolpe e Lang (1964)	Esta escala de 72 itens quantifica o temor relativo a uma série de objetos e situações. Alternativas a essa medida bastante longa são uma variedade de instrumentos de autorrelato para temores e fobias específicos (consultar Antony et al., 2001).
Transtorno obsessivo-compulsivo	Maudsley Obsessional Compulsive Inventory (Inventário Maudsley de Obsessões e Compulsões)	Hodgson e Rachman (1977)	Esta escala de 30 itens quantifica rituais comuns. A escala inclui uma pontuação total e subescalas para verificação sobre limpeza, lentidão e dúvida.

(continua)

Tabela 2.1 Medidas recomendadas para acompanhamento do progresso do tratamento *(continuação)*

Transtorno	Nome da medida	Autores	Descrição
Transtorno de ansiedade generalizada	Penn State Worry Questionnaire (Questionário de Preocupações da Penn State)	Meyer et al. (1990)	Este questionário de 16 itens quantifica a tendência geral de preocupar-se excessivamente.
Depressão unipolar	Beck Depression Inventory (Inventário de Beck para Depressão)	Beck et al. (1979)	Este é um inventário de autorrelato com 21 itens que quantifica a gravidade dos sintomas de depressão. Uma versão revisada está disponível para aquisição.
Transtornos relacionados ao uso de álcool	Timeline Followback Calendar (Calendário Retrospectivo Cronológico)	Breslin et al. (2001)	O Timeline Followback Calendar (Calendário Retrospectivo Cronológico) solicita que o indivíduo indique a quantidade de álcool que consome a cada dia durante determinado período de tempo. Ele pode ser usado para monitorar o consumo de álcool do paciente durante o tratamento.
Disfunção erétil	International Index of Erectile Function (Índice Internacional de Função Erétil)	Rosen et al. (1997)	Este é um questionário de autorrelato de 15 itens usado para quantificar a função erétil.
Dor crônica	Pain Catastrophizing Scale (Escala de Catastrofização diante da Dor)	Thorn (2004)	Este é um instrumento de autorrelato de 13 itens usado para quantificar as crenças catastróficas associadas à experiência de dor crônica.
Insônia	Sleep Log (Diário do Sono)	Edinger e Carney (2008)	O Diário do Sono inclui 11 perguntas sobre higiene geral do sono, sonecas diurnas, horário de dormir, horário de despertar e qualidade do sono.

Além desses instrumentos, é recomendável que o clínico crie uma planilha de monitoramento para que o paciente registre problemas, comportamentos ou sintomas específicos regularmente. O monitoramento do progresso propicia uma comunicação de retorno importante para o terapeuta, mas não deve ser exaustivo nem tomar muito tempo. Caso o monitoramento dos sintomas ultrapasse 15 minutos por dia, o fardo provavelmente será grande demais e há possibilidade de que o paciente descontinue o tratamento de modo prematuro ou complete os formulários de monitoramento e questionários de forma rápida e não confiável.

3 Confrontando as fobias

A aracnofobia de Stewart

Stewart tem 25 anos e estuda relações internacionais em uma conceituada universidade particular. Ele está noivo de uma de suas colegas, Alice. Os dois moram fora do *campus*, em uma casa que dividem com outros dois estudantes. Stewart é uma pessoa saudável de modo geral, sem qualquer doença crônica, exceto a presença de pré-hipertensão e níveis ligeiramente elevados de colesterol. Embora não faça exercícios físicos, seu peso está dentro da faixa normal para sua altura, e não está sob medicação. O único problema de saúde de Stewart é um medo exacerbado de aranhas, que existe "desde sempre". Ele evita ir a locais onde imagina haver aranhas, particularmente porões, sótãos, velhos celeiros e alguns lugares ao ar livre, em especial áreas muito arborizadas. Sente-se desconfortável até mesmo olhando imagens de aranhas, com aranhas de brinquedo ou com filmes e documentários em que aparecem aranhas. Para se certificar de que não existem aranhas em seu quarto, ele passa o aspirador de pó em todo o recinto e também no armário antes de dormir. Além disso, deixa uma luz acesa durante a noite, presumindo que aranhas evitam a luz, e sente a necessidade de manter a porta e as janelas fechadas a noite inteira. Ele tem medo que aranhas caminhem ou pulem nele e o piquem. Ele relatou que acredita ter sido picado por aranhas durante um acampamento com seus pais quando tinha mais ou menos 10 anos de idade. Stewart percebe que seu medo de aranhas é mais exagerado que o necessário e que interfere em sua vida. Sua noiva, Alice, pediu encarecidamente que ele tome uma atitude a respeito. No início, ela achava o medo engraçado, mas agora ele está desgastando o relacionamento.

Definição do transtorno

A fobia específica se caracteriza pelo medo extremo vivenciado em resposta a situações, animais ou objetos específicos temidos. Stewart tem um medo extremo de aranhas. A exposição a aranhas resulta em uma resposta de medo imediata que Stewart reconhece ir além do razoável. Além do medo, Stewart também sofre uma forte sensação de nojo que o motiva a evitar aranhas. Outras pessoas podem ficar preocupadas quanto a entrar em pânico, sentir uma excitação de ansiedade, perder o controle ou desmaiar quando encontram o objeto ou a situação fóbica. Portanto, não raro, indivíduos com fobias específicas relatam ataques de pânico ao confrontar o estímulo fóbico. Desmaiar é uma preocupação comum entre indivíduos com fobia envolvendo sangue ou injeções.

Em consequência de sua aracnofobia, Stewart evita lugares onde pode encontrar aranhas, como porões, sótãos, velhos celeiros, áreas arborizadas e determinados lugares ao ar livre. Seu medo de aranhas causa um grau relevante de aflição e interfere significativamente em seu funcionamento normal.

O *Manual diagnóstico e estatístico de transtornos mentais – quarta edição* (DSM-IV) distingue cinco tipos de fobias específicas: *tipo animal* (p. ex., medo de cães, aranhas, cobras), *tipo ambiente natural* (p. ex., medo de alturas, tempestades, estar próximo de água), *tipo sangue-injeção-ferimentos* (p. ex., medo de receber uma injeção, ver sangue, sofrer uma cirurgia), *tipo situacional* (p. ex., medo de andar de avião, locais fechados, dirigir) e *outros tipos* (p. ex., vomitar, personagens fantasiados). A fobia específica de Stewart obviamente pode ser descrita como do tipo animal. Como ocorre habitualmente com fobias específicas, o medo de Stewart começou quando ele era criança.

As fobias específicas são a forma mais comum de transtorno de ansiedade na população e apresentam uma taxa de prevalência ao longo da vida de 12,5% (Kessler et al., 2005). Sem tratamento, elas seguem um curso crônico. Alguns dos tipos de fobia específica (p. ex., animais, raios, locais fechados) são mais relatados por mulheres do que por homens, possivelmente porque homens relatam menos seu grau de temor. Diferenças de gênero são menores no caso de fobias de alturas, avião e sangue-injeção-ferimentos (Stinson et al., 2007). Além disso, fobias específicas parecem menos comuns em adultos asiáticos e hispânicos do que em adultos brancos, mas os motivos para essa ocorrência ainda não foram determinados (Stinson et al., 2007).

Sugeriu-se que seres humanos são predispostos a adquirir temor de objetos ou situações que foram relevantes para a sobrevivência da espécie do ponto de vista evolutivo, como aranhas ou serpentes venenosas, mais facilmente do que de outros objetos perigosos, como carros, tomadas elétricas ou armas de fogo (Seligman, 1971). Um experimento compatível com essa noção, por exemplo, mostrou que macacos *rhesus* desenvolveram temor de estímulos biologicamente relevantes (uma cobra de brinquedo), mas não de estímulos biologicamente irrelevantes (flores) depois de assistir a cenas de vídeo editadas de macacos que pareciam reagir com medo aos dois tipos de estímulo (Cook e Mineka, 1989). Contudo, vários outros estudos indicam que a relevância biológica de estímulos pode não ter uma influência tão profunda sobre a facilidade com a qual um temor é adquirido, conforme a hipótese inicial (para uma análise, ver Koerner et al., 2010).

O desenvolvimento de fobias específicas costuma estar vinculado à teoria de dois estágios de Mowrer (1939) para o desenvolvimento do medo. De acordo com esse modelo, fobias específicas se desenvolvem quando um estímulo anteriormente neutro (p. ex., um cão) fica associado a um estímulo de aversão (dor após ser mordido por um cão) pelo processo de condicionamento clássico. Tal associação é, então, mantida por meio da esquiva do estímulo temido (cão). Contudo, apesar de sua simplicidade, a teoria de Mowrer não explica, nem mesmo a maioria dos casos de fobia específica em seres humanos (p. ex., Field, 2006). Do mesmo modo, Rachman (1991) defendeu que o condicionamento clássico não é uma explicação suficiente para o desenvolvimento de fobias específicas, porque muitos indivíduos com essa condição não conseguem se lembrar de um evento condicionante específico que levou ao início do temor e, inversamente, muitos sujeitos com experiências traumáticas não desenvolveram uma fobia. Ao contrário, Rachman formulou a hipótese de que fobias podem ser adquiridas por meio de uma via de informações (p. ex., ao aprender sobre a periculosidade de cães) e de aprendizagem vicária (p. ex., ao observar a mãe demonstrar medo de cães). Essa explicação é compatível com os estudos realizados em animais mencionados anteriormente (p. ex., Cook e Mineka, 1989). Além dessas vias de aprendizado, é possível que outros temores façam parte de um repertório inato, e as fobias são adquiridas por meio de "vias não associativas" (Poulton e Menzies, 2002a). Contudo, essa é uma questão atualmente controversa (Davey, 2002; Mineka e Öhman, 2002; Poulton e Menzies, 2002b). Por exemplo, a hipótese da via não associativa não leva em consideração o papel importante das pistas interoceptivas (p. ex., sintomas corporais) em eventos condicionantes (Mineka e Öhman, 2002) e depende muito de explicações baseadas na evolução que, necessariamente, são construídas *post hoc* (Davey, 2002).

O modelo de tratamento

Com base em uma análise da literatura tanto sobre animais quanto seres humanos, pode-se concluir que processos cognitivos são aspectos essenciais na aquisição e extinção de medos e fobias (Hofmann, 2008a). Mais especificamente, dois processos cognitivos de ordem superior parecem ser importantes para a aquisição de medo: *expectativa de perigo* e *percepções de previsibilidade e controle*. Esses processos cognitivos parecem desempenhar um papel fundamental em todas as formas de aprendizado de medo, até mesmo no condicionamento pavloviano básico. Por exemplo, Stewart relatou que uma vez foi picado por aranhas aproximadamente aos 10 anos de idade. Embora seja difícil testar a exatidão desse relato, ele ainda acredita que aranhas são animais perigosos que podem atacá-lo diretamente, picá-lo, causar dor e fazer mal.

Coerentemente com a pesquisa anterior, Stewart demonstra um viés de atenção relacionado a aranhas. Animais como cobras ou aranhas, em particular, têm mais chances de estarem associados a um viés de atenção dessa natureza devido a sua relevância evolutiva (Öhman et al., 2001). A natureza e as consequências de tal viés de atenção não são totalmente compreendidas. Enquanto alguns estudos demonstram um viés de atenção maior em indivíduos com medo de aranhas, outros sugerem que pessoas com esse temor têm mais chances de evitar estímulos relativos a aranhas (para uma análise, ver Mogg e Bradley, 2006). O viés de atenção de Stewart é expresso ao sondar o ambiente em busca de aranhas e, às vezes, ao presumir ou perceber a presença de uma aranha, o que, então, desencadeia uma reação típica de medo, caracterizada por aceleração cardíaca, sentimento subjetivo de medo e forte desejo de abandonar a situação. Além do sentimento subjetivo de medo, Stewart também experiencia nojo quando é confrontado com aranhas. Na Figura 3.1, há uma ilustração da fobia de Stewart em relação a aranhas.

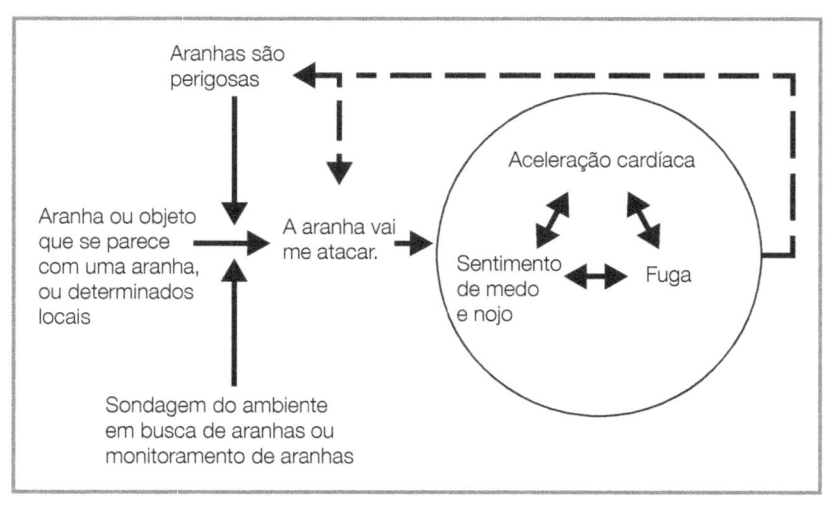

Figura 3.1 A fobia de Stewart em relação a aranhas.

Estratégias de tratamento

O problema principal na fobia específica é um medo extremo e irracional de animais, objetos ou situações. A estratégia mais eficaz para lidar com a fobia específica é a exposição *in vivo* repetida e prolongada ao mesmo tempo em que se desencoraja o uso de métodos de esquiva. Instruções de aceitação podem desestimular ainda mais a esquiva experiencial e incentivar o paciente a vivenciar a emoção plenamente.

Outra estratégia eficaz é corrigir as informações equivocadas do paciente sobre o perigo potencial do objeto, da situação ou do animal temido, por meio de psicoeducação e reestruturação cognitiva. O exercício da atenção encoraja o paciente a redirecionar o foco para um estímulo que não causa temor em vez de parar um estímulo temido, logo pode ser útil como parte do tratamento. Por fim, exercícios de respiração podem ajudar a reduzir a hiperexcitação que costuma estar associada à resposta fóbica, contanto que esses exercícios respiratórios não sejam usados como estratégia de esquiva. Na Figura 3.2, são ilustradas estratégias de tratamento voltadas à fobia de Stewart em relação a aranhas.

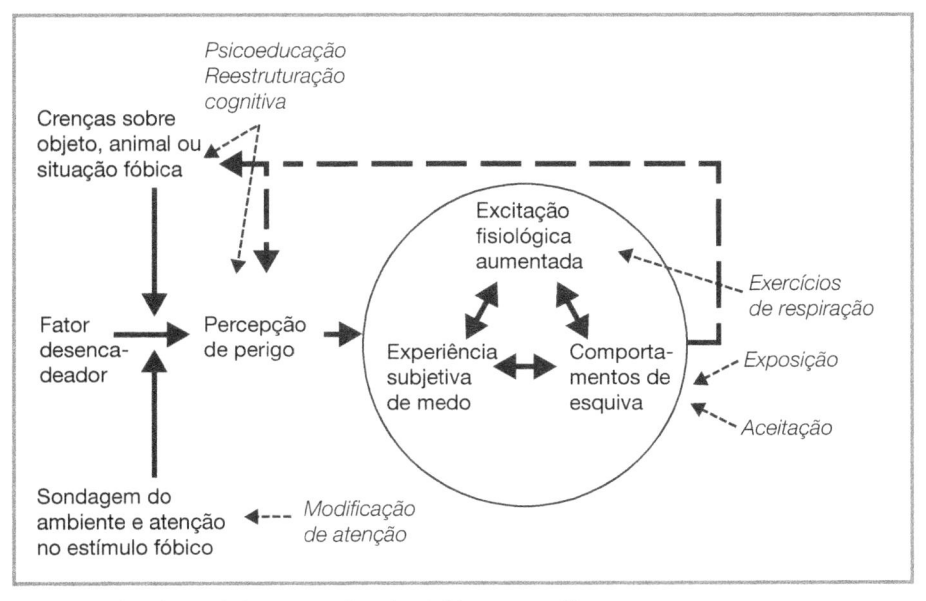

Figura 3.2 Estratégias para abordar fobias específicas.

Psicoeducação e reestruturação cognitiva

Indivíduos com fobias específicas frequentemente têm crenças irracionais sobre o objeto ou a situação fóbica. Por exemplo, pessoas com medo de voar costumam superestimar a probabilidade de se envolver em um desastre de avião. Quando a pessoa com medo de voar toma conhecimento sobre um desastre aéreo recente, ela usa essa informação para dar respaldo a sua crença de que desastres aéreos são eventos prováveis. Na realidade, são eventos muito improváveis. Uma forma de obter uma estimativa precisa da probabilidade de morrer em um acidente de avião é dividir a quantidade de pessoas que morreram em desastres aéreos pela quantidade total de voos que todos os passageiros embarcaram durante determinado período de tempo. Com base nesse cálculo, o risco anual de morrer em um desastre aéreo em média nos Estados Unidos é de cerca de 1 em 11 milhões. Em contrapartida, o risco anual de morrer em um acidente de trânsito é, em média, de aproximadamente 1 em 5 mil. Em outras palavras, é muito mais seguro voar do que dirigir. Uma simples conversa sobre esses fatos pode questionar algumas crenças mal-adaptativas de longa data sobre o perigo potencial de uma situação ou um objeto. O terapeuta pode indicar ao paciente fontes adequadas da internet para tomar conhecimento a respeito de tais fatos.

Similarmente, muitas pessoas com aracnofobia detêm crenças incorretas e mal-adaptativas sobre os perigos que as aranhas representam. Picadas de aranha são muito raras. Há cerca de 40 mil espécies e 109 famílias de aranhas. Nos Estados Unidos, há várias centenas de espécies, dependendo do Estado. No Texas, por exemplo, há aproximadamente 900 espécies de aranhas. Apenas algumas representam perigo para seres humanos. Entre as aranhas perigosas para seres humanos, apenas duas espécies existem nos Estados Unidos: a viúva negra e a reclusa marrom. As picaduras são doloridas, mas não são fatais, a menos que a vítima seja alérgica ao veneno ou esteja com o sistema imune baixo. Assim como as chances de morrer em um desastre aéreo, é muito improvável ser picado por uma aranha perigosa, quanto mais por uma aranha letal.

Modificação de atenção e de situação

As fobias específicas estão geralmente associadas a uma tendenciosidade na fase de registro do estímulo inicial do processamento cognitivo, porque a atenção costuma ser deslocada rápida e automaticamente para a informação de ameaça. Embora esse deslocamento possa ser adaptativo do ponto de vista evolutivo, ele se torna problemático quando conduz à hipervigilância (MacLeod et al., 2002; Mogg e Bradley, 1998). MacLeod e colaboradores (2002) aumentaram os sintomas de ansiedade ao manipular a atenção em uma amostra não clínica treinando indivíduos a focar um estímulo ameaçador por meio de uma tarefa realizada por computador. Estudos subsequentes demonstraram que encorajar o indivíduo a prestar atenção a estímulos não causadores de temor pode ser um método eficaz para modificar o viés de atenção e aliviar os sintomas de ansiedade. No caso de Stewart, o terapeuta pode pedir que ele conte as pernas da aranha, descreva a cor de seus pelos, examine o movimento de seu abdome ou que dê um nome ao aracnídeo.

Exercícios de respiração

A exposição a um estímulo fóbico pode, com frequência, desencadear um ataque de pânico. O fenômeno de ataques de pânico e seu tratamento serão abordados mais detalhadamente no Capítulo 4. Ataques de pânico que são desencadeados por objetos ou situações fóbicas são chamados de ataques de pânico situacionais. Um aspecto característico dos ataques de pânico é a hiperventilação, a qual está associada aos sintomas típicos da crise, como sensações de estar com a cabeça leve, aceleração cardíaca e formigamento. Exercícios de respiração podem ser um método eficaz para reduzir a hiperexcitação fisiológica associada à resposta fóbica. Uma estratégia para regular a respiração será abordada no Capítulo 4.

Exposições

A exposição é uma estratégia de intervenção altamente eficiente para o tratamento dos transtornos de ansiedade. Antes de conduzir práticas de exposição, o terapeuta precisa identificar as pistas que suscitam medo. No caso de fobia específica, as pistas são os desencadeadores situacionais.

Antes de conduzir práticas de exposição, o terapeuta deve ter um bom entendimento das situações evitadas e que provocam medo no paciente. Costuma ser útil pedir ao paciente que atribua pontos para quantificar seu medo e sua esquiva (p. ex., em uma escala de 0 a 10).

Essa informação é usada para as práticas de exposição. É fundamental que o paciente compreenda a importância de tais práticas. O exemplo a seguir demonstra o fundamento lógico da exposição.

Exemplo clínico: consequências da esquiva e lógica da exposição

Ansiedade e esquiva estão intimamente ligadas. Deixe-me explicar usando um exemplo (Fig. 3.3). Imediatamente depois de sua fuga (esquiva), sua ansiedade diminui e você sente alívio. Essa é a consequência positiva de curto prazo (alívio).

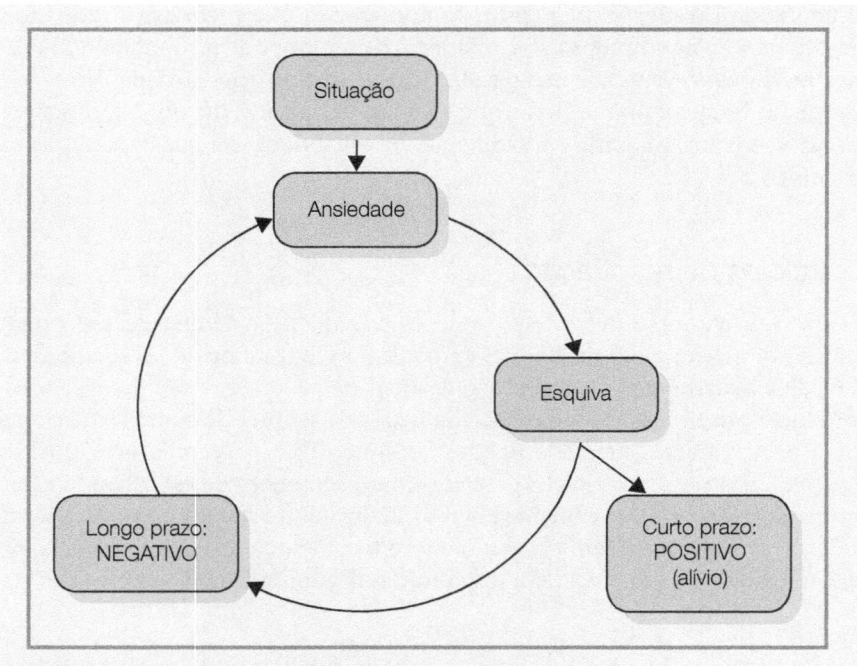

Figura 3.3 Círculo vicioso de esquiva.

Contudo, a esquiva também tem uma consequência negativa a longo prazo: você vai sentir ansiedade toda vez que se deparar com essa situação no futuro, porque nunca permitiu que seu corpo se habituasse e aprendesse que a situação, o animal ou o objeto não representa perigo. Dessa forma, a esquiva perpetua sua ansiedade, que é o motivo pelo qual você continua se sentindo ansioso quando confrontado com uma situação, um animal ou um objeto em particular. Esse também é o motivo pelo qual a ansiedade se agrava após esquivas repetidas e por que a esquiva tende a interferir em outras situações e áreas de sua vida (obtenha exemplos).

Vamos fazer um jogo mental. Vamos imaginar dois contextos. No primeiro, você encontra o objeto, o animal ou a situação temida e usa estratégias de esquiva. Sua ansiedade fica cada vez maior até que a esquiva acaba com ela e você sente alívio (Fig. 3.4).

Contudo, se você se depara com a mesma situação, o mesmo animal ou o mesmo objeto novamente no futuro, nada muda. Você irá sentir novamente o mesmo grau de ansiedade quando for confrontado com uma situação, um animal ou um objeto semelhante.

Agora vamos passar para outro contexto. Suponhamos que você conseguisse permanecer na situação que produz ansiedade ou que ficasse exposto ao objeto

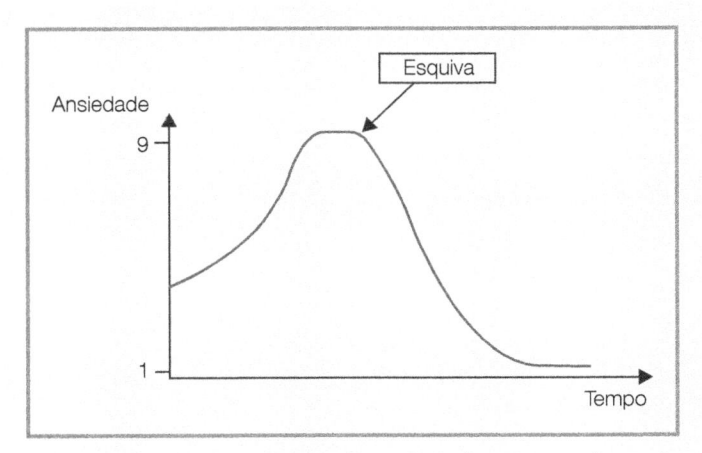

Introdução à terapia cognitivo-comportamental contemporânea 55

Figura 3.4 Exemplo de um episódio de ansiedade com esquiva.

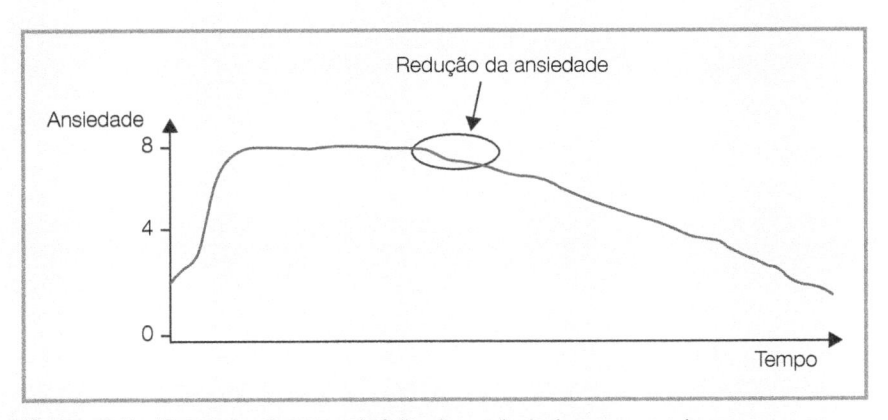

Figura 3.5 Exemplo de um episódio de ansiedade sem esquiva.

ou ao animal temido indefinidamente. O que iria acontecer com sua ansiedade se você não a evitasse, e sim continuasse com ela (depois de 1 hora, 8 horas, 20 horas, uma semana, etc.)?

No final, sua ansiedade irá diminuir. Essa redução em sua resposta de ansiedade ocorre de forma automática e natural (Fig. 3.5). Você sabe qual é o mecanismo biológico por trás disso? O motivo para que isso ocorra é que seu corpo possui mecanismos de regulação que se tornam ativos depois de determinado período de tempo de exposição. Fisiologicamente, seu sistema nervoso parassimpático entra em ação e reduz a excitação fisiológica. Em outras palavras, seu corpo finalmente começa a se ajustar à situação, ao animal ou ao objeto que produz ansiedade.

Mas esse processo ocorre apenas se você vivenciar sua ansiedade. Isso significa permanecer na situação ou confrontar o objeto ou o animal durante um período prolongado de tempo sem usar qualquer tipo de estratégia de esquiva.

Além disso, você vai ter a oportunidade de testar suas crenças e conferir se a consequência temida realmente ocorre. Como você tem evitado vivenciar sua ansiedade plenamente, você nunca se permitiu ver o que de fato acontece.

Portanto, a exposição funciona porque seu corpo reduz naturalmente sua ansiedade e ela proporciona uma oportunidade de testar sua crença. Você pode ver se o resultado temido realmente está acontecendo e, caso ele ocorra de verdade, se é tão horrível assim.

O que você acha que vai acontecer nas próximas vezes que enfrentar a mesma situação, o mesmo animal ou o mesmo objeto depois de ter se exposto de maneira bem-sucedida pela primeira vez? Você vai sentir menos ansiedade de antecipação, o nível máximo de sua ansiedade será de menor intensidade e ocorrerá uma redução mais rápida da ansiedade. A sensação não será tão ruim, porque você já percebeu que sentiu uma redução da ansiedade. Esse é um processo de aprendizado, e, assim como todo processo de aprendizado, quanto mais você faz, mais fácil fica.

A exposição é a única forma de eliminar a ansiedade. Se houvesse uma maneira mais fácil e menos dolorosa, nós a adotaríamos. Sei que parece assustador, mas, na verdade, você só tem duas opções: ou decide viver com a esquiva, que provavelmente só irá piorar em vez de melhorar, ou você se enche de coragem e toma uma atitude, fazendo um procedimento que funciona. Mas esse tratamento só surte efeito se você estiver disposto e comprometido. Depois que começarmos, temos que ir até o fim.

Durante a preparação para a exposição, é importante desenvolver uma hierarquia de situações que o paciente em geral teme ou evita. Idealmente, essa hierarquia deve ser constituída por 10 a 15 itens, desde o levemente difícil (em torno de 30 em uma escala de 0 a 100) na base da hierarquia até o muito difícil (p. ex., 90 a 100) no topo da hierarquia. Os itens devem ser específicos, concretos e levar em consideração os fatores que influenciam as preocupações específicas do paciente. Por exemplo, a tarefa de "olhar para uma aranha" pode ser dividida em várias partes e disposta em ordem de dificuldade com base em movimento, atributos físicos e presença física da aranha, se esses forem os fatores que influenciam o medo do paciente. Nesse caso, alguns itens da hierarquia podem incluir olhar para a figura de uma aranha viva, olhar para a foto de uma aranha real, assistir a um vídeo de uma aranha parada, assistir a um vídeo de uma aranha movendo-se rapidamente em direção à câmera, manusear uma aranha de plástico e observar uma aranha viva em um terrário. Um exemplo de hierarquia de exposição é apresentado na Tabela 3.1.

Tabela 3.1 Hierarquia de exposição para a aracnofobia de Stewart

Item	Descrição	Escala de medo (0 a 100)
1	Segurar uma tarântula na mão.	100
2	Deixar que a tarântula caminhe sobre a mão.	95
3	Tocar o abdome da tarântula com o dedo indicador.	90
4	Tocar a tarântula com uma vareta.	75
5	Tocar o vidro do terrário próximo à aranha.	70
6	Ficar na frente do terrário com a tarântula.	65
7	Ficar a 1,5 metro de distância de um terrário que contém uma tarântula.	50
8	Segurar uma pele de tarântula.	50
9	Manusear uma aranha de borracha de aparência realista.	40
10	Assistir a vídeos com tarântulas em *close-up*.	30

Pediu-se a Stewart que começasse a exposição com uma tarefa em sua hierarquia associada a um grau de medo de leve a moderado. Inicialmente, ele assistiu ao documentário *Predador da Vida Selvagem*, com tarântulas em *close-up*, e, então, solicitou-se que ele segurasse uma aranha de borracha de aparência realista. As tarefas da exposição inicial devem ficar na faixa de 40 a 60 pontos em uma escala de 0 a 100. Essas tarefas iniciais devem representar um desafio, mas que o paciente consiga superar com sucesso. O paciente pode usar sua escala de temor para estimar sua disposição em prosseguir para o próximo passo. Pediu-se a Stewart que continuasse com a mesma tarefa até que seu medo se reduzisse a um grau no qual ele estivesse disposto a tentar realizar a próxima tarefa na hierarquia. Stewart percebeu que quanto mais rápido progredia nos níveis da hierarquia, mas rápido sentia uma redução do medo. Outros pacientes podem preferir avançar de modo mais gradual e ainda perceber uma diminuição no medo ao longo do tempo.

É proveitoso conduzir verificações regulares no progresso do paciente retomando tarefas de exposição anteriores para assegurar que ele ainda consegue dominar os passos mais fáceis da hierarquia. Deve-se encorajar o paciente a se manter na situação até que seu grau de desconforto diminua. Caso ele abandone a situação, deve-se encorajá-lo a retomá-la tão logo possível. Embora não seja necessário, é desejável que o paciente sinta uma redução no desconforto durante uma única sessão de exposição. Nesses casos, o paciente geralmente vivencia uma redução do medo de uma sessão para outra.

Para que se obtenha o nível máximo de benefícios das tarefas de exposição, as práticas devem ser frequentes e planejadas. O paciente deve reservar de 1 a 2 horas para suas práticas de exposição. Exposições mais prolongadas costumam ser mais eficazes do que exposições mais breves. É importante que o paciente não utilize estratégias de esquiva, como comportamentos de segurança. Esses comportamentos, que podem ser evidentes ou sutis, são empregados pelo indivíduo para reduzir o medo ou impedir um resultado temido (p. ex., machucar-se) quando encontra o objeto, o animal ou a situação temida. A longo prazo, o uso desses comportamentos prejudica o resultado do tratamento, pois impede que o paciente aprenda que a situação temida não é, de fato, perigosa.

Respaldo empírico

A exposição *in vivo* é o tratamento mais eficaz para fobias específicas em comparação a intervenções do tipo lista de espera e placebo (Choy et al., 2007; Wolitzky--Taylor et al., 2008). Os ganhos do tratamento perduram durante um período mínimo de um ano, particularmente quando o indivíduo que completa a intervenção continua com exposições práticas após seu término (Choy et al., 2007). No caso de fobias de sangue e agulhas, o tratamento preferido é tensão aplicada. A tensão aplicada envolve testar os músculos do corpo durante a exposição a situações temidas, as quais desencadeiam um aumento temporário da pressão sanguínea e impedem o desmaio. Um estudo comparando exposição com tensão aplicada e exposição sem exercícios de tensão revelou que a tensão aplicada produziu melhores resultados para o tratamento de fobia de sangue (Öst et al., 1991).

A inovação mais recente para o tratamento de fobias específicas envolve realidade virtual. Essa abordagem utiliza um programa de computador que gera uma versão digitalizada tridimensional do objeto, do animal ou da situação temida e permite que o paciente execute práticas de exposição no ambiente simulado (Rothbaum et al., 2000). Essa modalidade pode ser válida para expor o paciente a objetos ou situações cuja recriação é difícil ou dispendiosa (p. ex., um voo turbulento no caso de medo de avião). Ela ainda oferece uma alternativa viável para indivíduos que se recusam a participar de exposições *in vivo*.

Medicamentos psiquiátricos convencionais (ansiolíticos e antidepressivos), utilizados seja isoladamente ou em combinação com terapia cognitivo-comportamental (TCC), não demonstraram benefícios extremos para o tratamento de fobias específicas (Choy et al., 2007). Contudo, evidências recentes sugerem que o uso de d-cicloserina (DCS), um agonista parcial no local de reconhecimento de glicina do receptor glutamatérgico N-metil-D-aspartato, facilita a terapia de exposição de medo de voar administrada em ambiente virtual (Ressler et al., 2004).

Leituras complementares recomendadas

Guia do terapeuta

Craske, M. G., Antony, M. M., and Barlow, D. H. (2006). *Mastering your fears and phobias. Treatments that work,* 2nd edition, therapist guide. New York: Oxford University Press.

Guia do paciente

Antony, M. M., Craske, M. G., and Barlow, D. H. (2006). *Mastering your fears and phobias. Treatments that work,* 2nd edition, workbook. New York: Oxford University Press.

4 Combatendo o pânico e a agorafobia

O pânico de Sarah

Sarah é uma mulher branca, de 45 anos, casada e mãe de dois adolescentes. Ela trabalha meio expediente como contadora. Nos últimos cinco anos, Sarah vem sentindo ataques repetidos de medo extremo que parecem surgir do nada. Ela se lembra do primeiro ataque na empresa, aproximadamente dois meses depois de ter começado a trabalhar. Pediram-lhe que entregasse em mãos alguns documentos para outro escritório. Quando entrou no elevador lotado para entregar a encomenda, sentiu-se sufocada. Ela recorda ter ficado com a respiração curta e os batimentos cardíacos acelerados, e que suava e tremia. As pessoas no elevador perceberam sua aflição, e uma delas chamou uma ambulância, a qual a levou até o setor de emergência. Nenhum motivo físico para o incidente foi identificado. Desde então, Sarah tem um ou dois ataques por mês. Durante os ataques, ela costuma apresentar palpitações cardíacas, sensação de estar sem fôlego, dores no peito, sensação de irrealidade e sudorese. Ela submeteu-se a vários exames médicos, mas não encontrou qualquer explicação médica para os ataques. Contudo, ainda se preocupa em sofrer mais ataques e acredita que algum dia um médico irá conseguir identificar um motivo físico para eles. Sarah percebeu que esses ataques têm maior probabilidade de ocorrência quando está fora de casa. Ela se sente um pouco mais segura quando sabe que há um hospital nas redondezas. Sente-se particularmente desconfortável em locais com muita gente, como em *shopping centers* e no metrô. Ela também evita viajar de trem ou de avião, porque não há ajuda disponível caso ela sofra um ataque. Consegue viajar apenas em companhia do marido e da irmã. Às vezes, quando se sente bem, consegue entrar em *shopping centers* ou tomar o metrô se estiver com seu telefone celular. Acredita que seu medo desses ataques é um pouco irracional, mas gostaria de não sofrê-los. Seu marido oferece bastante apoio e gostaria vê-la livre desses ataques. Sarah consultou um psiquiatra, que receitou diversos antidepressivos e inibidores da recaptação de serotonina (IRSs). Contudo, esses medicamentos não ajudaram.

Definição do transtorno

O *Manual diagnóstico e estatístico de transtornos mentais – quarta edição* (DSM-IV) define ataque de pânico como um episódio distinto de medo ou desconforto intenso. Durante os ataques de pânico, quatro ou mais sintomas físicos desenvolvem-se subitamente e atingem o pico em 10 minutos. Os sintomas típicos incluem batimentos cardíacos rápidos ou intensos, sudorese, tremores ou abalos, sensações de falta de ar ou sufocamento, dor ou desconforto torácico, náusea ou desconforto abdominal, tontura, sensação de vertigem ou de estar com a cabeça leve, sensação de irrealidade ou de estar separado de si mesmo, medo de perder o controle ou de enlouquecer, medo de morrer, sensações de dormência ou formigamento e calafrios ou ondas de calor.

Os ataques de pânico são momentos de medo intenso e repentino. Esses ataques não são exclusivos do transtorno de pânico, ou seja, um ataque de pânico pode ocorrer em diversas situações e pode ser relatado por pacientes diferentes. Por exemplo, um paciente com medo de situações sociais pode relatar um ataque de pânico durante uma situação social, e um indivíduo com aracnofobia pode descrever um ataque de pânico ao ver uma aranha. Há três tipos de ataque de pânico, os quais são diferenciados pela presença ou ausência de desencadeadores situacionais: ataques de pânico inesperados (ou não evocados), ligados a situações (ou evocados) e predispostos por situações. O ataque de pânico de um paciente com aracnofobia que enxerga uma aranha é um exemplo de ataque de pânico ligado a situações. Ataques de pânico predispostos por situações têm maior chance de ocorrerem durante a exposição a um desencadeador situacional, mas os dois não estão invariavelmente associados. Por exemplo, um paciente com medo de dirigir pode relatar ataques de pânico ocasionais, mas não sempre que dirige. Ataques de pânico inesperados não possuem um desencadeador situacional óbvio e ocorrem inesperadamente. Esses ataques costumam ser relatados por pacientes com transtorno de pânico, enquanto indivíduos com fobia específica normalmente descrevem ataques de pânico ligados a situações.

Os ataques de pânico em pacientes com transtorno de pânico são inesperados ou ligados a situações. No caso de Sarah, seu primeiro ataque aconteceu em um elevador, de forma completamente inesperada. Os ataques, então, passaram a ter mais chance de ocorrerem em locais com muita gente, como em *shopping centers* e no metrô, bem como em trens ou aviões. Como é habitual em pacientes com transtorno de pânico e agorafobia, Sarah começou a evitar esses locais e situações, porque a fuga pode ser difícil ou constrangedora ou porque pode não haver ajuda disponível no caso de ela ter um ataque de pânico. Situações agorafóbicas típicas são viagens de avião, ficar sozinho em casa, dirigir sobre uma ponte, estar em locais com muita gente, conduzir um veículo, usar o transporte público ou andar de elevador. Frequentemente, pessoas com agorafobia ou evitam tais circunstâncias totalmente, ou sentem uma aflição acentuada ou ansiedade quanto a ter um ataque de pânico quando são expostas a tais circunstâncias. Para minimizar ou lidar com sua aflição nessas situações, o paciente com agorafobia costuma carregar consigo remédios, administrar medicamentos ou ingerir álcool antes de enfrentar a situação, ou estar acompanhado por uma pessoa que lhe transmita segurança (o cônjuge ou um amigo) ou um objeto reconfortante (p. ex., uma pulseira "da sorte" ou um telefone celular). No caso de Sarah, seu marido funciona como uma figura importante que representa segurança. Essa definição clínica moderna do termo "agorafobia" é bastante diferente da tradução da palavra original em grego, que significa "medo de locais abertos".

O *Manual diagnóstico e estatístico de transtornos mentais* (DSM) estabeleceu um vínculo entre agorafobia e transtorno de pânico, mas, hoje, há debates sobre se faria mais sentido tratar as condições como transtornos completamente separados em futuras revisões do manual. O DSM-IV relata que estudos epidemiológicos em todo o mundo indicam, de forma consistente, uma taxa de prevalência do transtorno de pânico ao longo da vida com ou sem agorafobia de 1,5 a 3,5%. Aproximadamente 33 a 50% dos pacientes com transtorno de pânico também apresentam agorafobia. E há um índice muito mais elevado de agorafobia em amostras clínicas. Essa discrepância entre as taxas de prevalência clínica e epidemiológica pode indicar que pacientes com transtorno de pânico com agorafobia tendem a buscar ajuda profissional com mais frequência do que pacientes com transtorno de pânico sem agorafobia (Barlow, 2002).

O diagnóstico de transtorno de pânico é estabelecido se o paciente relata ataques de pânico inesperados recorrentes e se pelo menos um dos ataques foi seguido por um período de, no mínimo, um mês de preocupação sobre ter novos ataques, inquietação com as implicações do ataque ou suas consequências, ou mudanças significativas no comportamento relacionadas aos ataques. Se os ataques não se devem a uma condição médica geral ou aos efeitos de uma substância (p. ex., medicamento, droga, álcool), há grande probabilidade de que o paciente sofra de transtorno de pânico ou de um transtorno de ansiedade relacionado. Caso o paciente também satisfaça os critérios para agorafobia, o diagnóstico de transtorno de pânico com agorafobia deve ser estabelecido. Caso contrário, o paciente recebe diagnóstico de transtorno de pânico sem agorafobia. No contexto clínico, mais de 95% dos pacientes com agorafobia apresentam um diagnóstico atual ou anterior de transtorno de pânico.

O transtorno de pânico com e sem agorafobia deve ser diferenciado de outros transtornos de ansiedade, nos quais os ataques de pânico são uma característica associada. Especificamente, a diferenciação entre fobia específica pode ser difícil em determinados casos. Indivíduos com fobia específica e pacientes com transtorno de pânico com agorafobia podem temer a mesma situação por motivos diferentes. (p. ex., no caso de viagens aéreas, pessoas com transtorno de pânico temem sofrer de um ataque de pânico, enquanto indivíduos com fobia específica receiam um desastre aéreo). Contudo, o medo de ataques de pânico não distingue claramente pacientes com transtorno de pânico. Um estudo com sujeitos que têm medo de dirigir automóvel, por exemplo, demonstrou que 53% deles relataram ataques de pânico, e 15% descreveram acidentes de trânsito como o motivo principal para sua fobia, embora a maioria dos indivíduos com medo de dirigir (69,6%) tenha satisfeito os critérios para fobia específica (Ehlers et al., 1994). Os pacientes que relataram ataques de pânico como a razão principal de sua fobia preocupavam-se em particular com os sintomas de ansiedade enquanto dirigiam. Resultados semelhantes foram encontrados em um grupo de indivíduos com transtorno de ansiedade social e medo de falar em público (Hofmann et al., 1995). As pessoas que imputam sua ansiedade de falar em público a ataques de pânico estavam mais preocupadas com suas sensações corporais durante a situação de falar em público do que os indivíduos que atribuíram seu temor a outros fatores. Aparentemente, indivíduos com fobia específica e pacientes com transtorno de pânico diferem principalmente quanto às evocações que desencadeiam sua ansiedade. Evocações geradas internamente, como sensações corporais e imagens cognitivas, parecem mais pronunciadas no caso de transtorno de pânico, enquanto evocações situacionais externas são mais proeminentes no caso de fobia específica (Craske, 1991). Em outras palavras, pacientes com transtorno de pânico em geral temem seus sintomas corporais.

A idade de início do transtorno de pânico e da agorafobia situa-se na faixa que vai do final da adolescência até os 30 e poucos anos, com variações consideráveis. Em raras ocasiões, o transtorno pode ter início na infância e após os 45 anos. No caso de Sarah, seu primeiro ataque de pânico ocorreu relativamente tarde. O curso do transtorno varia de um indivíduo para outro. Alguns pacientes relatam surtos episódicos depois de anos de remissão, enquanto outros demonstram sintomatologia grave contínua. Habitualmente, a agorafobia se desenvolve durante o primeiro ano do início do transtorno de pânico, mas, como afirmamos, há uma grande variação. No caso de Sarah, sua esquiva agorafóbica se desenvolveu logo após o início dos ataques de pânico, e o curso de sua doença foi contínuo e grave.

O transtorno de pânico é uma categoria que serviu de parâmetro para o DSM. A conceituação original do transtorno baseia-se em um modelo de doença médica, o qual pressupõe a existência de síndromes distintas e mutuamente excludentes com uma etiologia inerentemente orgânica e com indicações específicas de tratamento (Klein, 1964; Klein e Klein, 1989). A síndrome diagnóstica foi identificada depois que Klein observou que alguns pacientes com neurose de ansiedade reagiram bem ao antidepressivo imipramina, e outros não. Ele argumentou que, assim como um antibiótico é eficaz no tratamento de uma infecção bacteriana, mas ineficaz no caso de virose, a resposta diferencial à imipramina identifica dois transtornos qualitativamente diferentes. Clark (1986) introduziu mais tarde um modelo cognitivo de pânico, o qual pressupõe que ataques de pânico resultam da interpretação errônea e catastrófica de determinadas sensações corporais, como palpitações, falta de ar e tontura. Um exemplo dessa interpretação errônea e catastrófica seria o caso de um indivíduo saudável que percebe palpitações como evidência de um ataque cardíaco iminente. O círculo vicioso do modelo cognitivo sugere que vários estímulos externos (i.e., a sensação de estar preso em um supermercado) ou internos (i.e., sensações corporais, pensamentos ou imagens) desencadeiam um estado de apreensão se tais estímulos forem percebidos como uma ameaça. Presume-se que esse estado seja acompanhado por sensações corporais que causam temor, as quais, caso interpretadas de forma catastrófica, aumentam ainda mais a apreensão e a intensidade das sensações corporais. Esse modelo de influência pressupõe ainda que os ataques parecem surgir "do nada", porque os pacientes não conseguem distinguir entre as sensações corporais desencadeadoras, e ataque de pânico subsequente, e os pensamentos sobre o significado de um ataque. O modelo explica o sucesso da farmacoterapia, porque qualquer tratamento que reduz a frequência das flutuações corporais também minimiza possíveis desencadeadores de ataques de pânico. Contudo, quando o fármaco é descontinuado, o paciente provavelmente sofrerá uma recaída, a menos que sua tendência em interpretar sensações corporais de forma catastrófica também tenha mudado. Esse modelo foi o estopim de nada menos que uma revolução cognitiva no campo dos transtornos de ansiedade.

O modelo de tratamento

O fator desencadeador de pânico pode ser um sintoma corporal, como um batimento cardíaco irregular, uma sensação de formigamento ou uma mudança na respiração que pode levar à sensação de cabeça vazia. Esses sintomas podem ser facilmente induzidos por hiperventilação ou mesmo por alterações sutis na frequência e na profundidade da respiração. Em pacientes com agorafobia, o pensamento de estar preso e impossibilitado de alcançar segurança caso uma catástrofe física ou mental ocorra pode ser um desencadeador.

Se uma pessoa se vê como vulnerável e fraca, mas acredita que precisa parecer forte e dar a impressão de que se recupera facilmente, os fatores desencadeadores têm mais chances de serem percebidos como ameaçadores e perigosos. Por exemplo, avaliações mal-adaptativas típicas de palpitações cardíacas podem ser "Vou ter um ataque do coração" ou a sensação de tontura pode ser: "Estou ficando louco" ou "Vou desmaiar", que, por sua vez, conduzem a aumento dos sintomas fisiológicos, comportamento agitado e ansiedade subjetiva elevada. Juntos, fazem com que o desconforto e a ansiedade iniciais evoluam para um estado de pânico, o qual reforça a avaliação mal-adaptativa do indivíduo referente a um desencadeador inofensivo. Também reforça o esquema da pessoa de ser um indivíduo fraco e incapaz de enfrentar um mundo perigoso e sensações corporais aparentemente incontroláveis. A Figura 4.1 mostra o círculo vicioso de um dos ataques de pânico de Sarah.

Uma variável de disposição importante do transtorno de pânico é a sensibilidade à ansiedade. A sensibilidade à ansiedade determina a tendência em reagir com medo aos sintomas de ansiedade. Esse construto foi desenvolvido com base no modelo de expectativa (Reiss, 1991). Ao contrário do modelo cognitivo, o modelo de expectativa postula que indivíduos com alta sensibilidade à ansiedade acreditam que a excitação elevada em si pode apresentar consequências perigosas, sem necessariamente ter uma interpretação errônea de sensações físicas (McNally, 1994). Embora o modelo de expectativa e o modelo cognitivo apresentem diferenças teóricas importantes, as estratégias de tratamento de cada modelo são relativamente parecidas. A maior diferença é que o modelo cognitivo coloca relativamente mais ênfase sobre a interpretação errônea dos sintomas corporais, enquanto o modelo de expectativa põe uma ênfase relativamente maior sobre as técnicas de exposição, crenças mal-adaptativas e expectativas em relação aos sintomas de ansiedade.

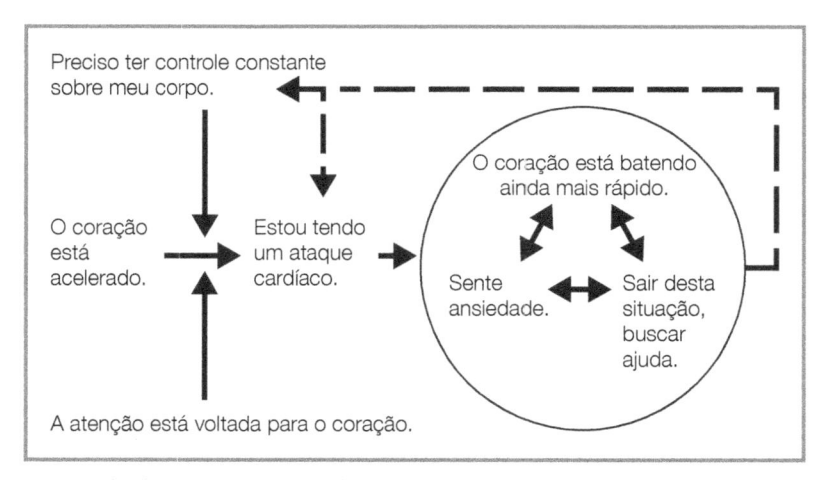

Figura 4.1 O círculo vicioso de pânico de Sarah.

Estratégias de tratamento

O círculo vicioso de pânico ilustrado na Figura 4.1 pode ser interrompido em diversos pontos. Se a pessoa não interpreta um fator desencadeador inofensivo como ameaça, o círculo nem começa. Por esse motivo, a psicoeducação sobre a natureza dos ataques de pânico, os sintomas corporais e a influência da respiração sobre a fisiologia são elementos comuns importantes dos protocolos de tratamento do transtorno de pânico. A reestruturação cognitiva é outro componente importante. Ela investiga e contesta esquemas mal-adaptativos (p. ex., "Sempre tenho que aparentar força" ou "Preciso ter controle constante sobre meu corpo"), bem como avaliações cognitivas catastróficas e mal-adaptativas de sintomas corporais inofensivos (p. ex., "Meus batimentos cardíacos fortes são um sinal de que vou ter um ataque do coração" ou "Minha tontura é um indício de que estou enlouquecendo"). Exercícios de respiração podem ser úteis para reduzir a velocidade dos aspectos fisiológicos de ataques de pânico e, assim, impedir que o círculo vicioso ganhe força. Além disso, mudar a respiração de modo geral pode reduzir a probabilidade de que alterações na frequência ou na profundidade da respiração conduzam a sintomas fisiológicos desencadeadores de pânico. Por fim, expor o paciente a sensações ou situações relacionadas ao pânico ou que provocam temor ao mesmo tempo em que ele é encorajado a aceitar essas experiências sem o uso de estratégias de esquiva são métodos altamente eficazes para tratar o pânico. O tipo e a quantidade de práticas de exposição dependem em grande parte do grau de esquiva agorafóbica. Se o paciente relata um alto grau de esquiva agorafóbica, exposições situacionais são os componentes mais benéficos do tratamento. Caso o nível de esquiva agorafóbica seja baixo, os exercícios de exposição geralmente se concentram em atividades e situações que provocam sintomas corporais temidos. Novos protocolos também incluem estratégias com base na aceitação. Essas estratégias são resumidas na Figura 4.2 e estão descritas mais detalhadamente a seguir.

Psicoeducação

Ataques de pânico são experiências extremamente assustadoras. Naturalmente, os pacientes tentam explicar esses fenômenos inexplicáveis. Após vários exames médicos negativos, o paciente com frequência supõe que esses ataques são um sinal ou sintoma de um problema de saúde grave. Uma medida terapêutica inicial bastante eficaz é informar o paciente sobre a natureza dos ataques de pânico. Com frequência, o paciente fica surpreso ao descobrir que uma quantidade significativa de outras pessoas sofre do mesmo problema, que ataques de pânico não são qualitativamente diferentes de temor extremo decorrente do confronto

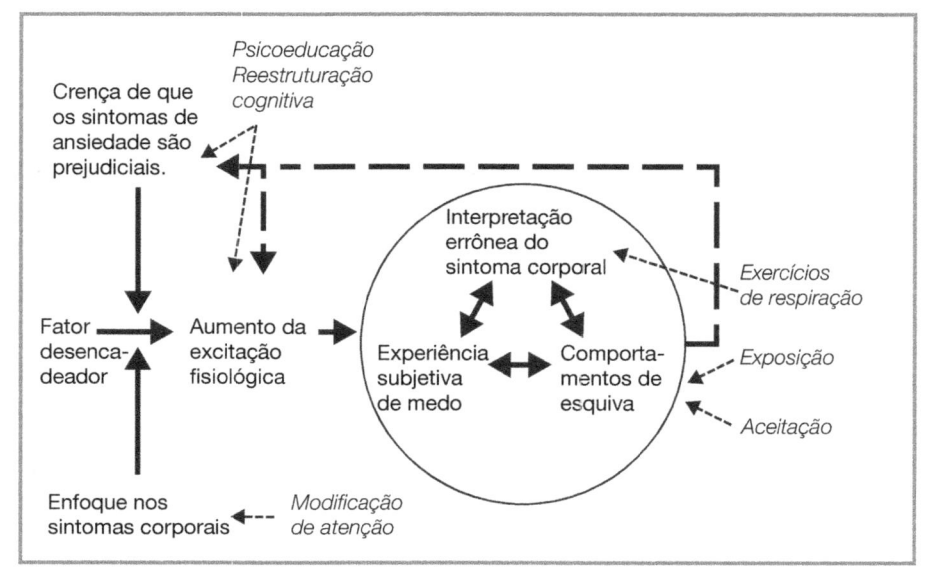

Figura 4.2 Estratégias voltadas para o pânico.

com um perigo real e que esses ataques, na verdade, fazem parte de um sistema de resposta adaptativa evolutiva de luta ou fuga, que funciona para proteger o indivíduo. A diferença dos episódios normais e adaptativos de medo que passamos quando somos confrontados com uma situação perigosa, como a quase ocorrência de um acidente de carro, é que os ataques de pânico acontecem aparentemente sem motivo. Portanto, ataques de pânico podem ser encarados como um alarme falso de nosso sistema de resposta biológica do tipo luta ou fuga. Como no caso de outros episódios de medo, os sintomas sofridos durante um ataque de pânico não são nem perigosos nem prejudiciais, e sim adaptativos e protetores, porque servem para mobilizar e energizar o organismo. Uma conversa desse tipo sobre a natureza dos ataques de pânico normaliza e desmistifica a experiência, além de estabelecer uma base para explorar pontos de vista alternativos. Para que se desmistifique a experiência de pânico, podem ser fornecidas as seguintes informações sobre a natureza do pânico e do transtorno de pânico:

Exemplo clínico: psicoeducação sobre pânico

O transtorno de pânico é uma condição na qual o indivíduo sente medo ou desconforto intenso aparentemente sem motivo. Quando a pessoa evita situações ou atividades por causa desses ataques, estabelece-se o diagnóstico de transtorno de pânico com agorafobia. O transtorno de pânico e a agorafobia são transtornos comuns. Embora os ataques de pânico sejam extremamente assustadores, na realidade não são prejudiciais para a saúde física. Isso não quer dizer que os ataques de pânico que você está sentindo não sejam reais. Eles são absolutamente reais e você está sofrendo de um problema real. No entanto, a boa notícia é que esses ataques não causam danos físicos e podem ser tratados de maneira bastante eficiente com uma intervenção psicológica, chamada de terapia cognitivo-comportamental (TCC).

Antes de começar a falar sobre técnicas específicas de tratamento, tem algo que você precisa saber sobre esses ataques. Antes de tudo, ataques de pânico não são tão raros assim. Na verdade, todo mundo sabe o que você sente durante esses ataques por que todo mundo alguma vez já passou por um momento de medo extremo. Normalmente, os ataques de ansiedade acontecem quando percebemos perigo. Por exemplo, imagine que você está dirigindo em uma autoestrada de pista dupla na faixa da esquerda. De repente, o carro a sua frente freia bruscamente. Você vê a luz de freio, mete o pé no freio e quase bate no carro da frente. O carro de trás faz a mesma coisa. Você e os outros dois carros quase se envolveram em um acidente grave. Provavelmente, você vai sentir uma ansiedade intensa. A respiração fica mais rápida e pesada, você pode sentir ondas de calor, o coração pode bater mais forte e mais rápido, e as mãos ficam suadas. Esses são os sintomas de medo extremo, e você sente esses sintomas porque quase bateu no carro a sua frente. Essas sensações são normais e adaptativas e foram elaboradas pela mãe natureza para preparar nossos corpos para agir a fim de evitar o perigo. Essas sensações tiveram uma função de sobrevivência importante para nossos ancestrais, que precisavam fugir ou lutar contra predadores ou inimigos em potencial. No caso do transtorno de pânico, esses sintomas acontecem sem motivo aparente. Isso não os torna reais. Contudo, é importante perceber que esses ataques de ansiedade não são qualitativamente diferentes dos ataques de medo em resposta a uma ameaça evidente. No caso de ataques de pânico, os fatores que desencadeiam as crises de medo são mais sutis e menos óbvios. Mas eles não são qualitativamente diferentes de outros episódios de medo intenso. Um objetivo importante do tratamento é descobrir por que esses ataques continuam recorrentes.

Modificação de atenção e de situação

Ataques de pânico costumam ser percebidos como inesperados e sem motivo aparente. Contudo, quando o paciente é solicitado a monitorar com atenção o momento e as situações desses ataques, geralmente padrões são identificados. Por exemplo, Sarah percebeu que seus ataques ocorriam com maior frequência quando ela estava emocionalmente instável. Na realidade, alguns de seus piores ataques aconteceram apenas horas após discussões com seu marido. Saber sobre a natureza desmistificada dos ataques fez Sarah conseguir obter algum controle sobre eles.

Ela também relatou que se sentia pouco à vontade durante uma aula de ioga, porque não gosta de se concentrar em seu corpo. Descobriu que direcionar a atenção à frequência cardíaca e à respiração pode facilmente desencadear um ataque de pânico. Mais uma vez, saber que os ataques de pânico podem ser desencadeados quando a atenção se concentra em sintomas específicos fez Sarah ganhar uma sensação de controle, tornando os ataques mais previsíveis e reduzindo a ansiedade que tinha sobre eles. Além disso, despertar curiosidade sobre uma experiência pode ajudar a diminuir o medo que se tem dela.

Exercícios de respiração

Muitos pacientes com pânico respiram demais (hiperventilação). Portanto, algumas teorias presumem que anormalidades na respiração e hiperventilação ou hipocapnia (níveis de PCO_2 abaixo do normal) causam sintomas de pânico (Klein, 1993; Ley, 1985). Por exemplo, Ley (1985) propôs que a hiperventilação crônica conduz a um limiar mais baixo para pânico, e Klein (1993) teorizou que pânico é o resultado de um alarme demasiadamente sensível de um sistema de resposta ao sufocamento. Portanto, exercícios de respiração são um componente habitual de intervenções psicológicas. Estudos mais recentes defendem a contribuição singular de exercícios de respiração para o tratamento de transtorno de pânico (Meuret et al., 2010).

A respiração resulta em uma troca de oxigênio e dióxido de carbono. O corpo é particularmente sensível a níveis alterados de dióxido de carbono. Como resultado da hiperventilação, o sangue se torna mais alcalino (menos ácido), os vasos sanguíneos no corpo se contraem, e o sangue carrega menos oxigênio para os tecidos, incluindo o cérebro, o que leva aos sintomas típicos da hiperventilação, como tontura, sensação de cabeça leve, falta de ar e sensação de irrealidade.

Os exercícios de respiração ensinam o paciente uma técnica de respiração elaborada para deixar a frequência respiratória mais lenta e promover a respiração diafragmática. Essa abordagem visa reduzir a frequência dos ataques de pânico ao ajudar o paciente a atribuir seus sintomas à respiração desproporcional e ao ensiná-lo hábitos corretos de respiração para atenuar a intensidade dos sintomas. As instruções do exercício de respiração a seguir podem inibir a hiperventilação no paciente:

Exemplo clínico: instruções de respiração

A forma como você respira tem um efeito direto sobre seu corpo. A hiperventilação, em particular, pode desencadear ou agravar ataques de pânico. Você hiperventila se respira muito profunda e rapidamente. A inspiração traz oxigênio, e a expiração libera dióxido de carbono. Quando você hiperventila, inspira mais oxigênio que o corpo realmente precisa. De modo paradoxal, seu corpo compensa essa alteração transportando menos oxigênio para diversas partes do corpo, incluindo algumas áreas no cérebro. Esse fenômeno desencadeia mecanismos biológicos automáticos que produzem as sensações típicas de hiperventilação, como formigamento, ondas de calor, sudorese, tontura, e sensação de irrealidade (a sensação de que você está sonhando e que isso não está realmente acontecendo). Quando você para de hiperventilar, esses sintomas diminuem rapidamente e o corpo volta ao normal. Algumas pessoas não respiram de forma saudável. A respiração delas é muito forte, muito profunda e muito frequente ou irregular, o que pode desencadear ou agravar um ataque de pânico em determinada situação. Algumas pessoas também costumam respirar dessa maneira pouco saudável, o que pode aumentar a probabilidade de que pequenas alterações em seu corpo desencadeiem ataques de pânico.

Para que você aprenda a respirar de forma mais saudável, separe pelo menos 10 minutos de seu dia. Sente-se confortavelmente em uma poltrona, coloque a mão direita no peito e a esquerda sobre a barriga. Perceba como suas mãos estão se movendo. Uma forma saudável de respirar faz sua mão esquerda sobre a barriga se mover lentamente para cima e para baixo, enquanto a mão direita sobre o peito fica parada. Respire lentamente, de modo suave, e evite respirar fundo. Faça uma pausa de mais ou menos um segundo logo antes de inspirar. Se isso for muito enfadonho, escute uma música relaxante enquanto faz o exercício.

Reestruturação cognitiva

Muitas cognições mal-adaptativas do paciente com transtorno de pânico são noções equivocadas decorrentes de um erro cognitivo de superestimação de probabilidade (superestimar um evento improvável e indesejável) e pensamento catastrófico (exagero demasiado). Abordaremos catastrofização no Capítulo 5. Aqui, falaremos mais detalhadamente sobre superestimação de probabilidade.

Durante a reestruturação cognitiva, os pensamentos mal-adaptativos do paciente são tratados como hipóteses. Encoraja-se o paciente a se tornar um observador objetivo e, assim como cientistas, explorar a natureza de sua ansiedade com a meta de encontrar estratégias eficazes para lidar com ela. A fim de identificar e contestar pensamentos mal-adaptativos, o terapeuta e o paciente discutem, de forma crítica, as evidências contra e a favor de um pressuposto em particular na forma de um debate (ou diálogo socrático). O método é usar informações a partir das experiências anteriores do paciente (p. ex., qual é a probabilidade, com base em suas experiências passadas?) e fornecer informações mais adequadas (p. ex., quais são os fatores de alto risco de doença cardiovascular?). O propósito dessa discussão é corrigir cognições mal-adaptativas. Sempre que possível, o terapeuta também deve explorar meios de testar a validade desses pensamentos, por exemplo, ao encorajar o paciente a se expor às atividades ou situações temidas e/ou evitadas. O diálogo a seguir entre Sarah e o terapeuta ilustra o método de questionamento socrático para explorar a superestimação de probabilidade.

Exemplo clínico: superestimação de probabilidade

Terapeuta: O que acontece quando você sente esses sintomas?
Sarah: Fico com muito medo.
Terapeuta: Por que, exatamente, você fica com medo?
Sarah: Acho que tem alguma coisa errada comigo, que vou ter um ataque do coração.
Terapeuta: Por que você acha que esses sintomas são causados por um ataque do coração?
Sarah: Bem, porque esses são sintomas típicos de um ataque do coração.
Terapeuta: Você já teve um ataque do coração?
Sarah: Não, meu médico disse que está tudo bem.
Terapeuta: Então, como você sabe que esses são sintomas típicos de um ataque do coração?
Sarah: (Risos) Bem, pelo visto não sei, mas tenho medo que possam ser.
Terapeuta: Então você acha que esses sintomas estão relacionados a uma condição médica. Em uma escala de 0 a 100, qual a probabilidade de que esses sintomas estejam relacionados a um problema cardíaco?
Sarah: Bem, meu médico não encontrou nada, então acho que tem probabilidade de uns 40%.
Terapeuta: Então você está dizendo que acredita que existe uma chance de 40% de que está tendo um ataque do coração quando sente sintomas de palpitações, dor no peito e falta de ar.
Sarah: Acho que é isso mesmo.
Terapeuta: Vamos ver se é assim: uma probabilidade de 40% significa que 4 a cada 10 vezes que você sente esses sintomas é porque está tendo um ataque do coração. Vamos procurar evidências para essa suposição com base em suas

experiências anteriores. Quantos ataques de pânico, no total, você acha que já teve, em toda a vida?

Sarah: Deus do céu. Uns 50 ou 60?

Terapeuta: Certo. Então, de acordo com sua estimativa, você deveria ter sofrido pelo menos 20 ataques cardíacos até agora, porque 40% de 50 é 20. Mas quantos ataques do coração você realmente teve?

Sarah: (Sorrindo) Nenhum.

Terapeuta: Certo. Então, qual a precisão de sua estimativa de probabilidade de que esses sintomas realmente estão relacionados a um ataque cardíaco, com base em sua experiência anterior?

Sarah: Acho que deve ser muito menor que 40%.

Terapeuta: Concordo. Se usarmos a experiência passada, seria 0 dividido por 50, que é 0%, certo?

Sarah: Certo.

Terapeuta: Então, por que não fazemos um controle daqui por diante. Gostaria que você estimasse a probabilidade de que irá morrer de um ataque do coração no início de cada semana e depois que tiver um ataque, quero que você escreva a probabilidade que achou que terminaria em um ataque do coração usando uma escala de 0 (nenhuma probabilidade) a 100 (muito provavelmente). Para que possamos analisar mais esses ataques, sugiro que você provoque situações que aumentem a probabilidade de que eles ocorram. O que você acha?

Exposição

A exposição é uma estratégia de intervenção altamente eficaz para o tratamento de transtornos de ansiedade (ver Cap. 3 para instruções gerais de exposição). Antes de conduzir práticas de exposição, o terapeuta precisa identificar os indicadores que despertam temor. No caso de transtorno de pânico, os indicadores costumam ser os sintomas fisiológicos, e, no caso de agorafobia, com frequência são desencadeadores situacionais.

Antes de conduzir práticas de exposição, o terapeuta precisa ter um bom entendimento das situações que provocam medo e que são evitadas pelo paciente. Geralmente, é útil pedir que o paciente faça uma escala para quantificar seu medo e sua esquiva (p. ex., em uma escala de 0 a 10 pontos). Por exemplo, de modo compatível com o modelo ilustrado na Figura 4.1, Sarah interpreta de forma errônea sua frequência cardíaca acelerada como um ataque cardíaco iminente, levando a um ataque de pânico, o qual resulta em comportamentos de esquiva.

Exposição a sensações físicas. Sarah experimenta desconforto quando sente seu coração disparar. Em consequência, evita exercícios físicos. Ao aprofundar o assunto, Sarah relatou que também evita outras situações que induzem sintomas fisiológicos fortes, como ir à sauna (devido à sensação de sufocamento) e beber café forte (devido à excitação induzida pela cafeína). No caso de Sarah, certas situações temidas poderiam ser induzidas no consultório do terapeuta. Alguns dos exemplos incluem prender a respiração (para induzir sensações de falta de ar e sufocamento), respirar por um canudinho (para induzir sensação de sufocamento), girar (para induzir tontura), olhar para uma fonte de luz intensa e, então, tentar ler (sensação de irrealidade) e, obviamente, hiperventilação. A exposição repetida a essas práticas (p. ex., hiperventilar durante um minuto, três vezes seguidas todos os dias) pode levar à redução significativa no medo do paciente de determinadas sensações. Outros exercícios podem incluir assistir a filmes de terror e andar em uma montanha russa.

Exposição a situações agorafóbicas. A exposição é a estratégia mais eficaz de todas para lidar com a esquiva agorafóbica. Um dos aspectos mais difíceis do tratamento é motivar o paciente a enfrentar atividades temidas sem o uso de estratégias de esquiva. Por esse motivo, é fundamental que o paciente compreenda a razão para confrontar alguns de seus piores temores. O exemplo a seguir mostra como um terapeuta preparado pode conseguir motivar o paciente a realizar essas práticas desagradáveis e também esclarece o que significa a expressão "esquiva".

Exemplo clínico: definição de esquiva

Você sente ansiedade em diversas situações que não provocam ansiedade em outras pessoas. Como determinadas situações fazem com que você se sinta pouco à vontade e ansioso, você ou foge delas o mais rápido possível, ou as evita, para não sofrer de ansiedade.

Hoje, eu gostaria de falar sobre os aspectos negativos e positivos da esquiva. A expressão "esquiva" geralmente significa "não fazer algo". Contudo, usaremos a expressão "esquiva" de forma mais geral. Por enquanto, vamos definir "esquiva" apenas como qualquer tipo de comportamento que o impede de encarar seu medo. Entre esses comportamentos estão: fugir de uma situação, não se colocar em uma situação, tomar comprimidos, ingerir álcool, distrair-se, ter um amigo íntimo ou o cônjuge a seu lado. Portanto, comportamentos de esquiva podem ser ativos (fugir de uma situação) ou passivos (não se colocar em uma situação).

A esquiva tem duas consequências, uma positiva a curto prazo e uma negativa a longo prazo. Deixe-me dar um exemplo para ilustrar as consequências positivas a curto prazo da esquiva. O eixo X indica o tempo (eventos), e o eixo Y seu grau de ansiedade (0 a 10). Por favor, marque sua ansiedade no gráfico para indicar como você se sente em determinados momentos (p. ex., durante o primeiro episódio, o pior episódio e o mais recente) e escreva tudo o que você fez, ou que aconteceu, que reduziu sua ansiedade (p. ex., tomar remédios, comportamentos e sinais de segurança, distração) e/ou que a aumentou (p. ex., a situação mudou, as sensações físicas ficaram mais intensas). A Figura 4.3 mostra exemplos de comportamentos de esquiva.

As estratégias de esquiva nem sempre eliminam sua ansiedade. Ao contrário, elas simplesmente a reduzem até um nível mais tolerável. Você também pode ter percebido que, em algum momento, sua ansiedade aumentou mesmo antes de se colocar na situação temida. Esse aumento inicial em sua ansiedade é chamado "ansiedade por antecipação", que é outra consequência do comportamento de esquiva. Quanto mais você evita coisas ou situações, maior será sua ansiedade por antecipação ao longo do tempo.

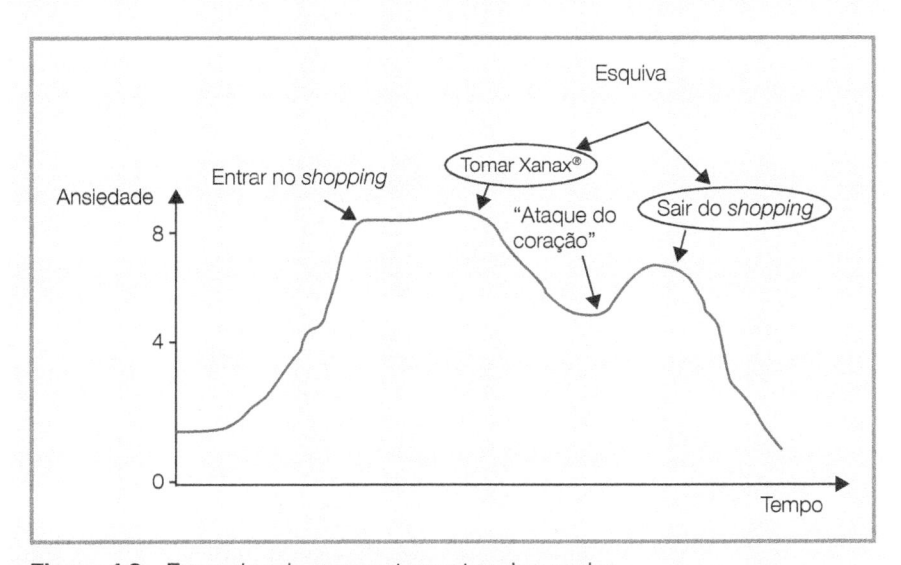

Figura 4.3   Exemplos de comportamentos de esquiva.

Depois que a esquiva foi definida claramente, o terapeuta deve introduzir a noção de que a esquiva está associada a consequências positivas a curto prazo, mas negativas a longo prazo. É importante não simplesmente menosprezar as tentativas do paciente de usar estratégias de esquiva e presumir que ele está bastante consciente das consequências negativas desses métodos mal-adaptativos de enfrentamento. Como foi abordado no Capítulo 2, as pessoas necessariamente não mudam ou eliminam comportamentos problemáticos mesmo quando estão cientes de sua natureza mal-adaptativa. O paciente avança ao longo de estágios de mudança. Simplesmente estar ciente das consequências comportamentais é uma condição necessária, mas não suficiente para promover uma mudança comportamental duradoura. Para que a mudança comportamental ocorra, o paciente precisa estar totalmente ciente das consequências de longo prazo dos comportamentos mal-adaptativos e precisa se dar conta de que essas consequências mal-adaptativas são significativamente mais problemáticas do que os efeitos negativos de curto prazo das práticas de exposição.

A terapia de exposição é dolorosa para o paciente. Exposições graduais (i.e., avançar lentamente em uma hierarquia de exposição) podem aumentar a probabilidade de abandono do tratamento porque cada experiência bem-sucedida carrega em si o terror de ter que enfrentar uma situação ainda mais assustadora. Portanto, alguns terapeutas, eu inclusive, preferem exposições intensivas, não graduais e muito breves. Como parte das exposições intensivas, o paciente se dedica todos os dias a um período de 4 a 6 horas ao longo de 3 a 5 dias de práticas de exposição orientadas pelo terapeuta. Ao contrário da exposição gradual, práticas de exposição intensivas não graduais não iniciam com situações mais fáceis (i.e., que provocam menos medo). Ao contrário, as exposições iniciais são as que induzem um grau elevado de medo. Aconselha-se escolher essas práticas como exposições iniciais para proporcionar pouca alternativa de esquiva. Por exemplo, andar de elevador, trem ou avião são experiências mais adequadas do que dirigir um carro ou ficar em uma fila, porque as pistas que induzem ansiedade estão mais sob o controle do terapeuta e menos vulneráveis à manipulação do paciente. No caso de conduzir uma exposição intensiva não gradual, é aconselhável ao terapeuta não discutir situações específicas até pouco tempo antes que o paciente, sob orientação, coloque-se nessas situações. Simplesmente o terapeuta diz ao paciente que ele será comunicado momentos antes da sessão de exposição para reduzir a ansiedade por antecipação.

Como esse procedimento exige um grande comprometimento e uma "confiança cega" por parte do paciente, é importante que ele tome uma decisão consciente que leve a um comprometimento sólido de se submeter ao tratamento. Geralmente eu dou um prazo de pelo menos três dias para que o paciente pense a respeito, e costumamos combinar um telefonema após os três dias para decidir se ele se submeterá ou não a essas exposições. Essa estratégia resulta em um índice bastante baixo de recusa (ver Cap. 2 para estratégias motivacionais).

Respaldo empírico

O artigo de Clark de 1986 foi um ensaio teórico curto que se tornou o segundo artigo mais citado em toda a área da psicologia, entre mais de 50 mil artigos publicados entre 1986 e 1990 (Garfield, 1992). Outros componentes de destaque do modelo incluem Beck e Emery (1985), Barlow (1988) e Margraf e colaboradores (1993). Uma série de estudos demonstrou a eficácia dos protocolos da TCC em experimentos controlados e randomizados (p. ex., Hofmann e Smits, 2008). O maior experimento de tratamento comparou TCC, imipramina, um comprimido de placebo e combinações de TCC com imipramina ou comprimido de placebo (Barlow et al., 2000).

Ao todo, 312 pacientes com transtorno de pânico associado à agorafobia leve ou moderada receberam tratamentos randomizados de imipramina, TCC, TCC com imipramina, TCC com placebo ou apenas placebo. Os participantes foram tratados semanalmente durante três meses. Além disso, foram observados mensalmente durante seis meses e, então, um novo acompanhamento de mais seis meses após a descontinuação do tratamento. Os resultados desse estudo demonstraram que a combinação de imipramina com TCC apresentou uma vantagem aguda limitada, mas uma vantagem mais substancial a longo prazo: ambas imipramina e TCC foram superiores ao placebo em algumas medições da fase aguda de tratamento e foram ainda mais pronunciadas após as seis sessões mensais de manutenção. Após seis meses da descontinuação do tratamento, no entanto, os indivíduos apresentavam maior probabilidade de manter os ganhos terapêuticos se haviam recebido TCC, seja individualmente ou em combinação com um comprimido de placebo. Indivíduos que receberam imipramina apresentaram maior probabilidade de recaída do que os sujeitos que não receberam o antidepressivo. Curiosamente, mais de um terço de todos os pacientes qualificados se recusou a participar do estudo porque não estava disposto a tomar imipramina. Em contrapartida, apenas um dos mais de 300 participantes potenciais se recusou a participar do estudo devido à possibilidade de receber psicoterapia (Hofmann et al., 1998).

Resultados semelhantes também foram relatados com um protocolo de TCC voltado para a reestruturação cognitiva. Por exemplo, um estudo realizado por David M. Clark e colaboradores comparou TCC, relaxamento aplicado, imipramina e um grupo-controle de lista de espera. No pós-tratamento, 75% dos pacientes da TCC não tinham mais ataques de pânico, em comparação com 70% na condição com imipramina, 40% na condição de relaxamento aplicado e 7% na condição de controle de lista de espera. A TCC foi superior ao grupo-controle de lista de espera em todas as medições de pânico e ansiedade, enquanto a imipramina e o relaxamento aplicado se saíram melhor que o grupo-controle de lista de espera em aproximadamente metade das medições. No acompanhamento de nove meses após a descontinuação de imipramina, as taxas de ausência de pânico foram de 85% para TCC, de 60% para imipramina e de 47% para relaxamento aplicado. Esses resultados são compatíveis com análises e metanálises de estudos de resultado terapêutico utilizando exposição *in vivo*, o que sugere que 60 a 75% dos indivíduos que completaram o tratamento obtiveram uma melhora clínica com ganhos razoavelmente estáveis nos acompanhamentos. Mais recentemente, examinamos o uso de d-cicloserina como uma estratégia de intensificação para TCC e descobrimos que esse agente pode melhorar significativamente a eficácia da TCC para o transtorno de pânico quando administrado de forma aguda antes das práticas de exposição (Otto et al., 2010).

A aplicação da TCC para transtorno de pânico varia ligeiramente, dependendo do experimento clínico específico. Embora todos os protocolos de tratamento se baseiem na mesma lógica essencial, eles variam quanto a quantidade de sessões, duração e ênfase em componentes específicos, tais como a quantidade e o tipo de exposição.

Leituras complementares recomendadas

Guia do terapeuta

Craske, M. G., and Barlow, D. H. (2006). *Mastery of your anxiety and panic: Therapist guide*. New York: Oxford University Press.

Guia do paciente

Barlow, D. H., and Craske, M. G. (2006). *Mastery of your anxiety and panic*, 3rd edition, workbook. New York: Oxford University Press.

5 Vencendo o transtorno de ansiedade social

A timidez de Seymour

Seymour tem 50 anos, é solteiro e trabalha para os correios. Recentemente, decidiu consultar um psiquiatra devido a timidez excessiva e depressão. Durante a entrevista diagnóstica, Seymour contou ao psiquiatra que sempre foi muito tímido. Relatou também que se sente inadequado e deprimido. Seymour disse ao terapeuta que não consegue se lembrar de alguma vez ter se sentido à vontade em situações sociais. Mesmo na escola, ficava sem saber o que fazer quando alguém pedia que falasse para um grupo de amigos de seus pais. Ele evitava festas de aniversário e outras reuniões sociais sempre que podia ou, então, quando precisava comparecer, simplesmente ficava sentado, em silêncio. Costumava ser uma criança bastante quieta na escola e apenas respondia questões em aula quando escrevia as respostas de antemão. Mesmo nessas ocasiões, costumava murmurar ou não conseguia enunciar a resposta de forma clara. Normalmente, ao conhecer outras crianças, baixava os olhos, com medo que caçoassem dele.

Ao ficar mais velho, Seymour tinha alguns companheiros de brincadeira na vizinhança, mas nunca teve realmente um "melhor" amigo. Suas notas escolares eram razoavelmente boas, exceto nas disciplinas que exigiam participação em sala de aula. Quando entrou na adolescência, ficava particularmente ansioso durante interações com garotas. Embora quisesse ter um relacionamento com uma mulher, nunca foi a um encontro, nem convidou mulheres para sair devido ao medo de ser rejeitado. Seymour foi para a universidade e se saiu bem durante um tempo, mas quando deveria fazer apresentações orais, parou de frequentar as aulas e, no final, abandonou o curso. Durante alguns anos, teve dificuldade em encontrar emprego, porque achava que seria incapaz de fazer as entrevistas. Finalmente encontrou empregos para os quais bastava um teste escrito. Há alguns anos, recebeu uma oferta para trabalhar nos correios no turno da noite. Recebeu várias ofertas de promoção, mas as recusou porque temia pressões sociais. Seymour contou ao terapeuta que tem alguns conhecidos no trabalho, mas nenhum amigo, e evita todos os convites para socializar com os colegas fora do expediente.

> Seymour apavora-se com a maioria das situações sociais. Ele as evita o máximo possível. Se não consegue evitá-las, prepara-se antecipadamente e costuma desenvolver roteiros antes de se colocar em situações sociais, para saber o que dizer. Ainda assim, sente temor extremo quando confrontado com situações sociais. Costuma monitorar e observar a si mesmo em situações sociais e, com frequência, sente repulsa por sua própria incompetência. Simplesmente, não acredita que está capacitado para lidar com situações sociais. Frequentemente, sente que sua ansiedade foge ao controle e, então, sofre sensações fisiológicas fortes como coração disparado, suor nas palmas das mãos e tremores. Vem tentando controlar sua ansiedade em situações sociais com propranolol, um betabloqueador. Recentemente, seu médico o aconselhou a experimentar paroxetina. Contudo, ele não gosta da ideia de se medicar.

Definição do transtorno

O transtorno de ansiedade social (TAS; também conhecido como fobia social) é uma condição psiquiátrica de diagnóstico frequente. Estudos epidemiológicos relatam taxas de prevalência ao longo da vida entre 7 e 12% nos países ocidentais. O transtorno afeta homens e mulheres praticamente de modo igual. O TAS costuma ter início em meados da adolescência, mas também pode ocorrer na primeira infância. Durante a infância, o TAS frequentemente é associado a ansiedade, recusa em ir à escola, mutismo, ansiedade de separação e, como seria de se esperar, timidez extrema. Caso não seja tratado, o transtorno geralmente segue um curso crônico e persistente e acarreta prejuízos significativos no funcionamento ocupacional e social (para uma análise recente, ver Hofmann e DiBartolo, 2010).

Muitas situações sociais diferentes podem desencadear ansiedade social, incluindo situações de desempenho como falar, comer ou escrever em público, iniciar ou manter conversas, frequentar festas, ir a encontros amorosos, conhecer estranhos ou interagir com figuras de autoridade. Quando os medos do indivíduo estão relacionados a maioria ou a todo o tipo de situação social, atribui-se o subtipo "ansiedade tipo generalizada". Além disso, os indivíduos podem receber um diagnóstico adicional do eixo II de transtorno da personalidade esquiva. Em consequência, a categoria diagnóstica do TAS mostra um grau elevado de heterogeneidade. Contudo, ainda não foi estabelecido se os subgrupos diagnósticos são de tipos diferentes ou se são apenas distintos quanto à gravidade da ansiedade social (para uma análise, ver Hofmann et al., 2004). Seymour satisfez os critérios diagnósticos tanto para ansiedade tipo generalizada do TAS como para transtorno da personalidade esquiva.

O modelo de tratamento

Pessoas com TAS, em regra, acreditam que o mundo social é um local perigoso. Esses indivíduos supõem que todos esperam que eles satisfaçam um padrão social específico ao agir de determinada forma, que esse padrão social é elevado e que eles não têm a competência para satisfazer tal padrão. Ao se colocar em situações sociais, o indivíduo com TAS tende a se concentrar nessas supostas deficiências e, assim, volta sua atenção para os aspectos negativos de si mesmo. Por conseguinte, ele teme a avaliação negativa dos outros e acredita que essa avaliação resultaria em consequências negativas, prolongadas e irreversíveis.

Assim como outros indivíduos com TAS, Seymour acredita que os padrões sociais são inatingíveis e que ele não possui a competência necessária para enfrentar essa ameaça de forma adequada. Destinar os recursos de atenção para os aspectos negativos de si mesmo, distantes dos fatores importantes para tarefas, fortalece ainda mais seu medo de avaliação negativa. Ele teme que a avaliação negativa resulte em consequências sociais negativas de longa duração.

Como resultado de tais cognições e processos cognitivos mal-adaptativos, Seymour vivencia uma resposta de medo que pode ser descrita como ataque de pânico em alguns casos e retraimento extremo em outros. Mais típicos, no entanto, são os sintomas semelhantes a pânico, que incluem aceleração da frequência cardíaca, sudorese, tremor, sentimentos intensos de medo e ansiedade. Para enfrentar a resposta de ansiedade, Seymour utiliza estratégias sutis de esquiva. Por exemplo, ele prepara-se excessivamente e desenvolve roteiros para situações sociais antecipadas e toma betabloqueadores para se acalmar. Embora essas estratégias de esquiva levem ao alívio de sua ansiedade a curto prazo, suas consequências são negativas a longo prazo. A primeira consequência negativa é o efeito de reforço sobre a manutenção de sua ansiedade social. Devido a essas estratégias de esquiva, Seymour nunca teve a oportunidade de testar se o pior dos casos realmente vai acontecer e, caso ocorresse, quais seriam as verdadeiras consequências.

Seymour, assim como outros portadores de TAS, acredita que contratempos sociais teriam consequências irreversíveis ou desastrosas e duradouras. Contudo, a verdade é que situações sociais são eventos geralmente inofensivos. A avaliação negativa dos outros raramente, ou nunca, conduz a consequências de fato negativas e, mesmo que isso ocorra, os efeitos duram pouco. Raras exceções são gafes sociais de grande porte que resultam em divórcio ou perda do emprego ou de amigos. Entretanto, é difícil imaginar algum tipo de gafe que definitiva e invariavelmente acarreta essas consequências. Evidentemente, o estímulo temido é imaginário e fantasioso, em vez de real. O mundo social é criado por pessoas, e as regras desse mundo demonstram um grau impressionante de tolerância e flexibilidade. Seymour, no entanto, não enxerga as regras do mundo social como

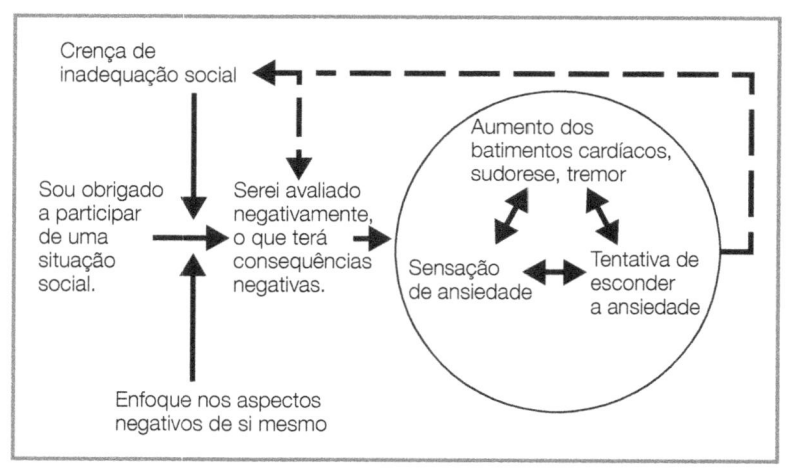

```
┌─────────────────────────────────────────────────────────────┐
│  Crença de                                                  │
│  inadequação social ◄─ ─ ─ ─ ─ ─ ─ ─ ─ ─ ─ ─ ─ ─ ─ ─ ─ ─ ┐ │
│         │                         ╱Aumento dos          ╲ │ │
│         │                        ╱ batimentos cardíacos, ╲│ │
│         ▼                       ╱  sudorese, tremor       ╲│
│  Sou obrigado    Serei avaliado │        ↕  ↕              │
│  a participar    negativamente,│                           │
│  de uma      →   o que terá  → │  Sensação  ↔  Tentativa de│
│  situação        consequências │  de ansiedade  esconder   │
│  social.    ↑    negativas.     ╲              a ansiedade╱
│         │                        ╲                       ╱
│         │                         ╲_____ ╱
│         │                                                   │
│         Enfoque nos aspectos                                │
│         negativos de si mesmo                               │
└─────────────────────────────────────────────────────────────┘
```

Figura 5.1 A ansiedade social de Seymour.

flexíveis e tolerantes. Ele as percebe como rígidas e difíceis de serem seguidas. Uma dessas regras é não demonstrar ansiedade em situações sociais. Isto, paradoxalmente, induz um alto grau de ansiedade. Como ele sente uma forte ansiedade subjetiva e fisiológica, a situação parece ser ameaçadora em consequência do raciocínio emocional e da autopercepção. Ademais, pessoas com um grau elevado de ansiedade social costumam ficar remoendo situações sociais anteriores. Esse fenômeno, que também é denominado ruminação ou processo ruminativo, com frequência se concentra nos aspectos negativos, tornando experiências ambíguas, ou mesmo inicialmente agradáveis, em eventos desagradáveis e negativos. Essa atitude reforça a autopercepção negativa e as autoafirmações indutoras de ansiedade, levando a um ciclo positivo de retroalimentação e a um sistema autossuficiente. A ansiedade social de Seymour é ilustrada na Figura 5.1.

Estratégias de tratamento

Uma psicoterapia eficaz fornece ao paciente várias experiências de aprendizado que modificam suas crenças e expectativas ansiogênicas, ao mesmo tempo em que disponibiliza outras interpretações e crenças. Recentemente, formulei um modelo de tratamento psicológico abrangente do TAS (Hofmann, 2007a) que foi traduzido em estratégias terapêuticas específicas (Hofmann e Otto, 2008). Os primeiros modelos foram desenvolvidos por Clark e Wells (1995) e por Rapee e Heimberg (1997).

Nosso modelo (Hofmann, 2007a; Hofmann e Otto, 2008) presume que o indivíduo com TAS fica apreensivo em situações sociais em parte porque percebe o padrão social (expectativas e objetivos sociais) como elevado. Ele deseja causar uma impressão específica, mas duvida que seja capaz de fazê-lo, em parte porque não consegue definir objetivos específicos e atingíveis e selecionar estratégias comportamentais específicas e praticáveis para alcançar esses objetivos. Essa dúvida aumenta ainda mais a apreensão social e a atenção voltada para si mesmo, o que desencadeia uma série de novos processos cognitivos. Pode-se prever que, quando uma situação é percebida como tendo potencial para avaliação social, o indivíduo com TAS fica preocupado com pensamentos negativos sobre si mesmo e com a forma como será percebido por terceiros. Presume-se que a impressão negativa costume ocorrer na forma de uma imagem gerada pela perspectiva de um "observador" na qual o portador de TAS se vê pelo ponto de vista de outra pessoa. Portanto, pode-se deduzir que o tratamento será mais eficiente se visar às cognições disfuncionais direta e sistematicamente por meio da terapia cognitivo-comportamental (TCC).

Resultados de estudos compatíveis com essa noção demonstram que indivíduos com ansiedade social acreditam que eventos sociais negativos têm maior probabilidade de ocorrência do que eventos sociais positivos. Além disso, esses indivíduos supõem que a maioria das pessoas é inerentemente crítica com terceiros e de modo provável irá avaliá-los de forma negativa. O sistema de crença do indivíduo com TAS parece ampliar os aspectos competitivos dos relacionamentos interpessoais, mas reduz a importância dos fatores cooperativos e de apoio. Meu modelo foi desenvolvido a partir de uma literatura ampla e coerente (ver Hofmann e Otto, 2008). As principais estratégias de intervenção, psicoeducação, modificação de atenção, reestruturação cognitiva e procedimentos de exposição foram bem validadas. Ademais, estratégias fundamentadas na aceitação foram recentemente investigadas e mostram resultados promissores (Darymple e Herbert, 2007).

Psicoeducação

Conforme indicado anteriormente, o TAS é um transtorno heterogêneo em termos de tipos e quantidade de situações temidas e outros problemas que podem estar associados à ansiedade social, tais como autopercepção e habilidades sociais. Mesmo assim, o modelo descrito na Figura 5.2 pode ser aplicado à maioria dos indivíduos (ou a todos) que apresentam esses problemas. É importante que o paciente compreenda e aceite a explicação para sua ansiedade social. O paciente inicialmente resiste à ideia de ser capaz de superar a ansiedade social ao usar essas estratégias, pois, com frequência, alega que a timidez é um traço de personalidade

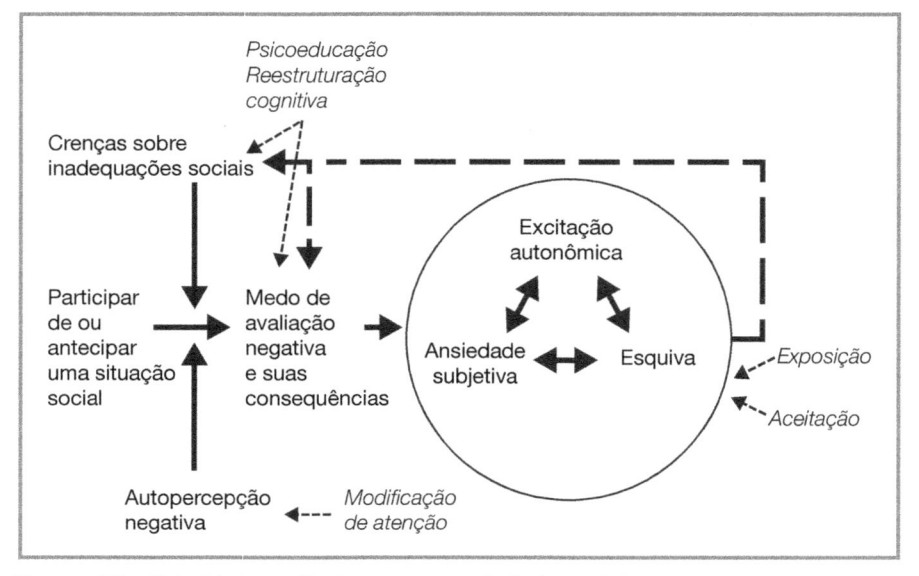

Figura 5.2 Estratégias voltadas para a ansiedade social.

e que a ansiedade social é parte de sua personalidade. Essa noção certamente pode estar correta, mas não quer dizer que a ansiedade social precise causar aflição e interferir em sua vida. Além disso, como ocorre com qualquer forma de ansiedade, a ansiedade social diminui depois da exposição repetida à situação temida sem o uso de estratégias de esquiva. A lógica da exposição é um item importante da intervenção que será abordado em mais detalhes a seguir. Além das práticas de exposição, uma série de outras estratégias proporciona ao paciente oportunidades para corrigir percepções e qualificações equivocadas que perpetuam o problema. Dessa forma, o tratamento não tem como intenção mudar a personalidade do indivíduo, mas oferecer ao paciente técnicas concretas para lidar com situações sociais de modo mais eficaz e, finalmente, superar sua ansiedade em situações sociais. É extremanente útil estabelecer de modo claro as metas e expectativas concretas de tratamento na forma de objetivos de aprendizagem.

Objetivos de aprendizagem

Eis o que você vai aprender:

- Você vai perceber que a ansiedade social é um círculo vicioso e que pode interromper esse círculo.

- Você vai aprender que o julgamento que tem de si é mais severo do que o julgamento que os outros têm de você. Portanto, é importante que você esteja à vontade com o jeito que é (incluindo suas imperfeições em situações de desempenho social).
- Você vai descobrir como atua em situações sociais quando não usa a ansiedade como forma de medir seu desempenho social.
- Você vai aprender que sua sensação de ansiedade em situações sociais é uma experiência muito pessoal. Outras pessoas não conseguem ver que seu coração está disparado, suas palmas suadas ou seus joelhos tremendo.
- Você vai perceber que superestima o quanto outras pessoas conseguem ver o que está acontecendo com seu corpo.
- Você vai perceber que mesmo se um encontro social não correu bem, isso não quer dizer grande coisa. Contratempos sociais são normais e acontecem todo tempo. O que diferencia as pessoas é o grau de influência desses contratempos (ou melhor, a possibilidade de contratempos) na vida de cada um.
- Você também vai perceber que seu desempenho social real não é tão ruim como imagina. Na realidade, há muitas pessoas no mundo cujas habilidades sociais são muito piores que as suas, mas que não têm ansiedade social.
- Você vai ter a oportunidade de estar em situações sociais o tempo suficiente para permitir que sua ansiedade dissipe-se naturalmente.
- Você vai ter a oportunidade de aprender como preparar-se mais corretamente antes, durante e depois da atuação social.
- Você vai aprender que usar estratégias de esquiva (sejam elas evidentes ou sutis) é parte do motivo pelo qual a ansiedade social é tão persistente e tende a se generalizar.

Modificação de atenção e de situação

Quando a pessoa com TAS antecipa uma ameaça social ou precisa se colocar em uma situação social, ela geralmente muda o foco de sua atenção para um monitoramento detalhado e observações sobre si mesma, sobretudo para seus pontos fracos pessoais e o que percebem como incompetência. Esse deslocamento de atenção produz uma consciência intensificada das reações de ansiedade temidas, as quais, então, interferem com o processamento da situação e o comportamento de terceiros. Por exemplo, quando Seymour precisou fazer uma palestra, ele se concentrou nos aspectos negativos de si mesmo, o que levou a um grau maior de ansiedade, e a atenção que ele poderia ter usado para um desempenho social bem-sucedido foi gasta no monitoramento de sua própria ansiedade. Essa atitude estabeleceu um círculo vicioso fazendo ele sentir que havia perdido o controle. Logo, empregou estratégias comportamentais e farmacológicas para reduzir sua ansiedade. Essas estratégias de esquiva proporcionaram um alívio de curto prazo, mas são ineficazes e prejudiciais a longo prazo.

Uma estratégia eficaz para impedir que o círculo vicioso se forme é encorajar Seymour a voltar sua atenção para aspectos relacionados a tarefas (p. ex., elaborar perguntas para fazer durante uma conversa ou concentrar-se no conteúdo da palestra e na forma de comunicá-lo) em vez de fatores relacionados ao temor (p. ex., coração acelerado, pensamentos negativos voltados para si). Essa estratégia pode ser desenvolvida ao instruir Seymour a voltar sua atenção voluntariamente para estímulos diferentes quando se encontrar em um estado de ansiedade. Por exemplo, antes de fazer uma palestra ou iniciar uma interação, Seymour pode ser instruído a voltar sua atenção para (1) si mesmo e sua ansiedade, (2) aspectos do ambiente que lhe causam ansiedade (p. ex., a plateia, o palco), (3) aspectos do ambiente que não lhe causam ansiedade (p. ex., quadros na parede), e (4) o conteúdo e a forma de comunicar a palestra iminente. É importante que Seymour não use estratégias para suprimir sua ansiedade (i.e., estratégias de esquiva), e sim seja instruído a permanecer no momento presente e observar, sem fazer juízos de valor, como as mudanças em seu foco de atenção produzem modificação em sua ansiedade, sem tentar eliminá-la.

Reestruturação cognitiva

O indivíduo com TAS geralmente superestima o quanto é avaliado de forma negativa por terceiros. Além disso, antes e depois de um evento social, o portador de TAS costuma pensar sobre a situação em detalhes, concentrando-se principalmente nos fracassos anteriores, imagens negativas de si mesmo na situação e outras previsões de baixo desempenho e rejeição. Ele ainda vê a si mesmo como confinado em um mundo social composto por regras rígidas e indistintas. Preocupa-se constantemente se vai quebrar normas sociais e acredita que os outros esperam que ele satisfaça padrões sociais difíceis de atingir, porque sente deficiência nas habilidades sociais necessárias ou está confuso quanto à definição precisa desses padrões.

A reestruturação cognitiva funciona para expor, contestar e corrigir crenças mal-adaptativas sobre a probabilidade de resultado negativo de uma situação social e, o mais importante, sobre as consequências desse resultado. Por exemplo, Seymour teme ser avaliado de forma negativa em situações sociais. Sua crença abrangente é que situações sociais são perigosas, e ele não tem competência para lidar com elas. Ele se concentra também nos aspectos negativos de si mesmo. O exemplo a seguir é um diálogo entre terapeuta e paciente que ilustra o processo de contestação da superestimação de Seymour para a ocorrência de resultados negativos:

Exemplo clínico: contestação da superestimação

Seymour: Se tiver que falar com alguém que não conheço, não vou conseguir pensar em nada para dizer.
Terapeuta: O que você quer dizer com "não vou conseguir pensar em nada para dizer"?
Seymour: Quero dizer que não tenho nada para falar. Simplesmente me dá um branco.
Terapeuta: Então vamos ser mais específicos. Digamos que você foi convidado por um de seus colegas de trabalho para uma festa. Você resolveu ir e só fica parado, incapaz de conversar com alguém.
Seymour: Isso seria horrível.
Terapeuta: Uma verdadeira catástrofe?
Seymour: Sim.
Terapeuta: Mas o que, exatamente, seria tão horrível?
Seymour: Seria constrangedor!
Terapeuta: Por que seria constrangedor?
Seymour: Porque eu faria papel de idiota, e as pessoas iriam achar que sou esquisito.
Terapeuta: O que aconteceria se as pessoas achassem que você é esquisito?
Seymour: Elas iriam rir de mim e pensar que sou um inútil.
Terapeuta: Como você sabe o que os outros pensam de você?
Seymour: Como assim?
Terapeuta: Você está fazendo várias suposições que podem ou não estar corretas. Curiosamente, de todas as alternativas possíveis, selecionou as mais ameaçadoras e desagradáveis. Especificamente, você presume que se, não tiver nada para dizer, todo mundo irá rir de você e achar que é esquisito. Bem, antes de tudo, você não sabe se todo mundo vai pensar que é esquisito. Na verdade, a probabilidade de que todos achem você esquisito porque não está conversando é extremamente baixa. Por que estou dizendo isso?
Seymour: Talvez porque existem outros motivos para ficar em silêncio?
Terapeuta: Exatamente. Quais seriam alguns desses possíveis motivos?
Seymour: Talvez as pessoas fiquem em silêncio porque estão cansadas ou desinteressadas.
Terapeuta: Isso mesmo, muito bem. Na verdade, provavelmente a maioria das pessoas nem vai notar você porque estão ocupadas consigo mesmas e com suas próprias conversas ou preocupações. Mas digamos que uma ou duas, ou até mais pessoas percebam que você está quieto e achem que você é esquisito. Até que ponto isso é ruim?
Seymour: É muito ruim!
Terapeuta: Claro, mas até que ponto? O que isso representa para você, para sua vida, seu futuro e assim por diante?

Seymour: Não sei.
Terapeuta: Bem, seria um evento que mudaria sua vida? Teria consequências catastróficas, irreversíveis, que durariam por vários anos porque uma meia dúzia de pessoas acha que você é esquisito?
Seymour: (Risos)
Terapeuta: E daí? Teria?
Seymour: Não. Muitas pessoas acham que sou esquisito.
Terapeuta: E tenho certeza que muitas pessoas também acham que sou esquisito. E daí? O objetivo da vida não é agradar todo mundo e é um absurdo supor que todo mundo que você conhece durante a vida toda irá gostar de você. Muitas pessoas não vão gostar de você e algumas vão achar que você é muito esquisito, mas esse não é o objetivo da vida, é?
Seymour: Não, acho que não. Não dá para agradar todo mundo.
Terapeuta: Sem dúvida! Então o que precisamos fazer agora é familiarizar você com a experiência de pessoas que demonstram censura e rejeição. Em outras palavras, queremos colocá-lo em situações que muito provavelmente farão com que a pior das hipóteses se concretize, para que você possa ver que não há absolutamente nada de perigoso em situações sociais. Contratempos sociais e gafes são completamente normais e acontecem com todo mundo. O que diferencia as pessoas umas das outras não são as gafes em si, mas a forma como esses contratempos podem incomodar alguém. O mundo não acaba se eles acontecerem. A vida continua. As consequências são pequenas e têm vida curta. Quando você perceber isso, vai conseguir se libertar da prisão social que impôs a si mesmo. Você está pronto para sair de sua prisão social e experimentar a liberdade?

Exposições

A exposição a situações sociais temidas é um dos componentes mais importantes, se não o mais importante, de todos no tratamento (ver o Cap. 3 para uma descrição geral da lógica de exposição). Há vários motivos que justificam o fato de as práticas de exposição serem essenciais. Primeiramente, sem o uso de estratégias de esquiva, as exposições geram um alto nível de excitação emocional, que permite ao paciente empregar estratégias de aceitação para lidar com a ansiedade.

Em segundo lugar, as exposições proporcionam a oportunidade para demonstrar os efeitos do foco de atenção sobre a ansiedade subjetiva. Antes de cada situação de exposição, o terapeuta pede ao paciente que volte sua atenção para si mesmo e para os sintomas de ansiedade, e que pontue a ansiedade (0 a 10). O terapeuta deve, então, pedir ao paciente que direcione sua atenção para as sensações físicas a fim de descrever os sentimentos e pontuar sua ansiedade.

Em terceiro lugar, as exposições possibilitam que o paciente reavalie sua autoapresentação social. Para essa finalidade, pode-se usar um *feedback* em vídeo para reexaminar a previsão do paciente sobre seu desempenho. Especificamente, essa técnica inclui uma preparação cognitiva antes de assistir ao vídeo, durante a qual pede-se ao paciente que faça uma previsão detalhada do que irá observar no vídeo. Ele, então, é instruído a formar uma imagem de si mesmo fazendo a palestra. Para comparar a autoapresentação imaginada/percebida com a autoapresentação real, é solicitado ao indivíduo que assista ao vídeo do ponto de vista de um observador (i.e., como se ele estivesse assistindo a uma pessoa desconhecida). Outras estratégias que visam a autopercepção incluem espelhar exercícios de exposição e ouvir uma gravação da própria palestra. Durante as exposições espelhadas, solicita-se ao paciente que descreva objetivamente a aparência de sua imagem espelhada e que grave um áudio dessa descrição. O motivo por trás desses exercícios é corrigir as autopercepções distorcidas do indivíduo e acostumar-se com a própria aparência.

Em quarto lugar, as exposições dão a oportunidade de praticar a definição de objetivos e reavaliar padrões sociais. Para essa finalidade, o terapeuta deve debater com o paciente quais podem ser as expectativas sociais (padrões) de determinada situação e deve ajudá-lo a estabelecer pelo menos um objetivo (comportamental, quantificável) claro (p. ex., fazer uma pergunta específica). É importante fornecer instruções bastante precisas para estabelecer como a tarefa de exposição deve parecer. Portanto, a função do terapeuta durante essas primeiras exposições é semelhante à de um diretor de cinema que fornece um roteiro bem elaborado ao paciente, descrevendo o comportamento que se espera dele. Se a situação exigir uma interação social complexa (p. ex., devolver um item para o mesmo vendedor com quem foi feita a compra minutos antes), o terapeuta deve especificar claramente quando determinada atitude deve ser demonstrada. Por exemplo, em vez de simplesmente instruir o paciente a "devolver um livro minutos depois de tê-lo comprado", o terapeuta deve orientar o paciente a "comprar o último livro do Harry Potter, carregá-lo enquanto se dirige à saída, e, ao chegar à porta, virar-se, encontrar o mesmo vendedor, e pedir o reembolso do livro dizendo: 'Quero trocar este livro que acabei de comprar porque mudei de ideia'". O objetivo dessa tarefa pode ser *dizer essa frase em particular*.

Por fim, e talvez acima de tudo, situações de exposição *in vivo* que exemplificam contratempos sociais (p. ex., derrubar uma empada no chão) propiciam uma oportunidade ideal para testar suposições distorcidas sobre o custo social de situações e outros pressupostos. O uso de comportamentos de segurança imuniza as cognições mal-adaptativas em relação a testes empíricos, porque impedem que o indivíduo avalie, de forma crítica, os resultados que teme (p. ex., "Vou tremer descontroladamente") e crenças catastróficas (p. ex., "Vou passar vexame e nunca vou poder dar as caras naquele lugar de novo").

> **Exemplos de tarefas de exposição**
>
> - Ir a um restaurante cheio de gente e perguntar a mulheres sentadas à mesa: "*Com licença, você é a Catherine?*" (Objetivo: abordar cinco mulheres.)
> - Ir a um restaurante, sentar-se à mesa. Quando o garçom vier, pedir: "*Pode me trazer um copo de água da torneira, por favor?*" Quando o garçom trouxer o copo d'água, beber um gole, levantar-se e deixar o local. (Objetivo: beber água sem pedir outra coisa.)
> - Pedir uma fatia de *pizza*, derrubá-la "acidentalmente" no chão e dizer: "*Deixei minha pizza cair, poderia me dar outra fatia, por favor?*" (Objetivo: conseguir outra fatia sem pagar.)
> - Ir a um restaurante e sentar-se no bar. Perguntar a outro cliente se ele assistiu ao filme *Se Beber Não Case*. Caso negativo, conte a história do filme. Caso positivo, perguntar se gostou e qual a cena preferida do filme. (Objetivo: conversar sobre as partes engraçadas do filme.)
> - Postar-se em uma esquina e cantar em voz bem alta *Ciranda Cirandinha* durante 10 minutos.
> - Pedir a um atendente em uma livraria *Os Prazeres do Sexo*. Quando ele trouxer o livro, perguntar: "*Pode recomendar uma versão mais moderna?*".

    Situações de exposição eficientes para indivíduos com TAS são diferentes de situações de exposição para tratar outros transtornos fóbicos. As principais diferenças são: (1) exposições sociais frequentemente exigem a execução de uma sequência complicada de comportamento interpessoal; (2) as situações específicas que despertam ansiedade no paciente com fobia social nem sempre são fáceis de criar. Por exemplo, um indivíduo agorafóbico pode fazer um passeio longe de casa praticamente a qualquer momento, mas o fóbico social pode confrontar a temida reunião da equipe de trabalho somente uma vez por semana. Outras situações podem ser ainda mais raras. Portanto, o terapeuta pode ter que criar oportunidades para situações de exposição. Situações de falar em público são particularmente úteis para esse propósito. Elas dão ao terapeuta um grau elevado de controle sobre a situação (p. ex., escolher tópicos diferentes do discurso ou modificar a situação ao trazer novos membros para o público, ou instruir a plateia a se comportar de determinada forma) e são circunstâncias realistas (em vez de interpretação de papéis).

    Práticas de exposição não devem restringir-se à sessão de terapia, e sim devem ser definidas sistematicamente como prática de tarefas de casa entre as sessões. Ao analisar as práticas de tarefas de casa, o terapeuta deve ter cuidado para não gastar muito tempo. Na realidade, análises demasiadas podem acabar funcionando como processo ruminativo. Portanto, o paciente deve ser desencorajado a fornecer descrições longas e elaboradas da situação. Ao contrário, a situação deve ser resumida e seguida por perguntas específicas e orientadas por um propósito. Por exemplo:

1. Quais foram os aspectos da situação que provocaram ansiedade? Resuma o que levou a situação a produzir tanta ansiedade.
2. Qual foi o objetivo principal que o paciente quis alcançar e o que ele pensou que seriam as expectativas das outras pessoas?
3. Que tipo de contratempo social o paciente temia, e quais teriam sido as consequências sociais?
4. O paciente se concentrou em si mesmo e na ansiedade? Qual foi o impacto da situação sobre sua autopercepção?
5. Quais foram os comportamentos de segurança e as estratégias de esquiva que o paciente usou?
6. Qual foi a duração da permanência da situação e das consequências temidas? A situação mudou a vida do paciente de forma irreversível?

Respaldo empírico

A eficácia de formulações anteriores da TCC para o TAS foram demonstradas em uma série de estudos bem elaborados. O abandono do tratamento costuma ser baixo e não está associado de forma sistemática a qualquer variável do paciente. O grupo tradicional da TCC é administrado por dois terapeutas em 12 sessões semanais de duas horas e meia para grupos compostos por 4 a 6 integrantes. Uma comparação entre fluoxetina (um inibidor seletivo da recaptação de serotonina (ISRS) popular), TCC, placebo, TCC combinada com fluoxetina ou TCC combinada com placebo demonstrou que todos os tratamentos ativos foram superiores ao placebo. Curiosamente, o tratamento combinado não foi superior às demais intervenções. As taxas de resposta na amostra de intenção de tratamento foram de 50,9% (fluoxetina), 51,7% (TCC), 54,2% (TCC com fluoxetina), 50,8% (TCC tradicional com placebo) e 31,7% (apenas placebo). Embora esses resultados destaquem a eficácia da TCC, seja individualmente ou combinada com farmacoterapia, os dados também mostram que muitos participantes continuaram sintomáticos (Davidson et al., 2004). Experimentos mais recentes sugerem que a d-cicloserina pode intensificar significativamente a eficácia da TCC para o TAS quando administrada de forma aguda antes das práticas de exposição (Hofmann et al., 2006; Guastella et al., 2008).

Formulações mais recentes da TCC para TAS visam, especificamente, alguns dos fatores centrais de manutenção, comportamentos de segurança, atenção voltada para si e custo social percebido. A eficácia desses protocolos da TCC direcionada melhorou consideravelmente em comparação com os primeiros, e mais tradicionais, protocolos da TCC. Os esforços da TCC direcionada destinam-se ao ensino sistemático de uma estrutura cognitiva alternativa para a compreensão de situações sociais, desempenho social e risco social. As intervenções são cognitivamente ricas por natureza, já que pedem ao paciente que examine suas expectativas sobre situações e custos sociais de desempenhos sociais imperfeitos. O paciente, então, examina de modo específico a veracidade dessas expectativas, conforme a avaliação lógica, e particularmente por "experimentos comportamentais" específicos, que são elaborados para testar expectativas ansiogênicas. Uma análise da abordagem da TCC direcionada em um grupo demonstrou que a magnitude de efeito não controlada da pontuação de gravidade com base na entrevista clínica foi de 1,41 (antes do teste para após o teste) e de 1,43 (antes do teste para acompanhamento 12 meses depois). A pontuação da média composta foi associada a uma magnitude de efeito anterior e posterior não controlada de 2,14 (Clark et al., 2004). Esses efeitos são extraordinariamente sólidos, o que sugere que a TCC para TAS produz melhora significativa ao se visar a fatores específicos de manutenção.

Leituras complementares recomendadas

Guia do terapeuta

Hofmann, S. G., and Otto, M. W. (2008). *Cognitive-behavior therapy of social anxiety disorder: Evidence-based and disorder specific treatment techniques.* New York: Routledge.

Guia do paciente

Hope, D. A., Heimberg, R. G., and Turk, C. L. (2010). *Managing social anxiety: A cognitive-behavioral therapy approach,* 2nd edition, workbook. New York: Oxford University Press.

6 Tratando o transtorno obsessivo-compulsivo

As obsessões de Olívia

Olívia é uma mulher casada, de 42 anos, e tem três filhos. Desde que seu marido, 25 anos mais velho que ela, aposentou-se como dentista, ela iniciou um negócio lucrativo como vendedora de móveis antigos. Olívia luta contra seu transtorno obsessivo-compulsivo (TOC) há muito tempo. Ela não consegue dirigir sozinha porque tem medo de atropelar pessoas. Antigamente, quando levava os filhos para a escola, costumava verificar o trajeto pelo qual havia passado para ter certeza de que não havia atropelado alguém. Frequentemente, acreditava ter ouvido um grito, visto uma sombra com o canto dos olhos ou sentido um solavanco fora do comum. Costumava pesquisar o noticiário local em busca de acidentes de carro em que o culpado fugiu. Chegava a telefonar para o departamento de polícia local para verificar boletins de ocorrência de tais acidentes, até ficar conhecida pelos policiais. Além de seu TOC relacionado a esses acidentes, Olívia vive preocupada que seus atos prejudiquem e causem morte a terceiros. Ao discutir sobre condições médicas, fica preocupada em passar informações equivocadas e que, em consequência disso, pessoas possam morrer. Sobretudo em relação a problemas odontológicos, porque acredita que os outros supõem que ela tem conhecimentos sobre a área já que seu marido era dentista. Essa atitude abalou relacionamentos com amigos e familiares, porque ela sente uma ânsia irresistível de contatá-los depois de conversar sobre questões médicas para se certificar de que eles não entenderam mal as informações que ela forneceu. Além do TOC, também está passando por momentos difíceis devido à depressão. Teve episódios hipomaníacos eventuais no passado, mas, na maior parte do tempo, seus episódios depressivos são unipolares e duram várias semanas. Durante esses episódios, experiencia sentimentos de inutilidade, culpa, falta de energia e um forte anseio por ficar na cama, frequentemente até o início da tarde. Seu marido tem sido bastante compreensivo. Olívia experimentou diversos medicamentos ansiolíticos e antidepressivos, com sucesso variável.

Definição do transtorno

Obsessões são pensamentos, imagens ou impulsos persistentes, indesejados e involuntários, que invadem a mente de forma inesperada e causam sofrimento acentuado. Em contrapartida, compulsões são comportamentos deliberados e repetitivos ou atos mentais cujo propósito é reduzir sentimentos aflitivos ou são executados para impedir que um evento temido ocorra. Estudos epidemiológicos sugerem que a prevalência de TOC ao longo da vida varia entre 1,6 e 2,5% (p. ex., Kessler et al., 2005). A representação de gênero é quase idêntica, sendo que mulheres apresentam uma prevalência ligeiramente maior que homens. O transtorno desenvolve-se geralmente na faixa dos 13 aos 15 anos em homens e na faixa dos 20 aos 24 anos em mulheres.

O TOC é uma psicopatologia bastante heterogênea. Por exemplo, obsessões podem envolver pensamentos, imagens ou impulsos indesejados de natureza agressiva, para machucar a si ou terceiros (p. ex., empurrar uma pessoa qualquer de uma ponte), intrusões sexuais e religiosas/blasfêmias (p. ex., pensamentos sobre a genitália de Jesus Cristo), pensamentos persistentes de dúvida (p. ex., "Desliguei o gás do fogão?") ou medo de ser contaminado por micróbios ou sujeira (p. ex., "E se eu pegar micróbios de uma maçaneta contaminada?"). Por sua vez, as compulsões variam desde lavagem excessiva das mãos, limpeza, verificações (p. ex., fogão, luzes), contagens, ordenação e disposição, colecionismo, dar pancadinhas, tocar até rituais mentais (p. ex., repetir orações, palavras ou músicas). Esses comportamentos são expressos de forma ritualística, como a repetição de uma oração por uma quantidade específica de contagem, ou lavar as mãos seguindo uma ordem particular (p. ex., lavar a mão esquerda antes da direita e começar por determinados dedos), devido ao medo de que se o ritual não for realizado, haverá uma consequência catastrófica (p. ex., "Se eu não alinhar meus sapatos corretamente, meu pai vai morrer").

Uma característica comum associada ao TOC é a dificuldade dos pacientes em fazer a distinção entre cognições e comportamentos. Em outras palavras, ter um "mau" pensamento é tão horrível e sofrido quanto ter o "mau" comportamento correspondente. Esse fenômeno ficou conhecido como fusão de pensamento e ação (FPA). Propôs-se que a FPA é composta por duas partes integrantes distintas (Shafran et al., 1996). A primeira parte refere-se à crença de que vivenciar um pensamento em particular aumenta as chances de que o evento realmente ocorra (probabilidade), enquanto a segunda parte refere-se à crença de que pensar sobre um ato é o mesmo que realmente executar o ato (moralidade). Por exemplo, o pensamento de matar uma pessoa pode ser moralmente equivalente à execução do ato. Supõe-se que esse componente moral seja o resultado da conclusão errônea de que ter "maus" pensamentos indica a verdadeira natureza e as reais intenções da pessoa.

Fatores importantes relacionados à FPA incluem um senso exagerado de responsabilidade, religiosidade ou superstição e pensamento mágico (Rachman, 1993; Rassin e Koster, 2003). O caso de Olívia é um bom exemplo de senso exagerado de responsabilidade. Ela acredita que dar informações imprecisas a terceiros irá resultar em perigo e morte pelos quais, em última análise, ela é responsável. Olívia também demonstra um forte pensamento mágico e supersticioso. Isso refere-se à crença de que pensar na possibilidade de um evento de alguma forma aumenta a probabilidade de sua ocorrência. Consequentemente, a pessoa tenta suprimir o pensamento, o que, por sua vez, aumenta a probabilidade de ter o pensamento (ver Cap. 1; Wegner, 1994). Práticas de meditação e de *mindfulness* que promovem descentração (i.e., assumir uma postura voltada para o momento presente, sem juízos de valor com relação a pensamentos e sentimentos; ver Cap. 7) podem ser eficazes para tratar essas crenças mal-adaptativas.

O modelo de tratamento

Pensamentos, imagens e impulsos indesejados são bastante comuns. Mais de 90% das pessoas na comunidade e em amostras análogas relatam a presença dessas intrusões, incluindo ímpeto de machucar ou atacar alguém e pensamentos sobre atos sexualmente inadequados (Salkovskis e Harrison, 1984). O modelo da terapia cognitivo-comportamental (TCC) para TOC enfatiza a avaliação de pensamentos indesejados (Rachman, 1998; Salkovskis, 1985). O paciente com TOC acredita que essas intrusões têm significado. Como é típico em pacientes com TOC, Olívia possui um senso de responsabilidade exagerado. Ela também acredita que não conseguir impedir danos (i.e., "pecado da omissão") é tão ruim quanto causar danos deliberadamente ("pecado da comissão"). Esse senso exagerado de responsabilidade interage negativamente com pensamentos intrusivos. Por exemplo, o pensamento de Olívia "Atropelei alguém?" leva a sentimentos de aflição, ímpeto de verificar o trajeto e anseio em telefonar para a polícia a fim de certificar-se de que não bateu e matou pessoas com seu carro. Portanto, na mente de Olívia, a morte de outras pessoas só pode ser impedida por meio da verificação, e não averiguar sugere que ela quer machucar os outros.

Outro aspecto característico do TOC é a importância demasiada conferida aos pensamentos, o que sugere que a mera presença de um pensamento fornece evidência de sua relevância (p. ex., "Deve ser importante porque penso a respeito, e penso a respeito porque é importante"). Além disso, pessoas com TOC superestimam a probabilidade e a gravidade de perigo e encaram situações como perigosas a menos que se comprove que são seguras apesar do fato da maioria desses indivíduos supor o oposto (Foa e Kozak, 1986). Essas crenças falhas diferentes não são mutuamente excludentes, mas costumam se apresentar em combinações conforme a intrusão em particular e a avaliação resultante (Freeston et al., 1996). Por exemplo, os pensamentos de Olívia sobre prejudicar alguém ao fornecer informações médicas equivocadas envolvem superestimações de perigo, FPA e responsabilidade exagerada.

Considerando a importância que o paciente com TOC coloca sobre pensamentos obsessivos, ele tem um forte desejo de eliminar esses pensamentos aflitivos e neutralizá-los com compulsões. Contudo, tentativas de eliminar esses pensamentos os tornam ainda mais intrusivos. Assim como tentativas de neutralizá-los com compulsões para reduzir a aflição e subverter quaisquer consequências catastróficas temidas são estratégias ineficazes a longo prazo. Como as compulsões levam a uma redução temporária no sofrimento, elas podem rapidamente se tornar um mecanismo de enfrentamento e, dessa forma, aumentar a probabilidade de neutralizações subsequentes. Além disso, ao se considerar a falta de ocorrência de consequências temidas após a neutralização, a ausência de resultados negativos reforça o hábito e pode ser interpretada como evidência para a validade das crenças obsessivas. Portanto, avaliações falhas são perpetuadas pela incapacidade de examinar alternativas adequadamente (Salkovskis, 1985). A Figura 6.1 ilustra o círculo vicioso da obsessão de Olívia com "atropelamento e fuga".

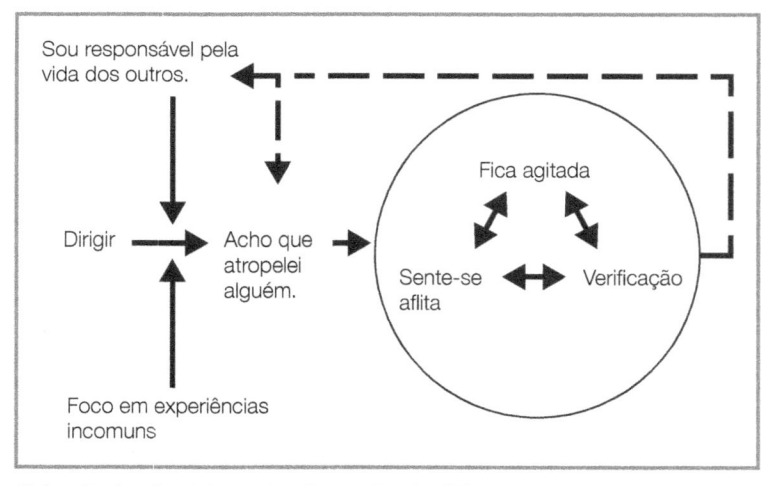

Figura 6.1 O círculo vicioso da obsessão de Olívia.

Estratégias de tratamento

Uma das características típicas dos indivíduos com TOC é um senso exagerado de responsabilidade pessoal por terceiros e crenças mal-adaptativas semelhantes. Além disso, eles tentam desesperadamente agir conforme essas crenças para evitar males ou riscos. A psicoeducação e a reestruturação cognitiva são essenciais para tratar de forma eficiente o senso exagerado de responsabilidade, as crenças supersticiosas e as superestimações de eventos catastróficos.

Obsessões referentes a situações concretas surgem quando desencadeadores estão presentes e a pessoa começa a se concentrar nos estímulos que comprovam os pensamentos obsessivos. Esse processo pode ser interrompido logo de início ao voltar a atenção para estímulos que são incompatíveis com as crenças ou modificar os desencadeadores situacionais que podem ser interpretados como compatíveis com as crenças mal-adaptativas. Portanto, tais crenças devem ser o alvo principal do tratamento. Técnicas de reestruturação cognitiva podem contestar e modificar de maneira eficiente as crenças mal-adaptativas e os pensamentos obsessivos. Ademais, meditação de *mindfulness* pode ajudar a minimizar o processo de ruminação das obsessões ao encorajar o indivíduo a se concentrar no presente em vez de no futuro (o resultado catastrófico) ou no passado (a ação que poderia causar o dano). Estratégias de relaxamento também podem ser benéficas como abordagem à excitação autonômica. Por fim, métodos de exposição e de aceitação podem interromper o círculo vicioso e autorreforçador que engloba aflição, excitação e compulsões. Essas estratégias estão resumidas na Figura 6.2, e algumas delas são abordadas detalhadamente a seguir.

Modificação de atenção e de situação

Olívia frequentemente assiste ao noticiário para descobrir se houve registro de acidentes de atropelamento e fuga ou de mortes misteriosas. Voltar sua atenção para informações no ambiente compatíveis com sua obsessão aumenta ainda mais o problema. Obviamente, Olívia possui o controle voluntário de vasculhar ou não seu ambiente na busca de evidências que corroborem suas crenças obsessivas, apesar de sua ânsia em fazê-lo. Portanto, uma estratégia com benefícios terapêuticos é resistir à ânsia de procurar em seu ambiente as informações que fornecem evidências que confirmam suas crenças obsessivas e aprender como tolerar e resistir a um ímpeto forte. Nesse contexto, a meditação de *mindfulness* pode ser muito útil (ver também Cap. 7). Em vez de responder ao ímpeto de verificação assistindo ao noticiário, Olívia poderia usar a ânsia para desencadear a prática de meditação de *mindfulness* a fim de aprender como prolongar gra-

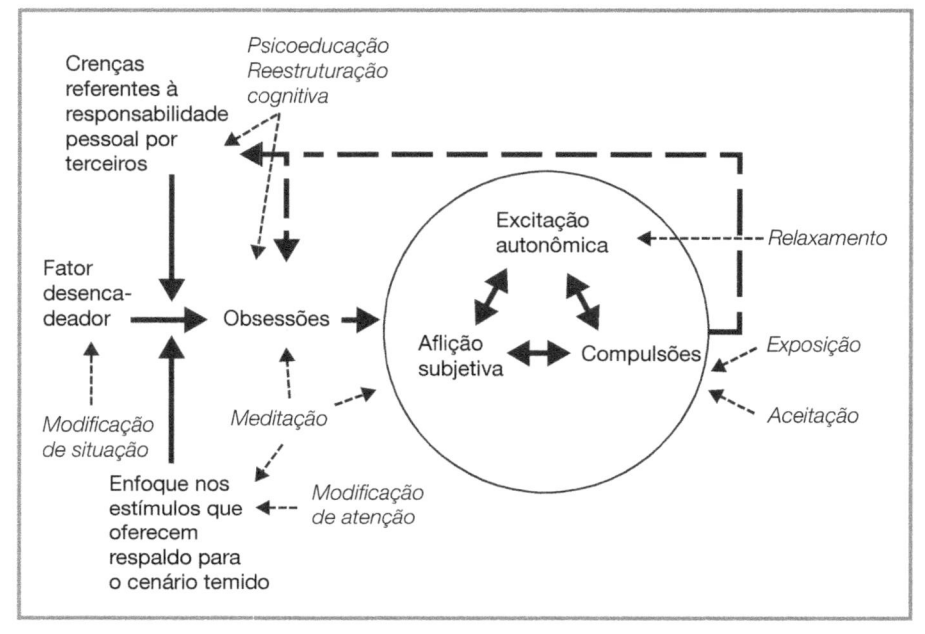

Figura 6.2 Estratégias para abordar as obsessões e compulsões de Olívia.

dualmente o tempo entre o impulso inicial de verificação e o comportamento de verificação.

Psicoeducação

As duas mensagens mais importantes que precisam ser transmitidas durante a fase de psicoeducação são: (1) pensamentos, imagens e impulsos incomuns e estranhos são normais; viver essas experiências não é um indicador da personalidade de uma pessoa nem de suas ações futuras; (2) tentativas de suprimir esses pensamentos, imagens e impulsos aumentam paradoxalmente a probabilidade de sua ocorrência. Conforme descrito no Capítulo 1, o efeito paradoxal da supressão de pensamento pode ser ilustrado por meio do experimento do urso branco (Wegner, 1994).

Experimento do urso branco

Feche os olhos. Imagine um urso branco e fofo. Imagine seu pelo felpudo, seu nariz, suas orelhas e suas patas. Imagine-o da forma mais clara possível. Mantenha

> essa imagem. Agora, pense sobre qualquer coisa de que goste, exceto o urso branco. Cada vez que o urso surgir em sua mente, diga "urso branco". Vou controlar o tempo e também contar para você quantas vezes você diz "urso branco" no próximo minuto. Portanto, por favor, pense em qualquer coisa que não seja o urso branco. Quando ele surgir em sua mente, diga "urso branco". Pode começar agora, por favor.

Esse experimento é utilizado para demonstrar que tentativas de suprimir um pensamento qualquer aumentam as chances de tê-lo. No minuto, ou mesmo nas horas e nos dias, antes de receber a instrução de supressão, o paciente provavelmente não havia pensado em um urso branco nem ao menos uma vez, porque simplesmente não havia motivos para fazê-lo. O único motivo pelo qual o urso se tornou uma imagem intrusiva é porque o paciente estava ativamente tentando não visualizá-lo.

Há muitas imagens, pensamentos e impulsos que são estranhos. Todas as pessoas os têm. O pensamento de empurrar uma idosa no meio do trânsito é certamente um deles. Ele se torna um pensamento obsessivo se acreditarmos que tem significado especial. Por exemplo, ter determinados pensamentos pode ser encarado como um reflexo da própria personalidade ou do próprio caráter. Um católico devoto, por exemplo, pode acreditar que ter determinados pensamentos é um pecado, porque pensar é quase tão ruim quanto agir – a essência da FPA. Em consequência, a pessoa com TOC tenta suprimir o pensamento, fazendo com que ele ocorra com maior frequência e tornando-o ainda mais significativo.

Reestruturação cognitiva

Como ocorre com outros transtornos de ansiedade, a pessoa com TOC superestima a probabilidade de um resultado negativo (i.e., supõe que há boas chances de que um resultado negativo aconteça) e exagera o grau desse resultado (i.e., supõe que o resultado negativo provavelmente seria um evento catastrófico). O primeiro erro cognitivo costuma ser chamado de superestimação de probabilidade; e o segundo, de pensamento catastrófico. Olívia acredita que dar conselhos de natureza médica causaria morte, um exemplo de superestimação de probabilidade. O exemplo a seguir demonstra como se pode abordar a superestimação de probabilidade encorajando Olívia a examinar de forma crítica a lógica de seu pensamento. Nesse exemplo, o terapeuta explora a pior das hipóteses, identificando uma sequência necessária de eventos para que ela se torne realidade. Cada um desses eventos recebe um grau de probabilidade. Embora Olívia ainda superestime alguns desses eventos isoladamente, fica claro que o resultado catastrófico (i.e., a morte de uma pessoa) no final dessa sequência é muito improvável, levando-se em consideração que todos os eventos precisam ser convergentes.

> ### Exemplo clínico: abordando a superestimação de probabilidade
>
> Cenário: Olívia disse ao marido de Sarah que aspirina é usada para tratar inflamações. Ela está preocupada que se ele sobredosar o medicamento seu estômago ficará irritado e sofrerá hemorragia interna fatal.
> Probabilidade *subjetiva* de que o marido de Sarah tenha entendido mal a informação, o que o leva à morte: 75%
> Probabilidade *realista*:
>
> 1. Ele vai sobredosar o medicamento: 1/5
> 2. Seu estômago ficará irritado em consequência da aspirina: 1/5
> 3. Haverá uma hemorragia no estômago em resultado da irritação: 1/100
> 4. Ele vai continuar se medicando com aspirinas apesar de sentir problemas no estômago: 1/20
> 5. Ele não vai consultar alguém sobre sua irritação no estômago: 1/1.000
> 6. A hemorragia no estômago vai resultar em morte: 1/2
>
> Probabilidade *lógica*:
>
> $$\frac{1\times1\times1\times1\times1\times1}{5\times5\times100\times20\times1.000\times2} = \frac{1}{100.000.000} = 0,000001\%$$

O propósito deste exercício é identificar as suposições negativas específicas que estão relacionadas à obsessão, o que pode ser facilitado ao realizar perguntas específicas, como: "O que você achou que poderia acontecer?" e "O que irá acontecer a seguir?". A mensagem principal deste exercício é ilustrar que catástrofes reais dificilmente acontecem. Mesmo que eventos individuais com potencial para um resultado catastrófico sejam superestimados e recebam um grau de probabilidade relativamente alto (p. ex., uma chance de 50% de que uma hemorragia estomacal resulte em morte), a chance de que essas ocorrências individuais diferentes entrem em alinhamento para enfim levar ao evento catastrófico (a pessoa morre porque Olívia recomendou que ela se medicasse com aspirina) é altamente improvável (0,000001%). Essa probabilidade então é comparada à probabilidade subjetiva identificada pelo paciente (75%).

Meditação e relaxamento

A premissa básica por trás das práticas de *mindfulness* é que viver o momento presente sem juízos de valor e abertamente pode combater de modo efetivo os efeitos de estressores, porque a orientação excessiva voltada para o passado ou para o futuro ao se lidar com estressores pode levar a sofrimento psicológico. Um componente particularmente importante das práticas de *mindfulness* é o exercício de respiração lenta e profunda que alivia os sintomas corporais de aflição ao equilibrar as respostas simpáticas e parassimpáticas (Kabat-Zinn, 2003).

Durante a meditação de *mindfulness*, o indivíduo é encorajado a prestar atenção no que está acontecendo dentro e ao redor de si no momento atual, reconhecendo pensamentos e sensações simplesmente como eles são e libertando-se da necessidade de julgar de modo crítico e de mudar ou evitar suas experiências interiores. O paciente deve identificar uma pista em particular que pode usar na vida quotidiana para ajudá-lo a se concentrar no momento presente. Essa pista costuma ser a própria respiração, mas também pode ser o tique-taque de um relógio, o barulho de ondas ou qualquer outro som rítmico e recorrente. A intenção é que essa pista não distraia o paciente, e sim que o ajude a se concentrar e a se ancorar no presente. O paciente passa a associar essa pista com a experiência emocional de consciência orientada para o presente, sem juízos de valor. O exercício a seguir é um exemplo de como o terapeuta pode introduzir a prática de *mindfulness*.

> **Prática de *mindfulness***
>
> Por favor, fique à vontade, feche os olhos e siga minha voz. Concentre sua atenção no momento presente. Perceba a sensação de estar sentado na cadeira. Perceba como seu corpo se sente e todas as sensações que você está experimentando. Observe seu corpo repousando sobre a cadeira; perceba seus pés tocando o chão. Note sua respiração. Observe seu peito movendo-se ao inspirar e expirar. Perceba o ar frio entrando com a inspiração e o ar quente saindo com a expiração. Simplesmente observe, não tente mudar algo (pausa). Concentre-se na respiração como ela está ocorrendo exatamente agora, no momento presente. Use sua respiração para ajudá-lo a permanecer no aqui e no agora (pausa). Deixe seus pensamentos irem e virem. Simplesmente, perceba o que você está pensando, mas não tente mantê-los nem desfazer-se deles. Apenas deixe-os irem e virem (pausa). Permita-se contemplar seus pensamentos por alguns instantes – enquanto faz isso, perceba como eles vêm e vão (conceda um período breve de silêncio). Enquanto você se concentra nesses pensamentos, desloque sua atenção e investigue como está se sentindo. Emoções, assim como pensamentos, estão mudando constantemente. Às vezes, emoções vêm em ondas, outras vezes, se demoram um pouco;

> algumas vezes, elas são despertadas por determinados pensamentos, outras parecem surgir do nada. Simplesmente reconheça como você está se sentindo neste exato momento (pausa). Permita-se observar suas emoções, sem julgá-las. Note como elas aumentam e como diminuem (conceda um breve período de silêncio). Continue a usar sua respiração para ancorá-lo, comece a observar a totalidade de sua experiência – o que o corpo sente, o que você está pensando, quais emoções está vivenciando. Perceba sua respiração para atrelar-se ao momento presente. Permita que sua consciência se desloque e flua para suas sensações, a fim de que você absorva o que está acontecendo a sua volta. Perceba a temperatura (pausa). Observe os sons no ambiente (pausa). Quando estiver pronto, volte. Imagine a si mesmo e abra seus olhos.

Exposição e aceitação

Experimentos comportamentais direcionados podem ser bastante úteis para avaliar de forma realista o perigo potencial da atividade temida. Antes da execução de um exercício comportamental, formula-se uma hipótese a respeito do resultado. Por exemplo, Olívia previu que o resultado de dirigir sozinha no estacionamento de um supermercado quase definitivamente seria atropelamento acidental e morte de alguém. A paciente e o terapeuta podem estimar quantas pessoas serão atropeladas se Olívia dirigir em um setor específico do estacionamento. Para desencorajar a paciente da verificação (i.e., como forma de prevenção de resposta), pode-se permitir que ela dirija em um setor apenas uma vez. Aconselha-se a elaborar o exercício de forma a aumentar ao máximo a probabilidade de vivenciar o pior resultado.

Um aspecto importante desse exercício é transferir a responsabilidade do pior resultado para o terapeuta. Em outras palavras, caso Olívia mate alguém, o terapeuta assume a responsabilidade total por essa ação. É bastante útil deixar esse acordo explícito por meio de um contrato por escrito (p. ex., "No caso de ocorrência de atropelamento e fuga sem prestação de socorro, a responsabilidade recai sobre o terapeuta."). Esse contrato deve ser elaborado criteriosamente com a colaboração do paciente e mencionado repetidas vezes quando o paciente atribui um grau desmedido de responsabilidade a si mesmo por eventos pelos quais tem pouco controle.

Um passo inicial fundamental para construir os exercícios de exposição é elaborar uma hierarquia de temores, a qual enumera uma variedade de situações que o paciente teme. As situações que constam na hierarquia, então, são usadas para formular as práticas reais de exposição. Desenvolver essa lista é bastante útil para identificar as dimensões relevantes do medo do paciente. Por exemplo, no caso de Olívia, quanto mais pessoas presentes e menos estruturada for a situação de trânsito, maior o desconforto que ela irá sentir (i.e., dirigir no estacionamento de um supermercado é mais dificultoso do que dirigir em uma autoestrada). Ademais, é evidente que quando o marido está presente ela sente menos medo do que quando precisa dirigir sozinha. Portanto, seu marido funciona como um sinal de segurança, e essa situação precisa ser abordada de forma clara durante o tratamento (i.e., a exposição deve ser conduzida sem o marido).

Ao criar a hierarquia, como exposto na Tabela 6.1, é aconselhável começar com situações que produzam relativamente pouca ansiedade e que o paciente esteja confiante em relação a completar a exposição com sucesso. Os passos seguintes são graduais e progressivamente mais difíceis. O modelo do terapeuta e a prevenção total de resposta também podem ser de grande valia.

Outros exercícios de exposição podem ser elaborados para encorajar um teste de realidade. Especificamente, bater em alguém com o carro em geral é um evento inconfundível que resulta em acidente. A pessoa sem TOC geralmente não confunde pequenos solavancos na estrada com o atropelamento de uma pessoa ou a ação de passar por cima de um objeto. Portanto, pode ser útil para o paciente se posicionar no assento do motorista com o motor ligado e o freio de mão puxado e em ponto neutro, e colocar o pé no acelerador enquanto o terapeuta bate ruidosamente com as mãos no capô do carro gritando alto. Esse exercício pode se aproximar da experiência de atropelar uma pessoa enquanto se está dirigindo e pode ser usado como contraposição à experiência do paciente de sentir solavancos na estrada.

Tabela 6.1 Exemplo clínico: a hierarquia dos temores de Olívia ao dirigir

Itens	SUDS*
1. Dirigir sozinha em um estacionamento de supermercado onde há pessoas caminhando.	100
2. Dirigir em um estacionamento de supermercado com meu marido no carro.	95
3. Dirigir sozinha em uma área residencial.	90
4. Dirigir em uma área residencial com meu marido no carro.	85
5. Dirigir em uma autoestrada movimentada com meu marido como passageiro.	80
6. Dirigir em uma autoestrada vazia, enquanto meu marido fala ao telefone.	70
7. Dirigir em uma autoestrada vazia com meu marido sentado a meu lado e atento.	60
8. Ser a passageira em um carro com um motorista inexperiente em uma autoestrada vazia.	50
9. Ser a passageira em um carro com um motorista experiente em uma autoestrada movimentada.	40
10. Ser a passageira em um carro com um motorista experiente em uma autoestrada vazia.	30

*SUDS = Subjective Units of Distress Scale (Escala de Unidades Subjetivas de Sofrimento).

Esse exercício pode ser útil também para incentivar o paciente a sentir totalmente e aceitar o desconforto de vivenciar os barulhos, as pancadas e os gritos de uma pessoa na frente do carro. Encorajar o paciente a adotar uma postura de *mindfulness* e aceitação com relação a esses estímulos aflitivos pode efetivamente se opor a estratégias automáticas de esquiva (incluindo estratégias de esquiva emocional). Dessa forma, o paciente deve ser instruído a vivenciar seu desconforto ao máximo, enquanto o terapeuta proporciona uma experiência semelhante à pior hipótese. Quando Olívia vivenciou imagens intrusivas e um forte ímpeto de colocar a primeira marcha no carro e atropelar o terapeuta, a situação foi usada como uma oportunidade de visar à FPA ilustrando a diferença entre ação e pensamentos.

Respaldo empírico

Comprovou-se que a TCC é eficaz para o tratamento de TOC (van Oppen e Arntz, 1994; Whittal et al., 2005). Uma revisão metanalítica de estudos controlados e randomizados (Hofamnn e Smits, 2008) mostrou que a TCC para o TOC estava associada a uma ampla magnitude de efeitos em comparação a uma condição de placebo (g de Hedges = 1,37).

Os efeitos de TCC para TOC podem ser intensificados até certo ponto por agentes ansiolíticos tradicionais (p. ex., Hofmann et al., 2009) e medicamentos de aumento como d-cicloserina (Kushner et al., 2007; Wilhelm et al., 2008).

Leituras complementares recomendadas

Guia do terapeuta

Foa, E. B., and Kozak, M. J. (2004). *Mastery of obsessive-compulsive disorder: A cognitive-behavioral therapist guide. Treatments that work.* New York: Oxford University Press.

Guia do paciente

Abramowitz, J. S. (2009). *Getting over OCD: A 10-step workbook for taking back your life.* New York: NYL Guilford Press.

7 Derrotando o transtorno de ansiedade generalizada e a preocupação

As preocupações de Walter

Walter é um homem branco, de 42 anos, casado e pai de duas meninas, de 8 e 5 anos de idade. Ele trabalha como consultor em uma financeira de grande porte, onde tem reuniões individuais com clientes cujas contas de aposentadoria ele cuida. Está casado há quase sete anos com June, uma bibliotecária de 34 anos. Suas duas filhas são adotadas. Walter se descreve como uma pessoa que se preocupa demais. Suas preocupações excessivas envolvem as finanças da família, a saúde dos parentes, a poupança para pagar a universidade das filhas, a política e o meio ambiente, além de problemas menores, como conserto do carro e comprar roupas. Devido a suas preocupações, Walter gosta de fazer planos para o futuro. Por exemplo, já desenvolveu um plano bem elaborado para que as filhas cursem a universidade. No passado, suas preocupações com consertos no carro levavam a visitas regulares a uma oficina, além das revisões de praxe, para que o carro fosse vistoriado antes que fosse detectado algum problema. Em diversas ocasiões, a oficina encontrou problemas potenciais. Outras preocupações, como interesse sobre a política mundial e o meio ambiente, não podem ser resolvidas com planos para o futuro, o que ele acha frustrante. Walter seguidamente tem dificuldades para dormir e se sente tenso e estressado. June reconhece que essas preocupações são excessivas e costuma questioná-lo a respeito. Contudo, ela também valoriza sua devoção à família e acha que Walter cuida bem dela e das crianças. Ao mesmo tempo, ela gostaria que Walter ficasse menos estressado com problemas menores e que conseguisse relaxar mais e aproveitar a vida. Walter experimentou vários ansiolíticos receitados por um psiquiatra. Embora os fármacos o tenham ajudado até certo ponto, ele não suportou os efeitos colaterais e interrompeu seu uso.

Definição do transtorno

A característica que define o transtorno de ansiedade generalizada (TAG) é a ansiedade e a preocupação excessivas com uma série de aspectos, como trabalho, família, finanças, saúde, comunidade, assuntos internacionais e problemas menores (p. ex., consertos do carro e compra de roupas).

Para satisfazer os critérios do *Manual diagnóstico e estatístico de transtornos mentais – quarta edição* (DSM-IV), a preocupação deve estar presente na maioria dos dias durante um período mínimo de seis meses e está geralmente associada a inquietude, sensação de tensão ou de estar no limite, ficar cansado facilmente, ter dificuldade em concentrar-se, estar irritável, apresentar tensão muscular e desenvolver transtornos do sono. As preocupações também precisam causar sofrimento clinicamente significativo e interferir no funcionamento social, ocupacional e de outras áreas importantes. O transtorno ocupa uma posição razoavelmente baixa na hierarquia do *Manual diagnóstico e estatístico de transtornos mentais* (DSM), porque o TAG não pode ser diagnosticado se as preocupações estiverem relacionadas a outras psicopatologias. Estudos epidemiológicos revelaram que a média de idade de início do TAG é de 31 anos, sendo que 50% dos pacientes relatam que o transtorno começou na faixa dos 20 aos 47 anos (Kessler et al., 2005). Os estudos ainda indicam que a prevalência típica do TAG é mais elevada em mulheres, indivíduos brancos e pessoas de baixa renda.

As preocupações de Walter são evidentemente excessivas. Embora conte com um emprego estável e bem-pago, sua família goze de boa saúde e more em um país seguro, ele preocupa-se excessivamente com a situação financeira e a saúde da família, com a política e com problemas menores, como seu carro. Ele considera essas preocupações incontroláveis e acha que elas interferem em sua vida. Walter possui uma tendência geral a se preocupar muito, e essa preocupação é percebida como parte de sua personalidade. Ao mesmo tempo, essas preocupações causam interferência e aflição. Na maioria dos casos, sente que não consegue controlá-las, em outros momentos, as preocupações parecem ser adaptativas, porque aparentemente o protegem de situações indesejadas no futuro. Por exemplo, as preocupações de Walter com seu carro fazem com que ele leve o veículo para revisão antes mesmo de apresentar problemas e, em alguns casos, o mecânico foi capaz de fazer um pequeno conserto que poderia causar um problema muito maior e mais dispendioso.

A preocupação é um fenômeno interessante. Preocupar-se com um evento futuro não é o mesmo que simplesmente antecipar um evento (Hofmann et al., 2005). Preocupar-se é um processo cognitivo que envolve principalmente atividade verbal e, em menor grau, imagens. Processos de imagens e verbais são ações cognitivas que têm efeitos diferentes sobre a resposta psicofisiológica ao conteúdo emocional. Por exemplo, verbalizar uma situação que causa temor em geral induz uma resposta cardiovascular menor do que imaginar visualmente a mesma situação, possivelmente porque verbalizações são usadas como uma estratégia para abstração e rompimento. Isto sugere que a atividade verbal durante a preocupação tem um vínculo menos íntimo com os sistemas afetivos, fisiológicos e comportamentais do que as imagens e, portanto, poderia ser uma via fraca para o processamento de informações emocionais (Borkovec et al., 1998). Por exemplo, em um estudo clássico realizado por Borkovec e Hu (1990), solicitou-se a um grupo de estudantes com ansiedade de falar em público que visualizassem um discurso em público temido, enquanto a ansiedade subjetiva e a resposta de frequência cardíaca eram medidas. Antes da visualização, um grupo se dedicou a um pensamento relaxante; outro grupo, ao pensamento de preocupação; e um terceiro, a pensamentos neutros. O grupo de preocupação relatou o nível mais alto de ansiedade subjetiva, mas teve uma reação fisiológica mais baixa que o grupo da condição neutra, o qual apresentou menor resposta do que o grupo da condição relaxada. Esses resultados parecem sugerir que se preocupar inibe o processamento emocional de conteúdo aflitivo e, dessa forma, preserva estruturas de temor cognitivo-afetivas. Portanto, preocupar-se pode ser conceitualizado como uma estratégia de esquiva cognitiva. Por exemplo, as preocupações de Walter quanto a perder seu emprego podem ser uma estratégia para evitar pensar sobre um evento muito mais catastrófico. Por exemplo, ele poderia estar preocupado com perder o emprego, se ficaria desempregado, se sua esposa e as filhas o deixariam e se ele seria abandonado e morreria como um mendigo embaixo de uma ponte. Logo, preocupar-se com a situação financeira, com o emprego e com a saúde é uma forma de evitar a pior das hipóteses. Frequentemente, a melhor maneira de descrever essa hipótese pode ser uma imagem e um momento (como morrer sozinho e abandonado como um mendigo embaixo de uma ponte).

Alguns pesquisadores acreditam que um dos aspectos da preocupação e possivelmente um fator cognitivo de vulnerabilidade e variável de disposição é a intolerância quanto à incerteza. A intolerância à incerteza é definida como um conjunto de crenças sobre as incertezas do mundo. Imagina-se que indivíduos com um nível elevado de intolerância à incerteza percebem muitas fontes de perigo em suas vidas diárias quando confrontados com situações indefinidas e/ou ambíguas. Por exemplo, uma pessoa que está preocupada que um evento imprevisto possa arruinar sua carreira ou sua vida pessoal pode se sentir ansiosa e começar a se inquietar excessivamente com tais questões como forma de reagir a essas incertezas (Ladouceur et al., 2000). Esse construto é totalmente compatível com o modelo cognitivo.

O modelo de tratamento

Vários aspectos diferentes podem desencadear preocupações – acontecimentos no ambiente de trabalho, assuntos internacionais, política, notícias sobre a economia ou relatos de doenças, para citar algumas. No caso de Walter, a crise econômica desencadeou suas preocupações quanto a perder o emprego. Como ocorre com muitos pacientes que se preocupam em demasia, Walter possui a crença implícita de que se preocupar pode impedir que a pior das hipóteses se concretize (i.e., "preocupar-me com o emprego vai me ajudar a mantê-lo"). Essas crenças abrangentes sobre a função da preocupação são chamadas de metacognições. Metacognições são cognições que controlam, monitoram e avaliam o pensamento (Wells, 2009). As metacognições podem ser classificadas em crenças metacognitivas positivas (p. ex., "preocupar-me com o futuro significa que posso evitar que coisas ruins aconteçam") e crenças metacognitivas negativas (p. ex., "preocupar-me pode ser prejudicial para meu cérebro" ou "sou incapaz de controlar minhas preocupações").

Preocupar-se excessivamente em geral leva a sentimentos de ansiedade, tensão muscular e comportamentos de segurança como busca de apoio. Esses aspectos comportamentais e fisiológicos subjetivos das reações emocionais à preocupação reforçam uns aos outros e também justificam as crenças metacognitivas sobre se preocupar e a preocupação em si. Em consequência do raciocínio emocional, os padrões negativos de pensamento são reforçados em parte porque produzem emoções negativas. Por exemplo, se pensar sobre um evento futuro causa aflição (tensão muscular, ansiedade, busca de apoio), então a pessoa vulnerável tem mais chances de interpretar essa ocorrência como um motivo para se preocupar com o evento, o que, na realidade, fecha o ciclo de *feedback* positivo, levando à manutenção da preocupação. A Figura 7.1 ilustra o ciclo de uma das principais preocupações de Walter: a de perder o emprego.

Estratégias de tratamento

No cerne desse modelo, estão os processos de preocupação, as crenças sobre preocupação e os efeitos de se preocupar, incluindo os efeitos psicofisiológicos, a sensação de ansiedade e os comportamentos de busca de segurança. Diferentes estratégias podem abordar de forma eficiente vários componentes do ciclo de preocupação. Primeiramente, despertar a consciência da função da preocupação e, então, discutir as crenças mal-adaptativas sobre preocupação podem interromper o ciclo em seu estágio inicial. Por exemplo, as preocupações de Walter parecem ser parte de sua personalidade. Ele é uma pessoa apreensiva, um marido

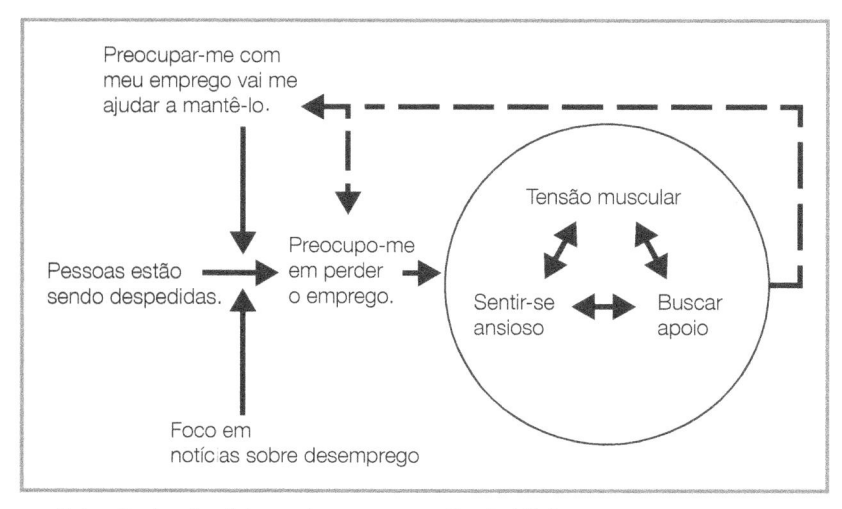

Figura 7.1 O círculo vicioso de preocupação de Walter.

[Diagrama: "Pessoas estão sendo despedidas." → "Preocupo-me em perder o emprego." → círculo com "Tensão muscular", "Sentir-se ansioso", "Buscar apoio"; "Preocupar-me com meu emprego vai me ajudar a mantê-lo."; "Foco em notícias sobre desemprego"]

e um pai amoroso que está preocupado com o bem-estar de sua família. Ele acredita que é amado e estimado em parte por causa desse traço de personalidade. Walter também teve provas de que sua preocupação pode impedir que coisas ruins aconteçam no futuro. Por exemplo, ele pode evitar inconveniências e gastos elevados no conserto de seu carro, fazendo revisões regulares mesmo fora dos períodos normais de revisão. Por esse motivo, preocupar-se parece ter consequências positivas além dos efeitos negativos. O maior efeito negativo é que se preocupar em perder o emprego aumenta sua ansiedade e resulta em comportamentos de busca para o reestabelecimento da confiança. Por exemplo, Walter acompanha intensamente as notícias sobre a situação econômica e as discute com os colegas no trabalho. Isso aumenta ainda mais as preocupações com relação ao emprego e reforça sobremaneira a crença de que se preocupar com seu emprego é um dos motivos pelo qual ainda está empregado.

Esse círculo vicioso de preocupação, crenças sobre preocupação e as consequências psicofisiológicas, subjetivas e comportamentais de se preocupar pode ser tratado com uma série de estratégias diferentes. As estratégias incluem psicoeducação e reestruturação cognitiva para lidar com a preocupação e com as metacognições sobre se preocupar, meditação para a preocupação e para as consequências associadas e estratégias de relaxamento para a inflexibilidade autonômica frequentemente associada com o ato de se preocupar. Esses componentes podem ser modificados ainda mais durante a exposição a preocupações e pelo uso de estratégias de aceitação. Tais estratégias são resumidas na Figura 7.2 e serão descritas em mais detalhes a seguir.

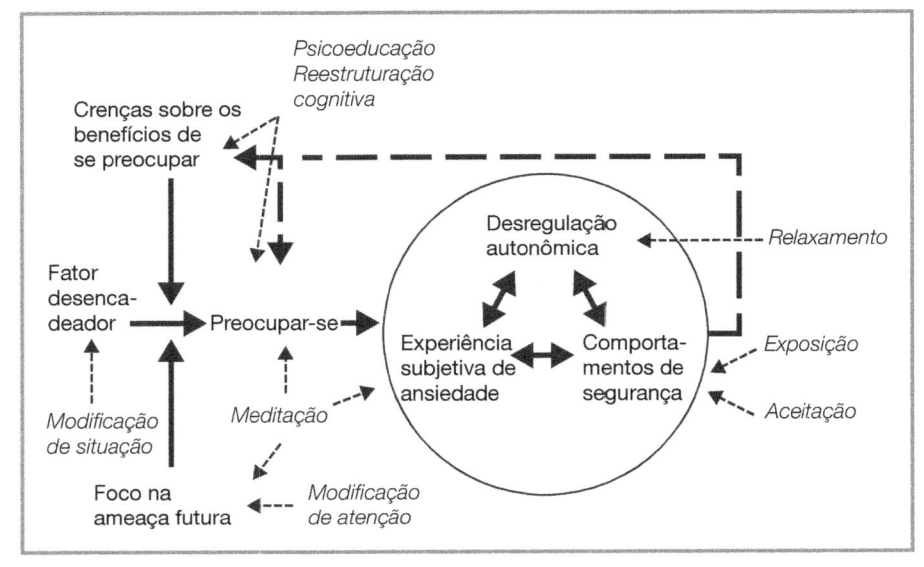

Figura 7.2 Estratégias que abordam a preocupação.

Modificação de atenção e de situação

A preocupação é uma resposta a desencadeadores externos que são percebidos como potencialmente perigosos. Portanto, se os desencadeadores forem mudados, a resposta de preocupação naturalmente também sofrerá alterações. No caso de Walter, as notícias sobre a situação econômica desencadearam sua preocupação. A tentativa de suprimir a atenção aos desencadeadores é uma estratégia certamente ineficaz para controlá-los. Assim como a supressão de pensamentos, a tentativa consciente de não se concentrar em algo de forma paradoxal aumenta a probabilidade de que de fato destinaremos nossa atenção justamente para o que estamos tentando não pensar. Portanto, seria contraproducente pedir que Walter não se concentrasse nas notícias sobre a situação econômica. Contudo, seria razoável orientá-lo a se concentrar em outras coisas, mais agradáveis. Em vez de assistir a programas de TV sobre política e a situação econômica, pode-se orientá-lo a assistir a outros programas, talvez humorísticos ou filmes ou (melhor ainda) passar mais tempo ao ar livre fazendo exercícios físicos leves, como caminhadas, jogar golfe ou jardinagem. Sem orientá-lo a especificamente suprimir quaisquer pensamentos, anseios ou impulsos, o terapeuta conseguiu fazer Walter se concentrar em tarefas mais agradáveis sem relação com suas preocupações. Ele teve aulas de golfe para iniciantes e gostou imensamente de praticar esse novo esporte, o que o encorajou também a praticar exercícios físicos leves ao ar livre, um benefício geral para seu bem-estar. Com isso, Walter ganhou a experiência de que a vida é muito mais do que uma acumulação de preocupações e de comportamentos de preocupação e que há muitas atividades prazerosas que vale a pena explorar.

Psicoeducação

No início do tratamento, Walter acreditava que havia muito mais aspectos a favor do que contra a preocupação, e que se preocupar é, de modo geral, uma estratégia adaptativa para impedir que o pior aconteça. Afinal de contas, a preocupação nos prepara para o futuro e nos poupa de ter que lidar com eventos ou situações indesejáveis no futuro. Walter encara as consequências desagradáveis da preocupação como um mal necessário de uma resposta, de modo geral, muito adaptativa. Quando o terapeuta introduziu a ideia de que a preocupação pudesse ser o problema principal, ele reagiu com ceticismo e surpresa, conforme evidencia-se a seguir. O diálogo que se segue entre Walter e o terapeuta ilustra a técnica usada para comparar vantagens e desvantagens da preocupação.

Exemplo clínico: os prós e contras da preocupação

Terapeuta: Conte-me um pouco mais sobre suas preocupações com o emprego. Pelo que entendi, sua posição na empresa está assegurada. Por que você se preocupa com isso?
Walter: Acho que faz parte da minha natureza. Sou uma daquelas pessoas que se preocupa com tudo.
Terapeuta: Você quer dizer que se preocupa muito com várias coisas?
Walter: Sim, é da minha natureza.
Terapeuta: Você gosta de se preocupar?
Walter: Acho que não tem alguém no mundo que goste de se preocupar. Não, não gosto de me preocupar. Mas me preocupo.
Terapeuta: Você gostaria de se preocupar menos?
Walter: Claro que gostaria. Em um mundo ideal, eu não teria qualquer preocupação.
Terapeuta: Mas não vivemos em um mundo ideal. As coisas podem dar errado, não é?
Walter: Com certeza.
Terapeuta: E algumas coisas dão muito errado, não é?
Walter: Sim.
Terapeuta: Pode me falar de algumas das coisas que poderiam dar muito errado em sua vida?
Walter: Ah, tem um monte de coisas.

Terapeuta: Tipo o quê?
Walter: Posso ficar doente e perder meu emprego e não conseguir sustentar minha família.
Terapeuta: Você quer dizer que poderia ficar desempregado e não conseguir outro emprego.
Walter: Isso.
Terapeuta: Quais são as chances de que isso aconteça?
Walter: Bem, é difícil dizer. As notícias sobre a situação econômica são alarmantes. Até agora, consegui manter meu emprego, mas a taxa de desemprego nos Estados Unidos ainda está próxima a 10% e todos os indicadores econômicos mostram que ainda estamos enfrentando uma recessão.
Terapeuta: Até agora você ainda está empregado no meio de uma recessão.
Walter: Isso mesmo, tenho tido muita sorte.
Terapeuta: É só sorte?
Walter: Bem, provavelmente não. Acho que estou mais inteirado da situação do que a maioria de meus colegas e amigos.
Terapeuta: Você está mais preparado?
Walter: Acho que sim. Acompanho o noticiário com bastante atenção e venho evitando uma má situação.
Terapeuta: Como você evita que uma má situação ocorra, tipo ser despedido?
Walter: Faço tudo a meu alcance para evitá-la. Leio o jornal, assisto ao canal de notícias regularmente, leio notícias na internet e discuto o assunto com o pessoal do trabalho, até com meu chefe.
Terapeuta: Então se preocupar em ser demitido prepara você tão bem que consegue que isso não aconteça. Você vem se preocupando muito a respeito e parece que funciona, porque você não foi despedido. Obviamente, não sabemos se você perderia ou não seu emprego se não tivesse se preocupado e se preparado tanto. Saberíamos apenas com certeza se vivêssemos em um universo paralelo. Na verdade, a única maneira de saber se suas preocupações realmente ajudam você a manter seu emprego é fazendo o quê?
Walter: Não sei. Talvez parar de me preocupar?
Terapeuta: Isso mesmo! A única maneira de ter certeza se se preocupar ajuda você a manter seu emprego é parando de se preocupar. Se você parar de se preocupar e perder seu emprego, há uma boa chance de que se preocupar antes o ajudou a mantê-lo. Obviamente, é um experimento assustador, porque perder seu emprego é algo que nós dois queremos evitar. Mas vamos supor por um instante que, se todas as variáveis forem as mesmas, preocupar-se, na realidade, não tem qualquer relação com sua situação de emprego. Se fosse o caso, qual situação você iria preferir – estar preocupado ou não estar preocupado?
Walter: Bem, se pudesse ter certeza de que manteria meu emprego, eu preferiria não me preocupar com isso.

Terapeuta: Por quê?
Walter: Porque se preocupar não é uma sensação boa. Fico muito ansioso e tenso e tenho problemas para dormir quando estou preocupado.
Terapeuta: Certo. Então se preocupar tem algumas consequências possivelmente positivas, mas de modo evidente também tem algumas consequências negativas. Preocupar-se poderia estar ajudando você a evitar que o pior aconteça, como ser demitido. Todavia, também existem várias consequências negativas. Você está constantemente tenso, sente-se ansioso e busca restaurar sua confiança junto a seus colegas de trabalho e seu chefe. Na melhor das hipóteses, a preocupação é um mal necessário, e na pior, ela faz você se sentir péssimo sem uma boa razão e talvez contribua para as chances de que a pior das hipóteses se concretize. Isso é conhecido como profecia autoexecutada – tentar muito evitar que o pior aconteça poderia, na verdade, aumentar a probabilidade de que o pior aconteça. O que você acha?

Reestruturação cognitiva

A fim de identificar e modificar cognições mal-adaptativas, pode-se solicitar ao paciente que se ocupe em preocupar-se ativamente (Borkovec e Sharpless, 2004).

Exemplo clínico: prática de preocupação

1. O terapeuta e o paciente identificam uma questão com a qual o paciente se preocupa frequentemente.
2. Pede-se ao paciente que feche seus olhos e se preocupe com este tópico da maneira habitual durante um minuto.
3. O terapeuta solicita ao paciente que descreva em detalhes os pensamentos, imagens e fluxo de associações específicos que aconteceram durante o período de preocupação.
4. Repetir o período de um minuto de preocupação e solicitar ao paciente que verbalize as atividades cognitivas.
5. Pedir ao paciente que preste atenção a conteúdos específicos cada vez que começa a se preocupar e encorajá-lo a identificar os desencadeadores de preocupação.

O objetivo deste exercício é identificar as cognições negativas específicas que acompanham a preocupação. Isso pode ser feito com perguntas como: "O que você esperava que acontecesse?" e "O que você disse a si mesmo?". Na última etapa, os pensamentos mal-adaptativos são corrigidos e substituídos usando-se o método que já foi abordado em capítulos anteriores.

Meditação e relaxamento

Práticas de meditação são potencialmente úteis em uma variedade de transtornos, especialmente se o problema estiver relacionado ao pensamento ruminativo (pensar sobre eventos passados), como no transtorno de ansiedade social (TAS) e na depressão, ou à preocupação com o futuro (pensar sobre eventos futuros), como no TAG e no transtorno obsessivo-compulsivo (TOC). Práticas de *mindfulness* ajudam o indivíduo a se concentrar no momento presente e encorajam a percepção sem juízos de valor para a contraposição direta à preocupação com eventos passados ou futuros.

Estratégias de meditação voltadas para imagens podem ser ainda mais benéficas para se obter um distanciamento dos pensamentos, imagens ou impulsos indesejáveis (ver Cap. 6). Conforme foi abordado no Capítulo 1, a fusão de pensamento e ação (FPA) é resultado de uma incapacidade de obter distanciamento (i.e., descentração) dessas experiências internas. Estratégias de meditação de enfoque em imagens podem instruir o paciente a se distanciar dessas experiências. Por exemplo, pode-se solicitar ao paciente que transforme uma preocupação com o futuro em particular em uma folha que flutua na superfície de um córrego e, então, observar a folha ir embora ou transformá-la em uma nuvem no céu e observar enquanto o vento a leva para longe. Essa estratégia pode facilitar a experiência de distanciamento/descentração, e o paciente aprende que: "Não sou meus pensamentos", "Um pensamento e a preocupação são produtos de minha mente e não da realidade" e "Posso simplesmente me desvincular de minhas preocupações e tudo estará bem".

Muitas práticas de meditação e exercícios de *mindfulness* são potencialmente úteis, e não há uma única estratégia que seja superior a outras de modo geral, cada prática vai depender da pessoa e do problema específico. Ademais, trata-se muito mais de uma questão de preferência, porque há práticas que ganham um enfoque mais sensorial, algumas se concentram na respiração e outras são mais voltadas para imagens. Exercícios zen ou de ioga tradicionais podem ajudar bastante o paciente a se familiarizar com práticas de meditação. Determinadas práticas de ioga voltadas para a respiração podem ajudar a reduzir a hiperexcitação autonômica em alguns pacientes com TAG. Um exemplo desse tipo de prática é fornecido a seguir.

Exemplo clínico: prática de respiração de ioga (pranayama)

Sentar-se no chão em um cobertor ou colchonete de ioga em posição iogue (pernas cruzadas voltadas em direção ao corpo, costas eretas e os braços repousados sobre as coxas). Seguir as seguintes etapas:

1. Ao inspirar, concentrar-se no caminho que a respiração faz dentro do corpo. Respirar naturalmente, sem tentar deixá-la nem mais lenta, nem mais rápida.
2. Limpar a mente de imagens e de pensamentos indesejados. Deixar que esses pensamentos cheguem e se vão. Suavemente, reconcentrar-se na respiração.
3. Começar a inspirar profundamente pelo nariz.
4. Praticar a respiração abdominal mantendo a área do peito parada e expandindo e contraindo apenas a área abdominal. Expandir e contrair a barriga como um balão ao inspirar e expirar. Prestar atenção em como a área abdominal se expande e se contrai. Continuar com respirações profundas, enquanto mantém a área do peito imóvel. Seguir essas instruções durante cerca de cinco respirações.
5. A seguir, praticar a respiração torácica, mantendo o abdome imóvel e expandindo e contraindo apenas a área do peito. Reparar como o peito se move para cima e para baixo. Continuar com respirações profundas enquanto mantém a área do abdome imóvel. Seguir essas instruções durante cerca de cinco respirações.
6. Ao expirar, deixar a respiração sair primeiro da parte superior do peito, então da caixa torácica, juntando as costelas. Finalmente deixar o ar sair do abdome.
7. Praticar este exercício de três partes durante cerca de 10 respirações.

Exposição e aceitação

Preocupar-se é um comportamento inerentemente supersticioso. Trata-se de uma tentativa de controlar o incontrolável (i.e., o futuro). É impossível impedir que eventos adversos ocorram. Cedo ou tarde, todos terão que lidar com tragédias, mortes na família, doenças, fracassos e frustrações. É, simplesmente, uma questão de tempo até que sejamos confrontados com esses eventos. Algumas pessoas sofrem mais com tais estressores, eventos adversos e tragédias que outras. Até certo ponto, esses eventos podem ser evitados por antecipação e pela execução proativa de comportamentos que reduzam sua probabilidade de ocorrência. Vários outros eventos, no entanto, não podem ser facilmente antecipados ou, então, ocorrem apesar da tomada de medidas preventivas. O desejo humano de controlar o próprio destino e de impedir eventos catastróficos, como morte, deficiências e desastres naturais, ou causados pelo homem são os motivos pelos quais seguros são uma indústria lucrativa.

Preocupar-se, como falamos anteriormente, é uma expressão anormal desse desejo natural, evolutivo e adaptativo de nos prepararmos para o futuro e de impedirmos que eventos negativos aconteçam conosco e com nosso grupo. A preocupação excessiva, entretanto, é mal-adaptativa. Embora preocupar-se em si seja uma atividade desagradável, ela é mantida por meio de raciocínio emocional. Além disso, comportamentos de segurança são estratégias de esquiva que imunizam a preocupação contra a falsificação e que, assim, preservam a preocupação, porque o paciente é incapaz de comprovar se o resultado temido irá, de fato, acontecer ou não.

Estratégias de exposição e aceitação da preocupação são voltadas para os processos que preservam a preocupação. A exposição à preocupação encoraja o paciente a imaginar que a pior das hipóteses está sendo evitada pelo ato de se preocupar. Em outras palavras, preocupar-se é uma atitude concebida como uma estratégia de esquiva cognitiva com mediação verbal das piores hipóteses. Esses cenários podem ser investigados efetivamente ao se usar roteiros de imagens. O trecho a seguir é um exemplo da técnica de exposição à preocupação.

Exemplo clínico: exposição à preocupação

Terapeuta: Vamos investigar um pouco sua preocupação em ficar desempregado. O que o preocupa exatamente?
Walter: Estou preocupado em não conseguir outro emprego.
Terapeuta: E então, o que aconteceria?
Walter: Seria horrível. Tenho uma família para sustentar, uma hipoteca para pagar, as dívidas do cartão de crédito, o empréstimo do carro, a escola das crianças.
Terapeuta: Você tem muitas responsabilidades. O que aconteceria se você não tivesse dinheiro para pagar tudo isso?
Walter: Não sei. Provavelmente teríamos que usar nossas economias.
Terapeuta: E o que aconteceria se você usasse todas as economias e ainda não conseguisse um novo emprego?
Walter: Nossa! Não sei. Provavelmente eu teria que refinanciar nossa casa e fazer um empréstimo.
Terapeuta: E se acabar todo o dinheiro? Não sobrou nada das economias, e ninguém quer lhe dar dinheiro. O que aconteceria?
Walter: Não sei. Minha mulher provavelmente me deixaria e levaria as crianças para que alguém as sustentasse, e eu teria que viver na rua.
Terapeuta: Sim, seria uma situação ruim. Quais são as chances de que você termine sozinho e abandonado na rua se perder seu emprego?
Walter: Não sei; acho que não é muito provável.

Terapeuta: Por que não me diz um número em uma escala de 0 (nenhuma probabilidade) até 100% (muito provável).
Walter: Talvez uns 30%?
Depois de discutir o conceito de superestimação de probabilidade (ver Cap. 4), Walter reconhece que a probabilidade de viver na rua deve ser muito menor. Depois de algumas conversas, ele estimou a probabilidade de aproximadamente 1%.
Terapeuta: Agora vamos contemplar, por alguns instantes, essa que é a pior das hipóteses. Imagine por um momento que seus piores temores se tornaram realidade: você foi despedido, não conseguiu achar um novo emprego, gastou todas suas economias. Sua mulher e as filhas o deixaram, e você está vivendo nas ruas. Você consegue pensar em uma imagem específica que represente tudo isso?
Walter: Claro. Estou embaixo da ponte da universidade de Boston, enrolado em um daqueles cobertores cinza.
Terapeuta: Ótimo. Qual é a estação do ano?
Walter: Está frio, talvez final do outono. Estou tremendo. Faz frio e estou molhado da chuva.
Terapeuta: Muito bom! Então você está com frio, molhado, enrolado em um cobertor cinza, sentado embaixo de uma ponte, sem um tostão e sozinho. Agora feche os olhos e imagine essa cena. Tente se colocar na situação e a vivencie ao máximo. Simplesmente, a aceite do jeito que é. Se você tiver pensamentos que o distraiam ou tentar se livrar dessa imagem, apenas reconheça que isso está acontecendo e suavemente volte seu foco para a imagem outra vez. Vivencie os sentimentos que a imagem produz sem julgá-los e sem tentar melhorá-los. Lide com a imagem da mesma forma que você fez durante o exercício de *mindfulness* que realizamos antes. Mas, desta vez, coloque-se na situação de que você está sentado sob a ponte, com frio, molhado e sozinho. Vamos tentar?

Esse exercício provavelmente irá induzir sentimentos negativos. A tendência natural é suprimir a emoção negativa ou usar outras estratégias para reduzi-la. Com esse exercício, pode ser bastante útil introduzir a aceitação como uma abordagem diferente para lidar com as emoções negativas. Um exemplo para a introdução de aceitação é fornecido a seguir (de Campbell-Sills et al., 2006).

Exemplo clínico: estratégia de aceitação

As pessoas frequentemente acreditam que emoções negativas devem ser controladas ou interrompidas. Elas podem aprender desde cedo que são capazes disso e que deveriam controlar pensamentos e sentimentos negativos. As pessoas ouvem declarações do tipo "Pare de se preocupar" ou "Deixe isso para trás". Além do mais, você vê indivíduos controlando seus sentimentos em diversas ocasiões, como em funerais ou em situações de crise, e você pode acabar acreditando que as pessoas devem sempre tentar controlar suas emoções.

Ao se levar em consideração que você provavelmente passou por dificuldades com emoções, como ansiedade ou tristeza, em sua vida, os esforços para bloquear esses sentimentos são bastante compreensíveis. Contudo, embora o autocontrole possa funcionar em muitas áreas de sua vida, há situações envolvendo emoções nas quais isso pode ser difícil ou mesmo impossível. Lutar contra emoções relativamente naturais pode, na realidade, intensificar e prolongar sua aflição, em vez de melhorar a situação.

Então, estou sugerindo que você simplesmente desista de mudar suas experiências emocionais? Não, o que estou sugerindo é que há uma alternativa à luta contra suas emoções, que é chamada de aceitação. Aceitar suas emoções significa que você está disposto a vivenciá-las plenamente e que você não tenta controlar ou mudar suas emoções de qualquer forma.

Estou propondo que você simplesmente aguente o desconforto e a aflição? Não, o que estou propondo é que você encare suas emoções não como algo que deve sempre ser contido ou controlado para que esteja bem, mas como reações naturais que ocorrem, atingem seu auge e desaparecem sem levar a qualquer consequência terrível e sem que você precise lutar contra seus sentimentos.

Aceitar emoções como ansiedade e tristeza pode ser difícil, especialmente quando o senso comum dita que essas emoções são ruins. Há momentos na vida, no entanto, que nossas reações de senso comum nos causam problema. Você alguma vez já dirigiu sobre uma estrada congelada e perdeu o controle? Geralmente, o erro que as pessoas cometem é que elas tentam corrigir a situação virando na direção oposta à qual estão derrapando. Parece fazer sentido, mas a abordagem mais eficaz é fazer o oposto: virar a direção no mesmo sentido da derrapagem.

O que estou sugerindo é que lidar de forma efetiva com suas emoções pode ser muito parecido. Permitir a si mesmo passar por sentimentos negativos vai contra sua reação natural. Contudo, assim como virar na direção da derrapagem é uma forma melhor de lidar com as condições em uma estrada coberta de gelo, seguir o rumo de suas emoções e vivenciá-las plenamente pode ser uma forma melhor de lidar com situações emocionais.

Portanto, se emoções ocorrerem durante a visualização dessa série de imagens, permita a si mesmo aceitá-las e mantê-las sem tentar livrar-se delas. Evite as tentativas de se distrair ou, de algum modo, reduzir a intensidade de seus sentimentos; em vez disso, permita a si mesmo sentir suas emoções da forma mais plena possível. Simplesmente, deixe que suas emoções sigam seu curso natural e veja o que acontece.

Respaldo empírico

Várias metanálises foram conduzidas para investigar a eficácia da terapia cognitivo-comportamental (TCC) para o TAG (p. ex., Borkovec e Ruscio, 2001; Hofmann e Smits, 2008). Esses estudos demonstraram que a TCC é eficaz na redução de sintomas do TAG tanto em curto como em longo prazo. Por exemplo, Borkovec e Ruscio analisaram 13 estudos de resultado envolvendo TCC para TAG. Eles revelaram que a TCC produz reduções em ansiedade no pós-tratamento que foram, em média, mais de um desvio-padrão (1,09) superiores aos grupos-controle de lista de espera. Uma comparação entre a TCC e uma intervenção com placebo com credibilidade mostrou magnitude de efeito moderada (g de Hedges = 0,51) no pós-tratamento (Hofmann e Smits, 2008). Contudo, deve-se ressaltar que esses protocolos de TCC não incluíram muitas das estratégias de intervenção mais recentes, como treinamento de *mindfulness* e métodos metacognitivos voltados para as crenças sobre os benefícios potenciais da preocupação.

Leituras complementares recomendadas

Guia do terapeuta

Craske, M. G., and Barlow, D. D. (2006). *Mastery of your anxiety and worry: Workbook*. New York: Oxford University Press.

Guia do paciente

Leahy, R. L. (2005). *The worry cure: Seven steps to stop worry from stopping you*. New York: Harmony Books.

8 Lidando com a depressão

O humor de Martha

Martha é uma mulher casada, de 39 anos, branca e mãe de um menino de 14 anos. Possui diploma universitário em literatura inglesa e é dona de casa desde que seu filho, Frederick Júnior, nasceu. Em seu tempo livre, escreve poemas e peças teatrais. Seu marido, Frederick, é arquiteto. O relacionamento com o marido às vezes é "turbulento". O marido concorda que eles têm conflitos conjugais, mas não acredita que eles indiquem problemas matrimoniais graves. Ambos concordam que a depressão de Marta costuma afetar de maneira negativa seu relacionamento com o marido. Da mesma forma, desentendimentos com o marido costumam desencadear um episódio depressivo. Na realidade, mesmo pequenas discussões conseguem induzir um episódio depressivo. Essas discussões reforçam em Martha seu sentimento de não ter importância e de ser detestável, e, às vezes, fica convencida de que o marido vai deixá-la. Contudo, o marido nunca ameaçou se separar dela. Quando se sente deprimida, sua atitude típica é retrair-se do relacionamento com o marido e a família, bem como apresenta uma forte sensação de vazio e desesperança. Frequentemente, considera-se inútil e impossível de ser amada. Costuma culpar a si mesma pelas discussões com o marido, atribuindo seus desentendimentos a sua inadequação como mulher e esposa. Durante os episódios depressivos, normalmente se desinteressa por seus *hobbies* (escrever, ler e assistir a peças de teatro com o marido) e perde o apetite. Tudo que quer fazer é desaparecer. Ela se consola ficando na cama e dormindo muito. Durante os episódios depressivos, que podem durar seis meses ou um ano cada vez, sente-se incapaz de cumprir as tarefas domésticas básicas. Por vezes, pensa em suicídio, mas nunca formulou um plano e nega correr risco de cometer suicídio por causa da família, mas, às vezes, fantasia sobre o suicídio como uma forma de escapar da sensação de vazio. Martha relata seu primeiro episódio depressivo aos 25 anos, logo após o parto do filho. Desde então, houve recorrência da depressão pelo menos uma vez por ano. O momento é imprevisível, embora costume ocorrer com maior probabilidade após grandes alterações em sua vida, como, por exemplo, depois de ter mudado de casa.

Definição do transtorno

A depressão é uma das doenças psiquiátricas mais comuns. A taxa de prevalência de 12 meses de depressão unipolar é de 6,6%, e a taxa de prevalência ao longo da vida é de 16,2% (Kessler et al., 2003). O caso de depressão de Martha não é atípico. Mulheres têm, consistentemente, uma probabilidade duas vezes maior de desenvolver depressão do que homens. O transtorno inicia com maior frequência da metade para o fim da adolescência e início da vida adulta. Aproximadamente 25% dos adultos com depressão descrevem início antes de atingirem a idade adulta, e 50% descrevem início até os 30 anos (Kessler et al., 2005). Em consonância com essas estatísticas, a depressão de Martha teve início aos 25 anos e evoluiu para uma condição crônica. Enquanto a maioria (aproximadamente 70%) dos indivíduos se recupera no prazo de um ano, muitos sofrem problemas significativos mesmo cinco anos após a primeira experiência (para uma análise, ver Gotlib e Hammen, 2009). A menos que a depressão seja tratada de forma adequada, ela costuma durar um período de quatro meses a um ano. Recaídas e recorrências de depressão são comuns; a maioria (entre 50 e 85%) dos pacientes deprimidos sofre episódios múltiplos (Coyne et al., 1999; Solomon et al., 2000). Como no caso de Martha, esses episódios podem estar associados a estressores, mas nem sempre é o caso. Infelizmente, apenas uma minoria (21,7%) dos pacientes recebe tratamento adequado durante um período de 12 meses.

A depressão de Martha parece estar vinculada a problemas interpessoais. É bastante comum que a depressão esteja vinculada a problemas sociais e interpessoais ou mudanças, como casamento, divórcio, ou conflito conjugal, perda de um ente querido, desemprego, mudança para uma nova vizinhança ou o nascimento de um filho. Portanto, compreender o contexto social e interpessoal da depressão pode levar a novas formas de lidar com a manifestação depressiva atual e com os episódios futuros. As técnicas terapêuticas para explorar e alterar os fatores interpessoais e sociais que contribuem para a depressão constituem a base para a terapia interpessoal (TIP; Weissman et al., 2007). Embora a TIP não seja incompatível com o tratamento cognitivo-comportamental tradicional de depressão, há uma série de diferenças dignas de nota. O mais importante é que a TIP não presume que cognições mal-adaptativas estejam associadas à depressão. Ao contrário, a depressão é encarada como uma doença médica, e os problemas interpessoais podem contribuir para os sintomas de tal patologia. Portanto, a TIP se concentra muito menos nas cognições e é orientada para o luto, as disputas de papéis interpessoais, os déficits interpessoais e as transições de função.

O modelo de tratamento

Há muitos motivos para ficar deprimido, mas apenas uma minoria das pessoas vivencia um episódio depressivo totalmente manifesto (maior). Eventos inesperados acontecem com frequência, e alguns deles são altamente indesejáveis e mesmo traumáticos. Podemos perder o emprego, um relacionamento pode chegar ao fim ou um filho pode sofrer de uma doença grave. Nenhuma dessas tragédias graves provavelmente irá ocorrer em determinado momento, mas há grande probabilidade de que as pessoas sofram algum tipo de tragédia em algum momento no futuro. Isso ocorre simplesmente porque o mundo é, até certo ponto, imprevisível e temos controle limitado sobre nosso futuro. Para piorar, mesmo quando tudo vai bem em nossa vida, um dia isso irá terminar porque, cedo ou tarde, morreremos, e não há bem que dure para sempre. Evidentemente, há muitos motivos para ficar deprimido. A pergunta que surge, então, é: "Por que não há mais pessoas que desenvolvem depressão?".

O motivo pelo qual indivíduos saudáveis estão a salvo de ficar deprimidos é um viés positivo. Indivíduos saudáveis provavelmente atribuem eventos positivos a si mesmos e eventos negativos a outras causas (Menzulis et al., 2004). Esse *viés positivo de atribuição causal* parece não estar presente ou ser deficiente em indivíduos com depressão, os quais tendem a atribuir eventos negativos a causas internas (algo a respeito de si), estáveis (resistentes) e globais (gerais) (p. ex., falta de capacidade, falhas da personalidade). Esse estilo de atribuição sugere que eventos negativos provavelmente irão ocorrer no futuro, em todas as áreas, levando a uma desesperança abrangente (Abramson e Seligman, 1978). Além do viés de atribuição causal, indivíduos saudáveis demonstram uma ilusão de controle sobre estressores (Alloy e Clements, 1992). A depressão é caracterizada pelo colapso ou pela ausência de vieses cognitivos positivos, o que resulta em uma avaliação mais realista da natureza incontrolável e imprevisível de estressores. Isso foi chamado de *realismo depressivo* (Alloy e Clements, 1992; Mischel, 1979). Tal teoria vai ao encontro da noção de que, ao contrário das pessoas com depressão, indivíduos saudáveis apresentam um grau impressionante de resistência quando confrontados com eventos trágicos. Quando solicitadas para prever como se sentirão no futuro, as pessoas geralmente são incapazes de ignorar o estado atual e baseiam essa previsão futura em parte ao momento atual (Gilbert, 2006). Como consequência desse prognóstico afetivo, pessoas com depressão não conseguem imaginar eventos futuros dos quais gostarão muito quando pensam neles (MacLeod e Cropley, 1996).

O estresse é um desencadeador comum para depressão. No caso de Martha, estresse prolongado (p. ex., a mudança para uma nova casa ou um novo emprego) e estressores agudos (p. ex., discussões com o marido) podem facilmente desencadear um episódio depressivo. Estressores interpessoais são desencadeadores particularmente poderosos. Como ocorre habitualmente com pessoas com depressão, Martha possui crenças negativas fortes (esquemas) sobre si mesma (p. ex., "Sou inútil e detestável"), as quais são expressas como uma previsão negativa sobre seu relacionamento (p. ex., "Meu marido vai querer me deixar"). Não está claro se os problemas de relacionamento são a causa principal para a depressão de Martha. Seu marido reconhece que há problemas de relacionamento, mas não acredita que eles estejam fora da normalidade. Ele acredita ainda que a depressão é tanto uma consequência como uma causa das discussões e acha que seu relacionamento melhoraria muito se a depressão estivesse sob controle. Contudo, o ponto crucial é que Martha parece insatisfeita. Dados epidemiológicos sugerem que cônjuges insatisfeitos apresentam uma probabilidade três vezes maior do que cônjuges satisfeitos de desenvolver um episódio depressivo maior ao longo de um ano, e quase 30% das novas ocorrências de depressão estão associadas à insatisfação conjugal (Whisman e Bruce, 1999). Portanto, pode ser altamente benéfico incluir o parceiro ou a parceira no tratamento (O'Leary e Beach, 1999) e considerar TIP, sobretudo como tratamento de manutenção para depressão em idosos (Reynolds et al., 2006). No caso de Martha, o terapeuta levou em consideração TIP, terapia de casal ou terapia cognitivo-comportamental (TCC) individual. Uma análise criteriosa da depressão de Martha sugeriu que TCC em combinação com estratégias da TIP configurariam a melhor opção de tratamento.

Quando o terapeuta e Martha exploraram os fatores que contribuíram para alguns de seus episódios depressivos, tornou-se evidente que aspectos sociais se destacavam. Por exemplo, a decisão de se tornar dona de casa apresentou várias dificuldades. Embora amasse sua família e fosse capaz de fazer qualquer coisa pelo filho, Martha ficou com a sensação de ter aberto mão de muitos de seus sonhos em prol da família. Durante o tratamento, às vezes expressava rancor, que foi associado a sentimentos de culpa por ressentir-se e se sentir "egoísta". Alguns dos piores episódios de depressão ocorreram após discussões com o marido. Ao investigar o motivo para sua reação, tornou-se evidente que o medo de ser abandonada contribuiu para parte de seus sentimentos depressivos. Martha lembrou que seu relacionamento com o pai era cheio de conflitos e que frequentemente não se sentia compreendida nem amada por ele. Embora não acredite que seu marido vá deixá-la, preocupa-se que ele encontre outra mulher e a abandone. Martha percebeu que seu temor em ser abandonada e sua preocupação em não ser amada pelo pai podem estar relacionados aos medos e às preocupações sobre o relacionamento com o marido. Embora as brigas com o marido não pareçam intensas, ela tende a ficar remoendo sobre elas excessivamente, mesmo depois de semanas. Martha relatou que houve momentos em que seu marido não conseguia nem se lembrar das brigas sobre as quais Martha ficou remoendo durante semanas.

Martha também demonstrou várias crenças e pensamentos mal-adaptativos relacionados a esses problemas interpessoais. Especificamente, ela precipita-se de modo rápido a crenças catastróficas (p. ex., "Meu marido quer me deixar") depois dessas brigas, e tais crenças ocasionam baixa energia, humor deprimido e isolamento social. Ela se retrai de relacionamentos sociais, e seu casamento é afetado de forma negativa por sua depressão. Aparentemente, os conflitos conjugais não apenas desencadeiam, mas também causam a depressão. O exame atento de um episódio depressivo revelou uma associação estreita entre o estressor de relacionamento de Martha, suas crenças mal-adaptativas ("Sou inútil e detestável"), seus pensamentos automáticos ("Meu marido quer me deixar") e seu humor deprimido, sua baixa energia e seu isolamento social. Essas síndromes depressivas reforçam as crenças mal-adaptativas e os pensamentos automáticos. Isso ocorre em parte devido ao raciocínio emocional, para justificar de modo lógico sua depressão, e em parte porque a depressão gera conflitos com o marido, o que parece validar suas preocupações com o relacionamento. A Figura 8.1 ilustra a depressão de Martha.

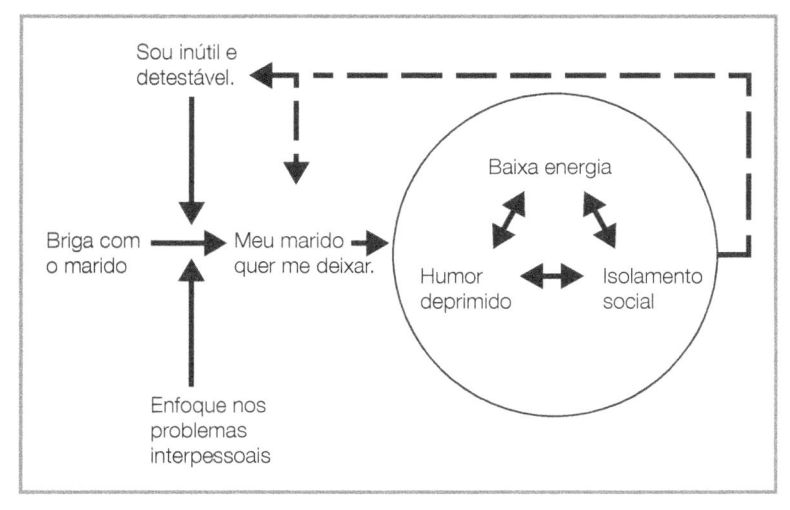

Figura 8.1 A depressão de Martha.

Estratégias de tratamento

Eventos negativos, tragédias e perdas pessoais são praticamente inevitáveis na vida de um indivíduo. É normal passar por episódios de humor deprimido ou sentimentos temporários de depressão quando esses eventos acontecem. Contudo, poucas pessoas desenvolvem uma psicopatologia e depressão em decorrência. O que distingue as pessoas com depressão das que não se deprimem não é tanto a experiência em si com os estressores, mas como reagem a eles. Portanto, a depressão, *grosso modo*, é resultado de estratégias mal-adaptativas de enfrentamento de estressores, combinadas com uma visão negativa de si mesmo, do mundo e do futuro, e um enfoque de atenção elevado nos aspectos negativos do desencadeador. As estratégias de enfrentamento podem ser classificadas de forma geral em métodos orientados para problemas e métodos orientados para a emoção (p. ex., Carver et al., 1989; Lazarus, 1993). Exemplos de estratégias de enfrentamento orientadas para problemas são tentativas de modificar a situação e os fatores desencadeadores; outros métodos possíveis são intervenções orientadas para a emoção. Essas estratégias são resumidas na Figura 8.2 e são descritas em mais detalhes a seguir.

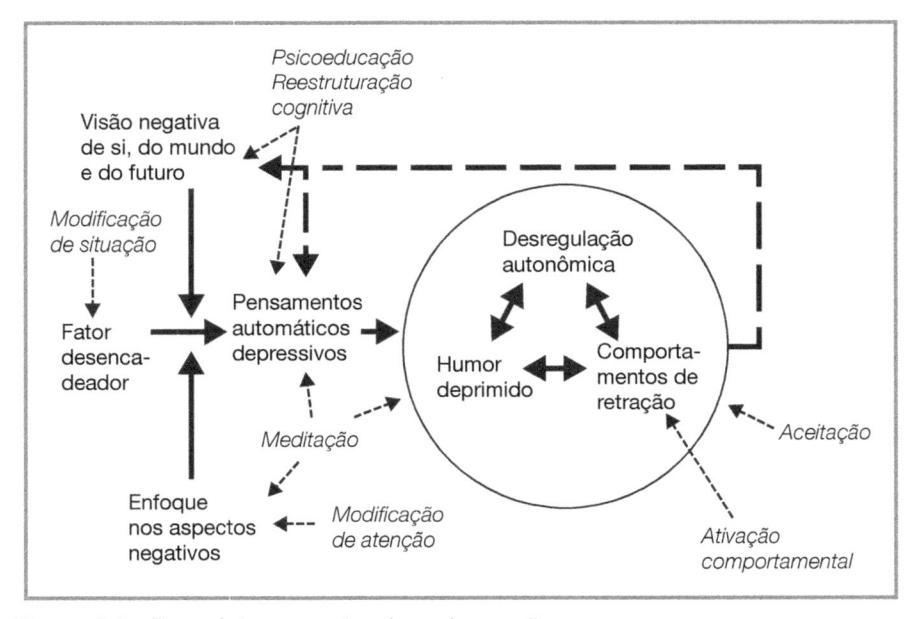

Figura 8.2 Estratégias para abordar a depressão.

Modificação de situação

A depressão de Martha está estreitamente vinculada a problemas de relacionamento com o marido. Esses conflitos conjugais com frequência desencadeiam depressão e podem ser acentuados pela depressão, formando um círculo vicioso. Trabalhar com o marido, Frederick, para identificar e resolver alguns dos problemas conjugais pode modificar efetivamente alguns dos desencadeadores da depressão de Martha.

Modificação de atenção

Encorajar Martha a concentrar a atenção nos aspectos positivos de sua vida que ela não valoriza pode ser uma estratégia eficaz. Esses aspectos podem incluir momentos positivos do relacionamento, da família e da vida em geral. Concentrar-se nos aspectos positivos como alternativa a seus desencadeadores de depressão pode agir no estágio inicial do processo. A fim de encorajar Martha a se concentrar em tais aspectos, pode-se solicitar que ela mantenha um diário de eventos, pessoas e coisas que despertam sentimentos positivos e de gratidão.

Psicoeducação e reestruturação cognitiva

A formulação original do modelo de depressão da TCC postula que o indivíduo com depressão possui uma visão negativa de si mesmo, do futuro e/ou do mundo. Esse esquema faz surgir cognições automáticas mal-adaptativas específicas em determinadas situações. A TCC passa a identificar e contestar as cognições e esquemas mal-adaptativos. Presume-se, e já foi demonstrado, que corrigir cognições e crenças automáticas mal-adaptativas também altera a reação emocional associada (Beck et al., 1979).

Exemplo clínico: investigando e contestando crenças depressivas mal-adaptativas

Terapeuta: Conte-me um pouco sobre a briga que vocês tiveram na semana passada.

Martha: Fred me comunicou na noite de sexta-feira que teria que ir ao escritório no fim de semana, o que estragou todos os planos para nosso final de semana. Ainda estou muito perturbada.

Terapeuta: Quanto tempo ele ficou no escritório?

Martha: Talvez umas três horas no sábado. Ele teria ficado muito mais se eu não tivesse mencionado nossos planos.
Terapeuta: Então você ficou perturbada porque ele foi ao escritório no sábado e você tinha outros planos.
Martha: Sim, eu queria fazer alguma coisa ao ar livre com nosso filho. Ainda estou descontente porque para ele a família vem em segundo lugar.
Terapeuta: Você está descontente porque passar tempo com você não é uma prioridade para ele?
Martha: Isso. Comigo e com nosso filho.
Terapeuta: O que representa ele não passar tempo suficiente com vocês?
Martha: Não sei. Como assim?
Terapeuta: Estou tentando entender de onde vem esse sentimento de ficar perturbada. Se você estivesse se sentindo desapontada porque estava animada para passar momentos com seu marido e com a família, eu entenderia. Mas algo me diz que você não está se sentindo apenas desapontada, mas também está perturbada e talvez até um pouco com raiva. De onde você acha que vêm esses sentimentos de raiva e de estar perturbada?
Martha: Não sei. Acho que tenho a impressão de que ele não me trata com respeito e não me valoriza.
Terapeuta: Entendo. Você conseguiu identificar e descrever suas emoções muito bem. Então você está se sentindo perturbada e com raiva porque ele não lhe dá valor. Vamos investigar esse sentimento um pouco mais. Imagine que seu marido está sentado a seu lado. Diga a ele o que você está sentindo e por que usando mensagens em primeira pessoa*
Martha: Estou magoada e perturbada porque você me trata como lixo. Não quero ter uma importância secundária. Tenho o direito de ser tratada com respeito.
Terapeuta: Excelente! Parece-me que você se sente desvalorizada quando ele demonstra esse comportamento.
Martha: Sim. Muito.
Terapeuta: Que mais?
Martha: Ele não se importa comigo de verdade.
Terapeuta: Que ele não ama você?
Martha: Isso.
Terapeuta: E se existe alguém que ama você deveria ser seu marido, certo?
Martha: Sim, mas acho que ninguém me ama. Nem eu consigo me amar.
Terapeuta: Então você sente como se ninguém a amasse e que você não é digna do amor dos outros. Essa sensação de inutilidade e de não ser amada é uma parte muito importante de sua depressão. A forma como você interpreta as coi-

---

* N de T.: I-statement ou I-message é uma expressão elaborada por Thomas Gordon, também chamada de mensagem-eu.

sas a seu redor depende muito das crenças que você tem. Portanto, se você acredita que é inútil e que é impossível ser amada, então você tem mais chances de interpretar um comportamento neutro, ou até mesmo positivo, de seu marido em relação a você de forma mais negativa e talvez até mesmo como um sinal de que ele não a ama, mesmo que não seja esse o caso. Imagino se podemos esclarecer os comportamentos específicos que demonstrariam que seu marido não se importa, e então elaborar experimentos para ver se nossa suposição de que ele não se importa com você está correta. Quais seriam alguns dos comportamentos específicos que indicariam que ele não se importa com você?

Meditação

A depressão é um estado desagradável. A reação natural é suprimir esse sentimento e ruminar sobre eventos passados que podem ter levado a tal estado. Consequentemente, o indivíduo fica preocupado com a depressão, volta sua atenção para si mesmo, perde contato com o exterior e, de modo específico, com o mundo social. Essa atitude conduz ao isolamento social e à exacerbação do ciclo depressivo de isolamento social e interpessoal e ruminação. Práticas de *mindfulness* encorajam o indivíduo a se concentrar no momento presente sem juízos de valor e de forma aberta. Assim, a depressão leva ao isolamento, à rigidez e ao distanciamento, enquanto as práticas de *mindfulness* encorajam abertura, flexibilidade e curiosidade.

Isso pode acabar com o ciclo de depressão. Em vez de ruminar sobre fracassos anteriores, oportunidades perdidas e o futuro, a prática de *mindfulness* encoraja a pessoa a se libertar desses sentimentos e padrões de pensamento negativos. Ela aumenta a flexibilidade cognitiva e afetiva ao permitir que o paciente vivencie, em vez de suprimir, os sentimentos negativos, explorando outras opções de futuro, e ao ir em frente sem ficar obcecado com erros cometidos no passado.

Demonstrou-se que pacientes com depressão tratados até a remissão com medicamento antidepressivo ou TCC apresentaram padrões diferentes de resposta cognitiva após a indução de humor negativo, e que essa resposta cognitiva previu recaída da depressão (Segal et al., 2006). Especificamente, pacientes que respondem de forma positiva a medicamentos apresentaram maior resposta cognitiva do que pacientes que respondem de forma positiva à TCC. Ademais, pacientes que respondem de forma positiva a tratamento, independentemente da intervenção que receberam, também mostraram resposta cognitiva e maior risco de recaída nos 18 meses subsequentes em comparação a participantes com pouca ou nenhuma resposta cognitiva. Esses achados sugerem que a resposta cognitiva que se segue a uma tarefa que desafia aspectos emocionais pode conferir vulnerabilidade para recaída ou recorrência de depressão, e que a TCC pode abordar essa vulnerabilidade de forma mais eficaz do que a farmacoterapia.

Além da reestruturação cognitiva, sugeriu-se que a resposta cognitiva pode ser alcançada efetivamente por meio de estratégias de meditação que promovem a descentração. Descentração refere-se à capacidade de assumir uma postura voltada para o presente sem juízos de valor com relação a pensamentos e sentimentos e à capacidade de aceitá-los (ver também Segal et al., 2002). Um exemplo dessa prática de *mindfulness* voltada para o momento presente e para a respiração foi discutido no capítulo anterior, que abordou a preocupação, um processo cognitivo que está estreitamente relacionado à ruminação.

Junto a processos ruminativos mal-adaptativos, a depressão e os problemas a ela estreitamente vinculados, como suicídio (Joiner et al., 2009), também estão associados a dificuldades interpessoais e sociais. Uma estratégia particularmente promissora para abordar os problemas interpessoais é a meditação de amor-bondade (MAB), uma técnica específica oriunda da tradição budista. Deve-se ressaltar, no entanto, que a MAB não foi aplicada – pelo menos que eu tenha conhecimento – ao tratamento de depressão em qualquer experimento clínico. Mesmo assim, devido a sua aplicação com alto potencial de auxílio, ela é descrita aqui um pouco mais detalhadamente.

Enquanto a meditação contemporânea de *mindfulness* encoraja a consciência sem juízos de valor de experiências no momento presente por meio da concentração na respiração e em outras sensações, a MAB foca a felicidade dos outros. Mais especificamente, ela envolve uma gama de pensamentos e visualizações com o objetivo de evocar emoções específicas (i.e., amor, satisfação e compaixão). Um objetivo importante da MAB é ganhar felicidade cultivando sentimentos positivos em relação a outras pessoas, o que, por sua vez, desloca a visão essencial que o indivíduo tem de si em relação aos outros, aumentando a empatia geral (Dalai Lama e Cutler, 1998).

Meditação de amor-bondade (MAB)

A MAB avança por uma série de estágios diferentes, dependendo do enfoque do exercício. Geralmente, esses estágios incluem:

(1) Concentrar-se em si;
(2) Concentrar-se em um bom amigo (i.e., uma pessoa que ainda está viva e que não desperta desejos sexuais);
(3) Concentrar-se em uma pessoa neutra (i.e., uma pessoa que em geral não faz surgir sentimentos particularmente positivos ou negativos, mas que se encontra de modo habitual em um dia normal);
(4) Concentrar-se em uma pessoa "difícil" (i.e., uma pessoa geralmente associada a sentimentos negativos);

> (5) Concentrar-se em si, no bom amigo, na pessoa neutra e na pessoa difícil (com a atenção dividida igualmente entre essas pessoas); e ao final,
> (6) Concentrar-se no universo como um todo.
>
> Em cada estágio, o exercício de meditação consiste em refletir sobre desejos específicos (aspirações), incluindo os seguintes:
>
> (1) Que a pessoa esteja livre de inimizades;
> (2) Que a pessoa esteja livre de sofrimento mental;
> (3) Que a pessoa esteja livre de sofrimento físico; e
> (4) Que a pessoa cuide de si com felicidade (ver Chalmers, 2007).

Geralmente, a prática dura uma hora e e é preferível adotar a posição de lótus (i.e., ambas as pernas cruzadas, as solas dos pés para cima, as costas retas e as mãos sobre o colo com as palmas voltadas para cima, uma sobre a outra).

Ativação comportamental

A depressão costuma estar associada a comportamentos de retraimento e inatividade. Em consequência, a vida da pessoa com depressão fica destituída de reforços, gratificação e prazer. Devido à baixa energia, o indivíduo deprimido, às vezes, não tem energia suficiente para investigar suas crenças, seus pensamentos automáticos e outros aspectos que mantêm a depressão. Portanto, a ativação comportamental é altamente recomendada, sobretudo no início do tratamento, para elevar o nível de energia do paciente.

Estabelece-se o primeiro passo solicitando ao paciente que monitore suas atividades durante a semana. Na forma mais simples, o diário de atividades inclui horário e data, local, uma breve descrição da atividade e uma pontuação do quanto a atividade foi agradável, que vai de 0 (nada agradável) a 100 (muito agradável). Na etapa seguinte, o terapeuta e o paciente investigam os motivos por que algumas atividades são agradáveis e por que outras foram indicadas como desagradáveis. O objetivo é construir e aumentar a quantidade de atividades agradáveis e diminuir as atividades desagradáveis e os períodos de inatividade durante uma semana normal. Além disso, recomenda-se estabelecer rotinas na vida diária do paciente e instaurar regularidade nos padrões de alimentação e sono.

Uma análise do diário de Martha esclarece várias questões: (1) a pontuação de seu humor é, de modo geral, baixa, e a pontuação mais elevada foi quando assistiu à TV; (2) seu repertório de atividades prazerosas foi pequeno e referiu-se a tarefas, alimentação principalmente e assistir à TV; (3) sua rotina foi incon-

Exemplo clínico: ativação comportamental

A seguir, segue parte do diário de atividades de Martha em um dia.

Diário de Martha relativo a 12 de dezembro, 2010

Horário	Atividade	Pontuação do humor 0 (baixo) 100 (alto)
6:00-7:00	Acordei e me aprontei	10
7:00-7:30	Acordei o Júnior, preparei o café da manhã e o lanche	10
7:30-8:00	Tomei café da manhã	40
8:00-9:00	Voltei para a cama	50
9:00-11:00	Assisti à TV	20
11:00-12:00	Fiz faxina	10
12:00-13:00	Li o jornal	20
13:00-14:00	Conversei com Paula	60
14:00-15:00	Verifiquei extratos bancários	40
15:00-17:00	Fui ao mercado comprar mantimentos e fiz outras tarefas menores	20
17:00-18:00	Preparei o jantar	30
18:00-19:30	Jantei com Fred e Júnior	40
19:30-21:00	TV	50
21:00-22:00	Discuti sobre dinheiro	0
22:00-23:00	Preparei-me para ir para a cama	20

gruente, porque voltou para cama depois de ter se levantado de manhã; (4) brigas com o marido resultaram em baixa em seu humor; e (5) uma investigação mais aprofundada revela que as pontuações mais baixas de humor em geral ocorriam durante horários desestruturados e em finais de semana, quando ela ficava ruminando sobre a vida, o relacionamento e o futuro. Por fim, tornou-se evidente que Martha não realizava qualquer exercício físico, um detalhe importante que pode ocasionar mudanças drásticas no humor.

Algumas questões que o diário de atividades pode ser capaz de responder são: Qual o grau de retraimento e isolamento do paciente em relação a atividades diárias normais? Há oportunidades suficientes para vivenciar situações agradáveis? Até que ponto a rotina diária do paciente é atrapalhada pela depressão? E, finalmente, o paciente possui a motivação e os recursos necessários para implantar as estratégias comportamentais? Este último tópico é particularmente importante, já que o sintoma primário de depressão costuma ser a ausência de motivação e anedonia. Contudo, atividades agradáveis podem ser autorreforçadoras. Esse círculo vicioso que inclui inatividade, isolamento social e depressão pode ser interrompido de modo eficaz ao mostrar para o paciente lenta e persistentemente, bem como de forma criativa, uma série de atividades prazerosas.

Como tarefa de casa, o terapeuta pediu a Martha que inventasse uma lista de tarefas agradáveis. Essa lista incluiu ler obras da literatura inglesa, ler e assistir a peças teatrais modernas, escrever romances e poemas, sair para caminhadas, jogar cartas com as amigas e assistir a filmes que entraram em cartaz recentemente. Tais atividades foram incorporadas gradualmente como tarefa de casa. Martha também foi orientada a iniciar e manter uma rotina regular de alimentação e sono, matricular-se em uma academia para fazer exercícios cardiovasculares duas vezes por semana e sair para caminhadas nos dias em que não vai à academia. Como a academia fechava nos finais de semana, o terapeuta e Martha concordaram que seria melhor dar caminhadas mais longas (mínimo de 40 minutos) aos sábados e domingos e frequentar a academia às terças, quartas e quintas-feiras. Mais tarde, essas caminhadas se tornaram eventos sociais importantes quando Martha começou a convidar as amigas para participar.

Respaldo empírico

Uma grande quantidade de experimentos clínicos corroborou a eficácia da TCC para transtorno depressivo maior (Butler et al., 2006). Um benefício específico da TCC em comparação a antidepressivos foi que menos pacientes (i.e., aproximadamente metade) sofreram recidiva (Glogcuen et al., 1998). Em sua metanálise da eficácia da TCC para depressão, Glogcuen e colaboradores relataram que a média de risco de recaída (com base em períodos de acompanhamento de um a dois anos) foi de 25% depois da TCC, em comparação a 60% após o uso de antidepressivos. Alguns dados de pesquisa também sugerem que pacientes que recebem apenas TCC não têm mais probabilidade de recaída após o tratamento do que os indivíduos que continuam a receber medicamento (Dobson et al., 2008; Hollon et al., 2005). A TCC também foi comparada à farmacoterapia com antidepressivos (inibidores seletivos da recaptação de serotonina [ISRSs]) para depressão grave (DeRubeis et al., 2005; Hollon et al., 2005). Ambas as intervenções obtiveram resultados iguais de remissão na fase aguda de tratamento, mas o risco de recaída no acompanhamento de um ano foi favorável para indivíduos tratados com TCC, mesmo em comparação com sujeitos que continuaram a receber medicamento (Hollon et al., 2005).

Leituras complementares recomendadas

Guia do terapeuta

Beck, A. T., and Alford, B. A. (2009). *Depression: Causes and treatment*, 2nd edition. Philadelphia: University of Pennsylvania Press.

Guia do paciente

Leahy, R. L. (2010). *Beat the blues before they beat you: How to overcome depression*. Carlsbad, CA: Hay House.

9 Superando os problemas com álcool

Os problemas com álcool de Chuck

Charles (Chuck) é um homem branco de 35 anos. Ele trabalha como operário de construção civil e é casado, sem filhos. Sua esposa, Rose, trabalha como secretária durante meio expediente. Chuck está ligeiramente acima do peso, tem pressão arterial alta, cirrose leve (fígado gorduroso) e dores crônicas nas costas. As dores nas costas parecem ser causadas por anos de trabalho físico pesado. Chuck e Rose estão casados há 10 anos e ambos descrevem seu relacionamento como "turbulento". Para Rose, a principal causa da discórdia são os amigos de Chuck. Eles encontram-se regularmente para beber em bares locais. Seu melhor amigo é Joe, um velho companheiro da época do colégio. Ele também é amigo próximo de dois companheiros de trabalho, Dave e Tom. Eles se encontram logo após o expediente para beber. Chuck também se encontra com Joe frequentemente em seu bar preferido uma ou duas vezes por semana e muitas vezes nos finais de semana. Chuck e Joe consomem uma grande quantidade de álcool, principalmente cerveja, e costumam beber mais durante os finais de semana. Chuck relata que sempre teve alta tolerância para o álcool, especialmente para cerveja. Em circunstâncias normais, estima que deve consumir cerca de 30 garrafas de cerveja (39 medidas-padrão de álcool) por semana (uma garrafa de cerveja equivale a 1,3 doses-padrão) e não acredita que isso seja um problema. Ademais, costuma dirigir na ida e na volta do bar. Acredita que é um bom motorista, mesmo quando "exagerou na conta". Rose não gosta que Chuck beba, nem de seus companheiros de bebida. Geralmente, brigam a respeito, ainda mais nos finais de semana, quando Chuck fica de ressaca no domingo. Além dos problemas de relacionamento, o consumo de álcool o levou a perder trabalhos. Não foi apenas seu chefe que insistiu para que ele procurasse ajuda para reduzir seu consumo de álcool, seu médico também reiterou veementemente que ele parasse de beber.

Definição do transtorno

Os transtornos por uso de substância estão entre as psicopatologias mais comuns e constituem um grande problema de saúde pública. Levantamentos epidemiológicos nos Estados Unidos relataram uma taxa de prevalência ao longo da vida de transtorno por uso de substância, nos moldes do *Manual diagnóstico e estatístico de transtornos mentais – quarta edição* (DSM-IV), de 14,6% na população em geral (Kessler et al., 2005). O álcool é a substância mais comum e prejudicial, causa um risco significativo para a saúde do indivíduo, bem como um fardo econômico para a sociedade.

Os comportamentos de Chuck satisfazem os critérios diagnósticos para abuso de álcool. Diagnostica-se abuso de álcool a partir de problemas em pelo menos uma de quatro áreas, incluindo incapacidade de cumprir obrigações importantes de função social no trabalho, em casa ou na escola (Chuck costuma chegar atrasado para o trabalho); beber de modo repetido de maneira a criar situações potencialmente perigosas (com frequência dirige embriagado); continuar a beber apesar de problemas sociais ou interpessoais conhecidos decorrentes da bebida (seu consumo de álcool causa conflitos conjugais), e arcar de modo recorrente com consequências legais relacionadas ao álcool. Embora Chuck satisfaça alguns dos critérios para dependência de álcool (três dos sete critérios), ele não preenche a quantidade mínima exigida para dependência de álcool. Os critérios para dependência de álcool incluem controle prejudicado, tolerância física, abstinência física, negligência de outras atividades, aumento do tempo gasto com o uso de álcool e uso contínuo apesar do conhecimento de problemas físicos e psicológicos recorrentes relacionados ao consumo da substância. Embora demonstre deficiência no controle do consumo de álcool, o tempo que gasta bebendo permaneceu constante e está limitado aos encontros com os amigos. Apesar de consumir uma grande quantidade de doses, ainda não desenvolveu tolerância física e não demonstra sintomas físicos de abstinência, além das ressacas dominicais.

Vale destacar que o consumo de álcool e o uso de substâncias são comportamentos. O abuso é um comportamento mal-adaptativo porque apresenta consequências negativas na vida social, na carreira e na percepção que o indivíduo tem de si. Para poder mudar comportamentos mal-adaptativos, o indivíduo precisa reconhecer que o comportamento é um problema, deve estar motivado para modificá-lo e possuir os atributos necessários para implantar estratégias específicas a fim de mudá-lo.

O modelo de tratamento

O consumo de álcool tem um papel importante na vida de Chuck e define o relacionamento com seu melhor amigo, Joe, e seus companheiros de trabalho, Tom e Dave. Contudo, também causou problemas com a esposa, Rose, e com seu empregador. Ele passa muito tempo bebendo com seus amigos, o que reduz o tempo gasto com a esposa, Rose, e intensifica o conflito entre eles. Ademais, seu hábito é particularmente exagerado durante os finais de semana, logo passa muito tempo na cama aos domingos recuperando-se da ressaca. Além disso, esse comportamento lhe causou problemas com o empregador no passado.

Chuck não tem a medida exata das dificuldades que o consumo de álcool lhe causou, nem os problemas que ele terá que enfrentar no futuro decorrentes de tal excesso. Atualmente, corre risco de divórcio e de desemprego, além do risco de desenvolver problemas de saúde no futuro (p. ex., distúrbios hepáticos). Ainda assim, Chuck não acredita que tem problema com a bebida. Para ele, não há nada de errado em tomar algumas cervejas com os companheiros; é uma maneira de aproveitar o tempo com os amigos e de "relaxar". Seu trabalho é pesado, e acredita que tem direito a alguns momentos agradáveis na vida. Beber o relaxa e o faz sentir-se bem, o que perpetua o hábito. Contudo, admite ter dificuldades de parar assim que começa a beber, especialmente se está na companhia de Joe em seu bar preferido. Só o fato de pensar a respeito o deixa com ânsia por beber, o que o leva a telefonar para Joe e combinar outro encontro. A Figura 9.1 ilustra alguns dos fatores importantes que perpetuam o problema de Chuck com a bebida.

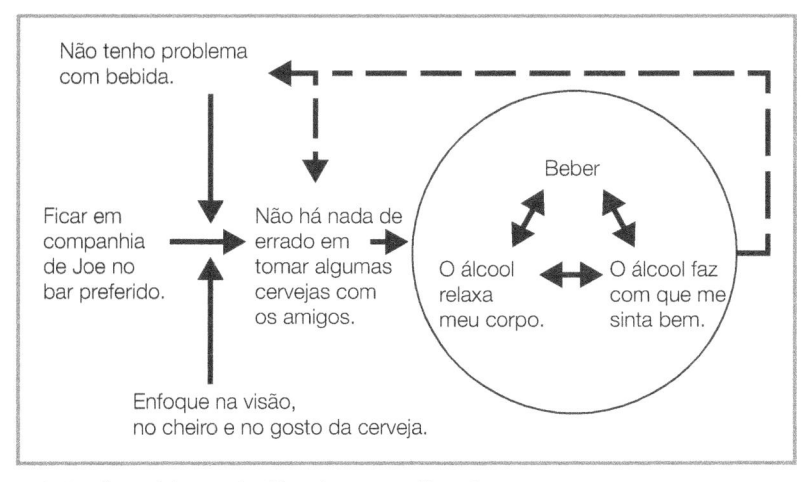

Figura 9.1 O problema de Chuck com o álcool.

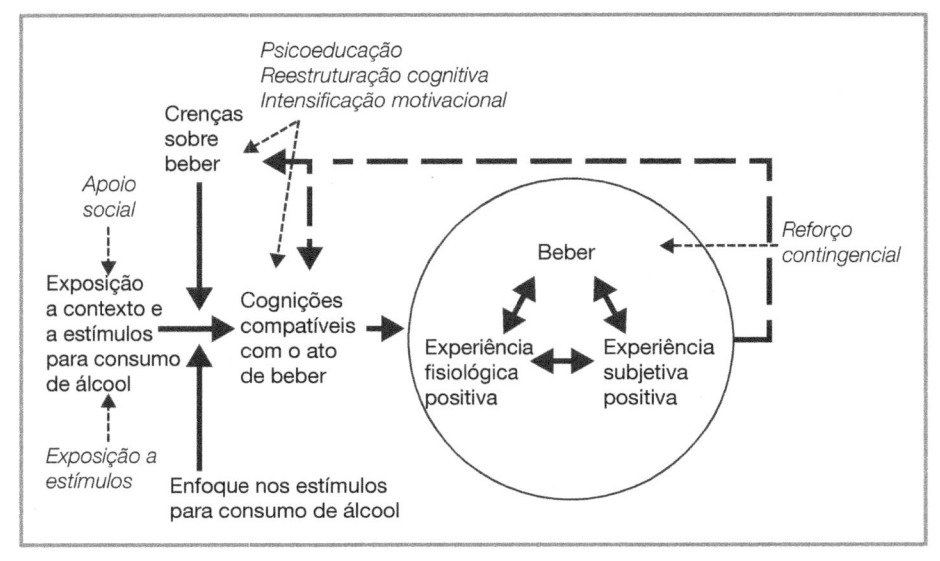

Figura 9.2 Estratégias para abordar o problema de Chuck com o álcool.

Estratégias de tratamento

O problema de Chuck com o álcool pode ser abordado de maneira mais eficiente por meio três estratégias principais: (1) psicoeducação, intervenção cognitiva e entrevista motivacional para despertar a consciência das consequências negativas de seu comportamento e para criar uma dissonância cognitiva adaptativa; (2) exposição a estímulos para reduzir sua ânsia por beber; e (3) estabelecimento e enfoque em comportamentos contrários à bebida usando reforço contigencial. A Figura 9.2 demonstra as estratégias de tratamento.

Psicoeducação

O álcool é uma substância social, e seus estímulos (pistas) constantemente confrontam as pessoas devido a sua alta prevalência na vida cotidiana, embora alguns desses estímulos sejam mais sutis que outros. Praticamente, toda reunião social inclui bebidas alcoólicas, e o público é bombardeado de modo constante com comerciais de cerveja e de outras bebidas alcoólicas. Em essência, o álcool faz parte da vida social "normal". Por conseguinte, o indivíduo que abusa do álcool com frequência não consegue separar comportamentos normais de comportamentos anormais ou que fogem ao controle. Portanto, é importante fornecer informações simples ao paciente, com fatos concretos sobre o consumo médio de álcool e as definições diagnósticas de problemas com o álcool. O terapeuta deve estar ciente de que o paciente pode ficar na defensiva e negar ter problemas. Esses obstáculos podem ser visados efetivamente valendo-se de técnicas de entrevista motivacional, conforme a abordagem mais detalhada a seguir. O momento de psicoeducação da terapia deve ser transmitida de forma neutra, impessoal, sem juízos de valor e sem promover debates. A seguir, é apresentado um exemplo de como essas informações podem ser fornecidas.

Exemplo clínico: psicoeducação

Terapeuta: Estou contente que você veio me ver, Chuck. Entendo que foi sua esposa que pediu que viesse me ver, mas que você não concorda com ela. É isso mesmo?

Chuck: Sim, ela acha que sou um alcoólico, mas não sou.

Terapeuta: Sua avaliação diagnóstica mostrou que você não satisfaz os critérios para dependência de álcool. No entanto, você consome uma grande quantidade de álcool durante a semana. Em uma semana normal, você chega a beber 30 garrafas de cerveja, correto?

Chuck: Sim.

Terapeuta: Você sabe qual a quantidade considerada normal de consumo de álcool?

Chuck: Não sei, imagino que deva ser menor.

Terapeuta: Sim. Para homens, são duas doses por dia, ou 14 doses por semana. Para mulheres, é uma dose por dia ou sete doses por semana, no máximo. Então você está bebendo quase três vezes mais do que a maioria das pessoas que consome álcool beberia. Obviamente, há muitas pessoas que nem bebem álcool. As 30 garrafas de cerveja por semana o colocam no percentil 92. Isso quer dizer que, em cem pessoas, 92 delas bebem menos do que você.

Chuck: Mas isso não faz eu ser um alcoólico.

Terapeuta: Não, não faz. No entanto, pode fazer no futuro. O álcool é uma substância com alto poder de adicção. As pessoas desenvolvem tolerância e dependência de álcool. Tolerância quer dizer que a pessoa precisa beber cada vez mais para atingir o efeito desejado. Dependência significa que a pessoa vai precisar de álcool para evitar sentimentos ou sensações desagradáveis. Algumas pessoas com dependência de álcool precisam começar a beber já de manhã para conseguir funcionar normalmente. As ressacas são efeitos negativos óbvios do álcool. Outros efeitos negativos são sintomas de abstinência que podem acontecer quando a pessoa com dependência de álcool precisa parar de beber. A dependência acontece tanto em nível físico quanto psicológico. O motivo pelo

qual estou lhe falando isso não é para sugerir que você sofre de dependência de álcool. Na verdade, estou lhe falando isso para ter certeza de que estamos nos referindo à mesma coisa quando falamos sobre dependência, abuso, abstinência e assim por diante. Você tem alguma pergunta até agora?
Chuck: Não, acho que não.
Terapeuta: Ótimo. Agora, se entendi direito, você não acha que seja dependente de álcool. No entanto, você está consumindo mais álcool regularmente do que a maioria das pessoas. Você concorda?
Chuck: Talvez. Sim, acho que é isso mesmo.

Para determinar o percentil de doses-padrão que o paciente consome por semana, a Tabela 9.1 pode ser usada como guia. Uma dose-padrão é uma lata de 350 mL de cerveja, um copo de vinho de 150 mL ou um coquetel com uma dose de 50 mL de destilados. Uma das garrafas de cerveja de Chuck de 475 mL equivale a 1,3 unidades-padrão de álcool (ver National Institute on Alcohol Abuse and Alcoholism, 2011).

Reestruturação cognitiva

Geralmente, agimos de forma coerente com nossas crenças. Se as crenças e os comportamentos forem incoerentes, sentimos uma tensão psicológica desconfortável. Essa tensão pode ser solucionada mudando nossas crenças ou modificando nossos comportamentos. Com base na influente teoria da dissonância cognitiva (p. ex., Festinger, 1957; Festinger e Carlsmith, 1959), a mudança de comporta-

Tabela 9.1 Alguns percentis do uso de álcool por homens e mulheres (modificada de Epstein e McGrady, 2009)

Doses-padrão por semana	Homens	Mulheres
1	46	68
2	54	77
7	70	89
9	73	90
15	80	94
28	90	98
41-46	95	99
49-62	97	99

mento é determinada pela relação entre as crenças que são coerentes com o comportamento (cognições consonantes) e as crenças que estão em dissonância com o comportamento (cognições dissonantes). Se a frequência e a importância das cognições dissonantes sobrepujam a frequência e a importância das cognições consonantes, então há a possibilidade de mudança do comportamento. Contudo, se o indivíduo foi levado a fazer algo que não é coerente com suas crenças e não há formas alternativas de justificar seu comportamento, ele provavelmente irá mudar suas crenças para deixá-las coerentes com seus comportamentos.

A teoria da dissonância cognitiva pode prever se o indivíduo irá alterar seu comportamento dependendo da frequência e da importância das cognições consonantes e dissonantes (o coeficiente de dissonância cognitiva). Por exemplo, é público e notório que o tabagismo faz mal à saúde. Ao mesmo tempo, todos querem viver uma vida longa e saudável. Logo, o desejo de ter uma vida longa e saudável destoa do comportamento tabagista. Essa dissonância pode ser solucionada seja mudando o comportamento (i.e., reduzir ou abandonar o hábito de fumar), seja modificando as crenças sobre o tabagismo. Para mudar a crença de alguém sobre o tabagismo a fim de que o hábito persista, pode-se buscar relatos que questionam a conexão entre uma saúde fraca e o tabagismo (i.e., reduzir a frequência de cognições dissonantes), argumentar que o tabagismo reduz a tensão psicológica e que, portanto, faz bem à saúde (i.e., acrescentar cognições consonantes), alegar que os riscos à saúde ocasionados pelo tabagismo são insignificantes em comparação ao risco de morrer em um acidente automobilístico, etc. (i.e., reduzir a importância das cognições dissonantes) e argumentar que o tabagismo simplesmente constitui uma parte importante da vida do indivíduo (i.e., aumentar a importância de cognições consonantes).

Chuck não está convencido de que tenha um problema com o álcool (i.e., ele deprecia as cognições dissonantes). Talvez seja mais importante o valor que ele atribui à bebida em sua vida. Para Chuck, o consumo de álcool tem um papel importante em sua amizade com Joe e seus colegas de trabalho, Dave e Tom. Essa é uma cognição consonante muito forte ("Divirto-me mais com meus amigos quando bebemos juntos"), o que perpetua seu comportamento de uso de álcool. Cognições que destoam dos comportamentos alcoólicos estão relacionadas à esposa ("Não quero me divorciar"), ao empregador ("Quero manter meu emprego") e à saúde ("Não quero morrer cedo"). Chuck provavelmente irá iniciar uma mudança em seu comportamento se a frequência e a importância das cognições dissonantes sobrepujarem a frequência e a importância das cognições consonantes.

Conforme mencionado no Capítulo 2, Prochaska e colaboradores (1992) desenvolveram um modelo para descrever como o indivíduo muda comportamentos problemáticos. Considera-se que a *fase de pré-contemplação* envolve pessoas que nem cogitam promover mudanças. Para esses pacientes, é de grande valia começar a aumentar o grau de consciência dos riscos e problemas associados a seus comportamentos atuais. Assim que o indivíduo tomar consciência das consequências negativas de seus comportamentos, ele entra na *fase de contemplação*. Este é o estágio no qual a pessoa considera se deve ou não mudar seu comportamento. Este é o momento em que o indivíduo pesa os prós e contras de mudar ou não mudar seu comportamento problemático. Geralmente, o paciente é ambivalente nesse estágio porque sofre um conflito entre os motivos para mudar e as razões para manter o hábito. Quando o conflito interno diminui, a ambivalência também decresce. Os pacientes, então, fazem comentários do tipo "Preciso fazer alguma coisa a respeito, mas não sei o quê!". Esta é a *fase da preparação*, a qual é considerada um "momento de oportunidade". Quando o paciente está pronto para mudar seu comportamento, ele entra no estágio de busca de seus objetivos. Na próxima etapa, a *fase de manutenção*, o paciente desenvolve novos hábitos e entra no processo de mantê-los. Por fim, a fase de término é alcançada quando a pessoa não sofre mais tentação e está bastante confiante de que não irá retomar o comportamento ou os padrões cognitivos antigos e mal-adaptativos. O modelo presume que muitas pessoas sofrem recaída em seus antigos padrões de comportamento várias vezes antes que a mudança se torne permanente.

Entrevista motivacional

A entrevista motivacional, ou terapia de intensificação motivacional (TIM), é particularmente útil para despertar consciência das consequências negativas dos comportamentos mal-adaptativos (no caso de Chuck, o consumo de álcool) e para aumentar ainda mais a dissonância entre os valores, objetivos e crenças pessoais de Chuck de um lado (aproveitar a vida, ser um marido dedicado, um bom trabalhador, etc.) e seus comportamentos mal-adaptativos e dissonantes (a bebida, que pode levar a divórcio, perda do emprego e pobreza).

A TIM é uma intervenção breve diretamente derivada das fases do modelo de mudança de Prochaska e colaboradores (Prochaska et al., 1992). A TIM aborda diretamente o ciclo de mudança e auxilia o paciente a se orientar para a modificação do comportametno. Ela foi elaborada especificamente para tratar a ambivalência nos primeiros estágios de mudança ao direcionar o paciente da contemplação para a ação. Baseia-se nas suposições inerentes de que o paciente traz para a sessão de terapia uma capacidade básica para a realização de um *self* positivo e é responsável pela mudança. A função do terapeuta é criar condições que aumentem a probabilidade de que o paciente irá se dedicar à mudança de comportamento. Os elementos subjacentes à TIM envolvem quatro princípios básicos: (1) expressar empatia; (2) desenvolver discrepância; (3) lidar com a resistência; e (4) promover a autoeficácia (Miller e Rollnick, 1991). Os seis elementos comuns para intensificar a motivação para a mudança podem ser resumidos pelo acrônimo FRAMES*, em inglês, que significa: (1) comunicação personalizada de retorno (F = *feedback*) para o paciente sobre sua situação; (2) ênfase na responsabilidade (R = *responsibility*) pessoal para a mudança do paciente; (3) proporcionar um aconselhamento (A = *advice*) claro sobre a necessidade de mudança, de forma incentivadora; (4) proporcionar ao paciente uma lista (M = *menu*) de opções de como implementar a mudança; (5) oferecer um tratamento em um ambiente com empatia (E = *empathy*), apoio e cordialidade e (6) intensificar a autoeficácia (S = *self-efficacy*) percebida do paciente para mudanças.

Exemplo clínico: técnicas de entrevista motivacional

Terapeuta: Ajude-me a entender o que tem de bom em beber.
Chuck: Não sei. Faz com que me sinta bem. Na verdade, é mais tipo um hábito. Depois do trabalho, saio para beber com Dave e Tom porque é isso que fazemos juntos.
Terapeuta: Então você bebe depois do trabalho porque é assim que você passa seu tempo com os colegas depois do expediente.
Chuck: Sim.
Terapeuta: O que aconteceria se você não bebesse quando sai com Dave e Tom?
Chuck: Não sei. Nunca tentei. Provavelmente, não seria tão divertido, e meus amigos iam dizer: "Cara, qual é seu problema?".
Terapeuta: Então é difícil imaginar sair com os amigos sem beber, e pode até ser chato sem álcool.
Chuck: Isso.
Terapeuta: Qual seria a alternativa? O que você faria se não saísse para beber com Dave e Tom?
Chuck: Sei lá. Ficaria em casa? Mas aí não seria muito divertido.
Terapeuta: Ficar em casa não é uma solução porque você ficaria entediado?
Chuck: É. Não só entediado. Seria deprimente.
Terapeuta: Seria deprimente porque você não consegue ficar sozinho?
Chuck: Acho que sim.
Terapeuta: Talvez beber ajude você a lidar com a depressão?
Chuck: Com certeza.
Terapeuta: Mas beber também tem consequências negativas, não?
Chuck: Sim, pode me causar problemas.

---

* N. de T.: O acrônimo em inglês remete à expressão *frame of mind* (disposição de ânimo). No Brasil, foi proposto um acrônimo em português: ADERIR, no qual A = autoeficácia (*self-efficacy*), D = devolução (*feedback*), E = empatia (*empathy*), R = responsabilidade (*responsibility*), I = inventário (*menu*) e R = recomendações (*advice*), que remete à noção de adesão do paciente à mudança.

> *Terapeuta*: Pode lhe causar problemas com a esposa e o chefe, não é?
> *Chuck*: É.
> *Terapeuta*: Que tipo de problemas?
> *Chuck*: Bem, a minha esposa disse que vai me deixar se eu não parar. E o meu patrão vai me despedir.
> *Terapeuta*: Então você pode perder o emprego e a esposa por causa da bebida. Como você se sente em relação a isso?
> *Chuck*: Com raiva e deprimido.
> *Terapeuta*: Parece que a bebida ajuda você a lidar com a depressão e a solidão a curto prazo, mas leva a possíveis consequências negativas a longo prazo. Por enquanto, o consumo de álcool ajuda quando você sai com os amigos, mas mais para frente pode causar uma série de consequências pessoais, sociais e profissionais negativas. É isso mesmo?

Pode ajudar bastante comparar diretamente os prós e contras de consumir e de não consumir álcool. A Tabela 9.2 apresenta alguns aspectos positivos e negativos em relação ao consumo de álcool. Fazer uma lista de prós e contras deixa mais claro quais são os fatores que reforçam o comportamento de uso de álcool. Também propicia uma oportunidade para que o terapeuta aprofunde as consequências a curto e a longo prazo do consumo dessa substância. Nesse âmbito, é particularmente importante, evidentemente, destacar as consequências negativas da bebida a longo prazo. Os problemas com a esposa e com o empregador podem facilmente levar a consequências significativas e indesejáveis, que incluem, por exemplo, divórcio, desemprego, pobreza e falta de moradia. Assim que Chuck tomar consciência das consequências negativas de seu comportamento, ele estará pronto para considerar a possibilidade de mudá-lo.

Tabela 9.2 Os prós e contras de beber álcool

	Prós	Contras
Beber	Faz com que me sinta bem. Importante para a amizade.	Causa problemas com Rose e com o chefe. Ressacas são ruins.
Não beber	Relacionamento com Rose e com o chefe melhora. Sinto-me melhor em relação a mim mesmo.	Dificuldade de relaxar sem a cerveja. Menos divertido ficar na companhia dos amigos.

Exposição a estímulos

Despertar a consciência e a motivação para mudar é um aspecto importante do tratamento. Outros fatores fundamentais que contribuem para o início e a manutenção da mudança de comportamento são fornecidos pelo contexto situacional. No caso de Chuck, sentar-se com Joe, Dave e Tom proporciona fortes estímulos (pistas) situacionais para consumir álcool. A ânsia é particularmente forte quando um copo com a marca de cerveja favorita de Chuck é colocado em sua frente quando ele se encontra nesse contexto. A exposição repetida a esse estímulo específico (sua bebida favorita), enquanto resiste à ânsia de beber, pode efetivamente visar ao comportamento de uso de álcool de Chuck. Durante tais práticas de exposição a estímulos, pode-se pedir a Chuck que repetidamente (p. ex., a cada três minutos durante um período de 20 minutos) levante o copo de cerveja e sinta seu cheiro enquanto resiste à vontade de bebê-lo.

Outros estímulos são consideravelmente mais complexos e exigem modificar ou eliminar o contexto, o que pode requerer mudar os locais que ele frequenta, as pessoas com quem passa seu tempo, e as rotinas (i.e., ele pode ter que decidir por não se encontrar mais com Dave e Tom após o expediente). Para que os fatores de manutenção sejam alterados com relação aos amigos, Chuck pode precisar de treinamento de assertividade para que consiga dizer-lhes "não" quando o assunto é a bebida.

Apoio social

O consumo de álcool de Chuck está intimamente vinculado a seu grupo social e, em particular, a Joe, Dave e Tom. Logo, pode ser necessário oferecer um contexto social alternativo caso os amigos não aceitem a nova atitude de Chuck em relação à bebida. Uma intervenção particularmente promissora para ganhar apoio social é os Alcoólicos Anônimos (AA) e a abordagem de intervenção baseada na terapia dos doze passos (TDP) para problemas com álcool (Nowinski e Baker, 1998). A TDP é um tratamento breve, com 12 a 15 sessões, para auxiliar o início da recuperação do abuso de álcool, alcoolismo e outros problemas de abuso de substância. Baseia-se fundamentalmente nos princípios comportamentais, espirituais e cognitivos das associações dos doze passos dos AA. Esses princípios enfatizam a sobriedade mantida pela força de vontade e espiritualidade sob um ambiente de grupo de apoio. Cada novo participante é acolhido por um padrinho, uma pessoa que está há mais tempo no caminho da recuperação, que fornece orientação ao longo do processo. Os doze passos dos AA, que formam a base do processo da TDP, são apresentados a seguir.

Os doze passos dos AA e da TDP

1. A pessoa admite que é impotente com relação ao álcool e que sua vida fugiu ao controle.
2. A pessoa passa a acreditar que um poder superior a ela pode restaurar sua sanidade.
3. A pessoa decide entregar sua vontade e sua vida aos cuidados de Deus, da forma como O compreende.
4. A pessoa faz um inventário moral exaustivo e destemido de si mesma.
5. A pessoa admite perante Deus, si mesma e outro ser humano a natureza exata de suas falhas.
6. A pessoa está inteiramente preparada para deixar que Deus remova todas essas falhas de caráter.
7. A pessoa pede humildemente a Deus que remova todas as suas deficiências.
8. A pessoa faz uma lista de todos a quem prejudicou e se dispõe a reparar os danos causados a eles.
9. A pessoa faz reparações diretas dos danos causados a essas pessoas sempre que possível, salvo quando isso signifique prejudicar a si mesmo ou a outrem.
10. A pessoa continua fazendo o inventário pessoal e, sempre que estiver errada, admite o erro imediatamente.
11. Por meio de prece e meditação, a pessoa busca melhorar seu contato consciente com Deus da forma em que O concebe, rogando apenas o conhecimento da Sua vontade em relação a nós e o poder de realizar essa vontade.
12. Tendo experimentado um despertar espiritual graças a estes passos, a pessoa procura transmitir esta mensagem a outros alcoólicos e a praticar estes princípios em todas as nossas atividades.

Adaptado de: Twelve Steps and Twelve Traditions of Alcoholics Anonymous World Series, Inc., www.aa.org.

Nota: Estas diretrizes norteadoras dos doze passos foram alteradas para enfatizar os princípios importantes para sociedades específicas e remover vieses de gênero ou linguagem religiosa específica.

Reforço contingencial

O uso de álcool pode ser encarado, em parte, como um comportamento aprendido que é perpetuado por meio dos efeitos de reforço das ações farmacológicas do álcool em combinação com reforço social e de outras naturezas derivados do estilo de vida decorrente do abuso dessa substância. Comportamentos aprendidos podem ser modificados por meio da mudança de suas consequências (i.e., contingências). A abordagem de reforço contingencial visa à bebida, modifica as contingências e melhora as habilidades individuais e o contexto social que contribuem para a manutenção de comportamentos problemáticos em relação ao consumo de álcool. Essa abordagem foi desenvolvida para uso com drogas ilícitas, como dependência de cocaína (Higgins e Silverman, 1999), mas também se aplica a problemas com álcool. O objetivo mais abrangente desse tratamento é debilitar sistematicamente a influência do reforço decorrente do estilo de vida de uso e abuso de álcool, e aumentar a frequência de reforço decorrente de atividades alternativas mais saudáveis, sobretudo as que são incompatíveis com o uso e abuso contínuos de substância.

Como parte da abordagem de reforço contingencial, o paciente é encorajado a analisar funcionalmente seu uso de álcool ao reconhecer antecedentes e consequências da bebida. Beber é encarado como um comportamento que tem maior probabilidade de ocorrência sob determinadas circunstâncias do que outras. Ao aprender a identificar as circunstâncias que aumentam a probabilidade de consumo de álcool, é possível reduzir as chances de seu uso no futuro.

O paciente é encorajado a reestruturar suas atividades diárias para diminuir ao máximo o contato com antecedentes identificados do consumo (ir ao bar de sempre com os companheiros de copo), para encontrar alternativas às consequências positivas da bebida e para explicitar as consequências negativas da bebida. Nesse contexto, é importante ensinar habilidades de recusa de álcool, já que o paciente provavelmente irá se deparar com ocasiões no futuro em que o álcool lhe será oferecido. O terapeuta deve ensinar o paciente a lidar com esse tipo de situação com assertividade, explicar a lógica por trás do treinamento de habilidades de recusa de álcool, envolver o paciente em uma discussão detalhada dos elementos-chave da recusa eficaz, auxiliar o paciente a elaborar seu próprio estilo de recusa (incorporando os elementos-chave) e dramatizar possíveis situações nas quais o álcool pode ser oferecido ao paciente.

Além disso, ajudar o paciente a desenvolver novas redes sociais que apoiem um estilo de vida mais saudável é importante. O envolvimento em atividades recreativas que sejam prazerosas e não incluam o uso de álcool ou de outras substâncias é um componente essencial para a mudança de comportamentos e deve ser abordado. Pode ser benéfico explorar com o paciente outras atividades de seu interesse, já que essas mudanças desempenham um papel fundamental na redução ou eliminação do consumo de álcool.

Como ocorre com Chuck, a bebida frequentemente não é o único aspecto negativo que requer intervenção, mas faz parte de um sistema maior e mais complexo de problemas inter-relacionados. No caso de Chuck, o uso de álcool desempenha várias funções, uma das quais é o meio que ele encontrou para enfrentar sua depressão. Portanto, a fim de tratar de forma efetiva o problema de Chuck com a bebida, é necessário tratar também a depressão, os conflitos conjugais e a insatisfação com a carreira.

Respaldo empírico

O Projeto MATCH (Matching Alcoholism Treatments to Client Heterogeneity [Combinando Tratamentos para Alcoolismo com a Heterogeneidade dos Clientes]) comparou a eficácia de terapia cognitivo-comportamental (TCC), TIM e TDP (Allen et al., 1997, 1998). Com a finalidade de avaliar os benefícios de combinar dependentes de álcool a TCC, TIM ou TDP tradicionais com referência a uma variedade de atributos dos pacientes, dois experimentos clínicos randomizados paralelos, porém independentes, foram conduzidos: um com dependentes de álcool que receberam terapia ambulatorial ($N = 952$; 72% do sexo masculino) e outro com pacientes que receberam terapia pós-internação ($N = 774$; 80% do sexo masculino). Os pacientes foram designados aleatoriamente a um dos três tratamentos conduzidos ao longo de 12 semanas. Os pacientes foram, então, monitorados ao longo de um ano após o tratamento. Os resultados demonstraram melhora significativa e duradoura no resultado de consumo de álcool desde a linha de base até um ano após o tratamento pelos pacientes designados a cada uma dessas intervenções. Houve pouca diferença nos resultados quanto ao tipo de tratamento. Apenas a gravidade psiquiátrica demonstrou uma interação significativa com esse tipo de tratamento, em que pacientes ambulatoriais cuja gravidade psiquiátrica era baixa tiveram mais dias de abstinência após TDP do que após TCC tradicional. Contudo, nenhum tratamento foi evidentemente superior para pacientes com níveis mais elevados de gravidade psiquiátrica. Outros dois fatores demonstraram efeitos de combinação dependentes de tempo: motivação entre pacientes ambulatoriais e busca de significado entre pacientes pós-tratamento. Os fatores disposição motivacional, rede de apoio para o alcoolismo, envolvimento com álcool, gênero, gravidade psiquiátrica e sociopatia foram prognósticos de consumo de álcool com o passar do tempo. De modo geral, todos os três tratamentos foram benéficos no acompanhamento de um ano (Allen et al., 1997).

O estudo investigou, ainda, os efeitos prognósticos dos fatores de combinação de paciente e os resultados gerais em acompanhamentos de três anos (Allen et al., 1998). A raiva dos pacientes demonstrou a interação mais coerente no experimento, com efeitos de combinação significativos evidentes em ambos os acompanhamentos de um e de três anos. Pacientes com alto índice de raiva se saíram melhor na TIM do que nos outros dois tratamentos do projeto MATCH (TCC e TDP tradicionais). Todavia, pacientes com baixo grau de raiva tiveram um desempenho melhor após o tratamento com TCC e TDP tradicionais do que com TIM. Efeitos de combinação significativos com relação à variável de apoio para lidar com o alcoolismo surgiram na análise de resultados de três anos, de tal forma que os pacientes cujas redes sociais ofereceram maior apoio para lidar com o alcoolismo obtiveram maior benefício com TDP do que com TIM. Um efeito de combinação relevante para gravidade psiquiátrica que apareceu no primeiro ano após o tratamento não foi observado depois de três anos. A disposição para mudança e a autoeficácia surgiram como os indicadores mais fortes do resultado de longo prazo com relação ao alcoolismo. Com relação aos resultados gerais, as reduções na bebida que foram observadas no primeiro ano após o tratamento foram mantidas ao longo do período de acompanhamento de três anos: quase 30% dos sujeitos estavam totalmente abstinentes no acompanhamento de três anos. Aqueles que relataram beber permaneceram abstinentes durante uma média de dois anos. Como no acompanhamento de um ano, houve poucas diferenças entre os três tratamentos, apesar da TDP ter continuado a demonstrar uma ligeira vantagem.

Leituras complementares recomendadas

Guia do terapeuta

Daley, D. C., and Marlatt, G. A. (2006). *Overcoming your alcohol and drug problem: Effective recovery strategies. Therapist guide,* 2nd edition. New York: Oxford University Press.

Guia do paciente

Epstein, E. E., and McCrady, B. S. (2009). *Overcoming alcohol use problems: A cognitive-behavioral treatment program workbook.* New York: Oxford University Press.

10 Resolvendo os problemas sexuais

O problema de ereção de David

David é um professor do ensino médio, afro-americano, tem 56 anos e é vice-diretor da escola onde trabalha. Ele é casado com Karen e tem quatro filhos, de 13, 15, 35 e 38 anos. David é muito saudável fisicamente e não usa qualquer tipo de medicação constante. David e Karen vêm tendo problemas sexuais há cerca de 10 anos, por volta da época em que ele assumiu o cargo de vice-diretor da escola. Foi também quando começou a apresentar disfunção erétil. Especificamente, encontra problemas em atingir excitação plena e com frequência perde a ereção durante o ato sexual. David demonstrou um grau elevado de aflição sobre o assunto. Sente vergonha e constrangimento com relação ao problema, porque sempre se imaginou como um grande amante. Em média, David e Karen costumavam ter relações sexuais duas vezes por semana. Antes do início da disfunção sexual, ele descreveu sua vida sexual como muito satisfatória durante a maior parte do casamento. Contudo, a frequência das relações sexuais com sua esposa reduziu a uma vez por semana e, às vezes, para uma vez por mês, em parte porque fica muito nervoso com o que pode acontecer. Inicialmente, atribuiu seus problemas ao estresse no trabalho devido ao aumento de responsabilidades assim que começou na nova função. Uma entrevista em separado com sua esposa revelou que ela oferece apoio e não pede por sexo. Contudo, ela sente falta da proximidade e intimidade física que tinha com ele. David e Karen vêm brigando mais a respeito dos filhos, das finanças e de questões familiares, o que alegam ser, em parte, resultado da falta de intimidade. Entretanto, os dois reconheceram que suas duas filhas adolescentes também podem contribuir para o estresse no relacionamento. David experimentou Viagra®, mas não gostou dos efeitos colaterais. Também não achou que tivesse funcionado muito bem. Consultar um psicólogo para tratar do problema não foi uma decisão fácil.

Definição do transtorno

As disfunções sexuais se caracterizam por problemas no desejo sexual e por mudanças psicofisiológicas associadas ao ciclo de resposta sexual em homens e mulheres. Os transtornos são dispostos em categorias com base no modelo trifásico do ciclo de resposta sexual (desejo, excitação e orgasmo), de acordo com a proposta de Kaplan (1979). Correspondentemente, as disfunções sexuais se dividem em transtorno do desejo sexual (incluindo transtorno de desejo sexual hipoativo e transtorno de aversão sexual), transtorno da excitação sexual (incluindo transtorno da excitação sexual feminina e transtorno erétil), transtornos do orgasmo (incluindo transtorno do orgasmo feminino e masculino e ejaculação precoce) e transtornos sexuais dolorosos (incluindo dispareunia e vaginismo).

Os transtornos sexuais são classificados em diversos subtipos, incluindo tipo generalizado ou situacional, tipo ao longo da vida (primário) ou adquirido (secundário) e devido a fatores psicológicos ou a condições médicas. Por exemplo, a disfunção erétil psicogênica primária refere-se à incapacidade na vida de atingir desempenho sexual bem-sucedido, enquanto a disfunção erétil psicogênica secundária ocorre após um período de desempenho sexual satisfatório. Exemplos de disfunções eréteis psicogênicas secundárias são problemas de ereção associados a abuso de substância ou transtorno mental maior (p. ex., depressão, transtorno de ansiedade generalizada). No caso de David, a disfunção erétil teve início há cerca de 10 anos, depois de um período normal de atividade sexual. Seus problemas sexuais começaram na época em que ele assumiu um cargo mais estressante no trabalho. Exames médicos não detectaram problema físico, e ele não toma medicamento que poderia interferir ou estar associado a seus problemas sexuais. Portanto, ele provavelmente apresenta uma disfunção erétil psicogênica secundária.

O problema de David envolve tanto alcançar uma ereção quanto mantê-la. A disfunção erétil é definida como uma incapacidade constante ou recorrente em obter e/ou manter ereção peniana suficiente para uma atividade sexual satisfatória. Contudo, David não é o único a apresentar esses problemas. A disfunção erétil é um transtorno de excitação sexual masculino de ocorrência comum, especialmente em homens mais velhos. De modo geral, as disfunções sexuais são bastante comuns nos dois sexos. Na realidade, estudos epidemiológicos de grande porte (Laumann et al., 1999) relatam taxas de prevalência de disfunção sexual de 43% em mulheres e de 31% em homens.

A disfunção erétil é o transtorno sexual de maior prevalência em homens que buscam tratamento em clínicas de terapia sexual (Rosen e Leiblum, 1995). Estudos junto à comunidade mostram que a taxa de prevalência da disfunção erétil é de 5% e, portanto, é a segunda disfunção sexual mais comum entre homens, após ejaculação precoce (21%), que é definida como a incapacidade de retardar a ejaculação em penetrações vaginais (Laumann et al., 1999). A ejaculação costuma ocorrer antes ou logo após a penetração vaginal e está associada a aflição e frustração. Medicamentos populares, como sildenafil (Viagra®), podem produzir ereções relaxando o tecido muscular liso do corpo. Contudo, esses fármacos podem estar associados a uma ampla gama de efeitos colaterais desagradáveis e potencialmente perigosos. Em mulheres, os problemas mais comuns são desejo sexual baixo (22%), problemas de excitação sexual (14%) e dispareunia (dor durante atividade sexual, 7%).

As disfunções sexuais estão associadas a diversas características demográficas. No caso de mulheres, a prevalência de problemas sexuais tende a diminuir com o aumento da idade, exceto entre as mulheres que relatam problema de lubrificação. Em contrapartida, problemas de ereção e desejo sexual baixo aumentam com a idade em homens. Por exemplo, homens na faixa dos 50 aos 59 anos de idade têm probabilidade três vezes maior de passar por problemas de ereção e de desejo sexual baixo do que homens dos 18 aos 29 anos (Laumann et al., 1999).

De modo geral, mulheres e homens com baixo nível de instrução relatam experiências sexuais menos prazerosas e taxas elevadas de ansiedade sexual. Os índices são semelhantes entre raças e etnias diferentes, sendo que negros apresentam um pouco mais de problemas e hispânicos um pouco menos, em comparação aos brancos. Curiosamente, o casamento parece ser um fator de proteção: aqueles casados correm menor risco de apresentar problemas sexuais do que aqueles não casados. Outros fatores que contribuem para problemas sexuais incluem saúde geral (especialmente doenças cardiovasculares e diabetes); transtornos mentais, sobretudo trauma de natureza sexual; tabagismo e outros problemas de uso de substância; nível de instrução; e variáveis sociodemográficas. Como era de se esperar, a menor incidência de relatos de problemas sexuais ocorre em indivíduos saudáveis, com boa formação, sem histórico de trauma, que atingiram uma situação sociodemográfica elevada e que não fumam ou que não abusam de outras substâncias (Laumann et al., 1999).

Devido à ampla gama de disfunções sexuais, várias estratégias exclusivas de tratamento foram desenvolvidas para lidar com esses problemas. Seria impossível abordar essas técnicas em um único capítulo. Uma excelente análise desses procedimentos, ainda que um pouco antiga, foi fornecida por Kaplan (1987).

O modelo de tratamento

David apresenta um forte temor de falhar. Ele se vê como um homem "de verdade", mas sente que seus sintomas interferem em sua capacidade de corresponder a essa imagem. Ele sempre esteve à vontade no papel de um homem de fibra,

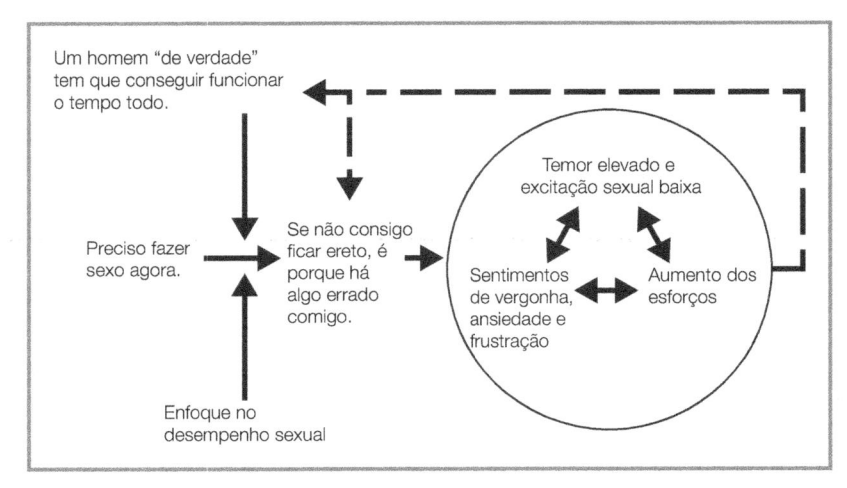

Figura 10.1   O problema sexual de David.

calmo, seguro e forte, que sustenta e protege sua família. Um aspecto importante desse papel masculino é ser capaz de satisfazer sua esposa e conseguir ter relações sexuais sempre que quiser. Para poder fazer sexo, ele precisa que seu pênis fique e se mantenha ereto. Ser incapaz de funcionar sugere que há algo errado com ele e, mais especificamente, com seu pênis. Essa noção lhe causa um grande sofrimento, pois se sente envergonhado por não cumprir as demandas fundamentais de um homem funcional. Além disso, sente-se ansioso quanto ao desempenho, frustra-se consigo mesmo e fica com raiva de seu pênis. Quando percebe que não vai conseguir uma ereção ou quando começa a perdê-la, fica com medo e, às vezes, chega a entrar em pânico. Esse medo leva a sintomas físicos intensos que incluem sudorese, palpitações e aumento da frequência respiratória. Para evitar perder a ereção, ele se esforça mais, com estímulos vigorosos ou com estocadas durante o ato sexual. Os fatores psicológicos que contribuem para os problemas sexuais de David estão resumidos na Figura 10.1.

Estratégias de tratamento

Estratégias eficazes para interromper esse círculo vicioso incluem modificação de atenção e de situação, correção de crenças mal-adaptativas e de preocupações concretas a respeito do desempenho sexual, meditação, relaxamento, estimulação adequada e técnicas de foco sensorial. Um resumo dessas estratégias é apresentado na Figura 10.2 e abordado em mais detalhes a seguir.

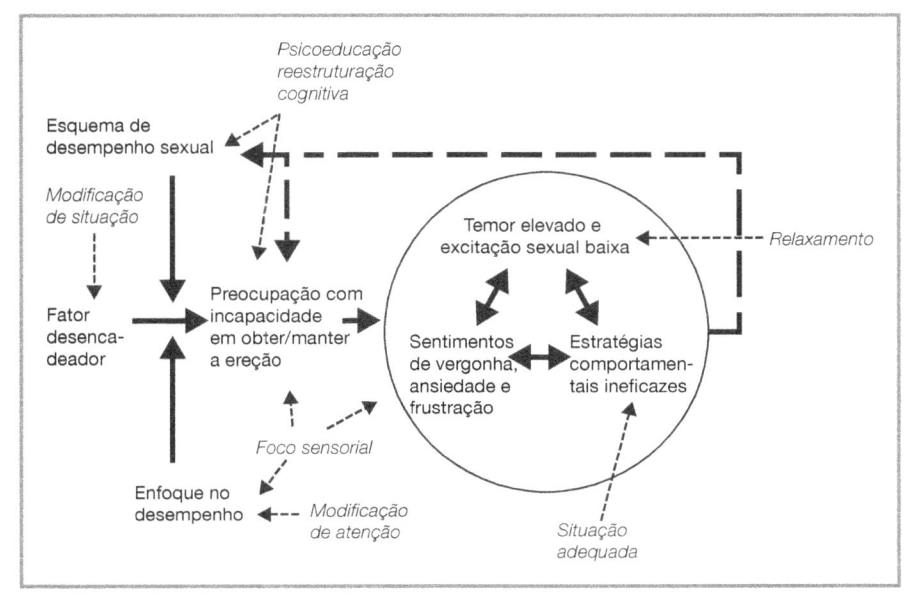

Introdução à terapia cognitivo-comportamental contemporânea 155

Figura 10.2 Estratégias para abordar os problemas sexuais de David.

Modificação de atenção e de situação

A atividade sexual é um processo primitivo de natureza evolutiva que requer pouco ou nenhum treinamento prévio. Ademais, a resposta é controlada por estímulos externos (sexuais) específicos e conhecidos. Apesar do padrão evidente de estímulo e resposta, é importante que esse processo possa ser interrompido a qualquer momento caso algum tipo de demanda situacional exija que o indivíduo desloque sua atenção para outras fontes. Por exemplo, animais rapidamente interrompem sua atividade sexual se um predador se aproximar. Sua capacidade de interromper atividades sexuais ao refocalizar sua atenção a estímulos não sexuais é altamente adaptativa do ponto de vista evolutivo. Se esse redirecionamento de atenção não ocorresse, seria improvável que a espécie pudesse sobreviver. Em outras palavras: atividades sexuais podem ser facilmente iniciadas e executadas por membros de uma espécie, a menos que existam fatores que as inibam ou desloquem a atenção dos estímulos sexuais. Portanto, prestar atenção a estímulos não sexuais (i.e., distração cognitiva) pode facilmente perturbar a excitação sexual (p. ex., Barlow, 1986). No caso da disfunção erétil, o homem com ansiedade de desempenho examina de forma crítica seus próprios comportamentos como espectador e, com isso, redireciona sua atenção dos estímulos eróticos para indicadores (pistas) relacionados à ansiedade (Masters e Johnson, 1970). Os homens tendem a ser mais suscetíveis aos efeitos perturbadores da ansiedade sobre as demandas do desempenho sexual do que as mulheres (Rosen e Leiblum, 1995). O contexto situacional também desempenha um papel fundamental, porque proporciona a gama de estímulos sexuais aos quais se pode concentrar a atenção. Portanto, um cenário "romântico" (p. ex., luz de velas e música suave) e estímulos que podem servir como lembretes de excitação sexual (p. ex., determinada fragrância) têm mais chances de promover a excitação sexual e podem reduzir a distração.

Psicoeducação

As pessoas, especialmente os homens, costumam ter concepções equivocadas sobre o que é "normal" e como o sexo "deveria" ser. Essas pessoas frequentemente obtiveram informações errôneas sobre os mecanismos e processos básicos da função erétil e sobre as causas de disfunção sexual (p. ex., os efeitos de uma doença ou de fármacos, ou idade avançada). O desempenho sexual masculino costuma ser visto como a base e a condição necessária para todo tipo de experiência sexual (Zilbergeld, 1992). Portanto, é importante fornecer informações corretas ao paciente, baseadas em fatos sobre sexo. Tanto o *site* do Instituto Kinsey quanto o relato de Laumann e colaboradores (1994) são fontes úteis para esse propósito. Vários fatores importantes estão listados a seguir.

> **Exemplo clínico: dez fatos sobre sexo**
>
> 1. *Frequência das relações sexuais*: A maioria das pessoas (90% dos homens e 86% das mulheres) fez sexo no ano anterior. A frequência do sexo varia enormemente conforme a idade e o estado civil, sendo que indivíduos mais jovens e casados fazem mais sexo do que indivíduos mais velhos e não casados. Entre parceiros casados, 45% relataram fazer sexo algumas vezes por mês; 34%, de 2 a 3 vezes por semana, 13%, algumas vezes por ano; e 7%, quatro ou mais vezes por semana.
> 2. *Infidelidade e promiscuidade*: Mais de 80% das mulheres e 85% dos homens relataram não ter outros parceiros que não o cônjuge. Mais da metade (56%) dos homens e 30% das mulheres tiveram cinco ou mais parceiros sexuais em toda a vida, enquanto 20% dos homens e 31% das mulheres nos Estados Unidos tiveram apenas um parceiro sexual em toda a vida.
> 3. *Masturbação*: Quase 85% dos homens e 45% das mulheres que estavam morando com um parceiro sexual relataram masturbação no ano anterior; apenas

5% dos homens e 11% das mulheres nunca se masturbaram. Entre homens dos 18 aos 39 anos, mais de um terço (37%) se masturbam "às vezes"; 28%, uma ou mais vezes por semana; e 35% não se masturbam.

4. *Orgasmo durante o sexo*: Homens têm maior probabilidade de ter um orgasmo de forma consistente durante o ato sexual do que mulheres (75% vs. 29%).
5. *Orgasmo em mulheres*: Habitualmente, uma estimulação adequada do clitóris é necessária para que uma mulher atinja o orgasmo. Contudo, a estimulação de outras áreas da genitália feminina também pode produzir sensações intensas de prazer. Há controvérsia se mulheres sentem dois tipos diferentes de orgasmos – um orgasmo clitoridiano e outro vaginal. Algumas mulheres apresentam expulsão de fluidos durante o orgasmo, que podem se originar da bexiga ou da próstata feminina.
6. *O ponto G*: Acredita-se que o ponto G, assim denominado devido ao médico alemão Ernst Gräfenberg, seja uma zona erógena localizada atrás do osso púbico. A existência do ponto G em mulheres ainda é controversa. Acredita-se que a estimulação dessa área esteja associada ao orgasmo vaginal e à ejaculação feminina.
7. *Tamanho do pênis*: O tamanho médio de um pênis ereto está entre 12 e 15 centímetros. Em estado de flacidez, o tamanho médio do pênis é de 2,5 a 10 centímetros.
8. *Orgasmos múltiplos em homens*: Orgasmos múltiplos em homens, particularmente orgasmos múltiplos com ejaculações em sucessão no período de alguns minutos, são raros. O período de recuperação após a ejaculação normalmente é de 30 minutos. Depois de um orgasmo e uma ejaculação, o tempo para uma ereção e até o orgasmo é retardado. Orgasmos múltiplos em mulheres ocorrem com maior frequência.
9. *Tempo até a ejaculação*: A maioria dos homens funcionais ejacula de 4 a 10 minutos após a penetração, mas há variações consideráveis de um indivíduo para outro. A ejaculação precoce geralmente ocorre minutos após a penetração vaginal. Latências que duram mais de 20 minutos são raras (representam dois desvios padrões acima da média) e podem satisfazer o quesito para ejaculação retardada. Contudo, o critério importante que define se a ejaculação ocorre cedo demais ou muito tarde é o grau de controle voluntário que o homem tem sobre a ejaculação e o grau de satisfação ou insatisfação vivenciado pelos dois parceiros.
10. *Sexo anal e oral*: Apenas 10% dos homens e 9% das mulheres fizeram sexo anal no ano anterior. O sexo oral é ligeiramente mais comum, mas não é praticado com frequência; 27% dos homens e 19% das mulheres fizeram sexo oral no ano anterior ao levantamento.

Reestruturação cognitiva

Fatores psicológicos que contribuem para disfunções sexuais, como a disfunção erétil, incluem causas imediatas e remotas (Laumann et al., 1999). Exemplos das causas imediatas incluem medo de falhar, ansiedade de desempenho, ansiedade de resposta (i.e., ansiedade relativa à ausência de excitação), ausência de estimulação adequada e problemas de relacionamento. A fim de voltar sua atenção para as causas remotas, a terapia precisa abordar o papel de questões como trauma sexual, identidade ou orientação sexual, ligações mal-resolvidas com o parceiro ou com os pais e aspectos religiosos, sociais e culturais. Essas questões devem ser investigadas logo no início para que estratégias específicas de tratamento possam ser desenvolvidas.

No caso de David, ficou evidente logo de início que ele possui uma visão bastante tradicional dos papéis de gênero. Ele tem uma forte identificação com o papel de gênero e sexual masculino. Como parte desse papel, ele se vê no controle das situações, incluindo o ato sexual. Assim como outros homens com uma forte identificação de gênero, ele acredita que um homem "de verdade" precisa ser capaz de funcionar a qualquer momento. Do contrário, se um homem não funciona a qualquer momento, ele não é um homem "de verdade". Portanto, para David, ser capaz de funcionar é a prova de que ele ainda é um homem "de verdade", e não conseguir funcionar se opõe fortemente à visão que tem de si como um homem "de verdade". Essa crença central faz surgir o pensamento específico de que algo deve estar muito errado com ele, já que não consegue funcionar. Segue um exemplo da investigação da crença central de David:

Exemplo clínico: investigação da crença central

Terapeuta: Por que você ficou tão perturbado ontem à noite por não ter conseguido manter uma ereção?
David: É uma sensação horrível. É muito constrangedor.
Terapeuta: Entendo. Mas o que exatamente é constrangedor? Quem é o público? Sua esposa?
David: Não sei. Na verdade, minha esposa me dá bastante apoio. Simplesmente me sinto um incapaz.
Terapeuta: Porque você deveria conseguir funcionar.
David: Claro.
Terapeuta: Porque você é um homem, e homens "de verdade" precisam funcionar.
David: Com certeza.
Terapeuta: E se um homem não consegue funcionar?
David: Então, acho que ele não é um homem "de verdade".

Terapeuta: Então, se entendi direito, se você não consegue manter uma ereção, você se sente mal, porque homens "de verdade" precisam conseguir funcionar o tempo inteiro. E se você não consegue funcionar, então você não é um homem "de verdade". É isso mesmo?
David: Sim, é isso.
Terapeuta: Parece-me que você tem uma noção muito clara sobre o que um homem deve e o que não deve fazer. Ele deve sempre ser capaz de ter uma ereção e de mantê-la, não importa o quê. E se isso não acontece, deve haver algo de muito errado. Esses "deve" e "não deve" podem causar um monte de problemas. Eu gostaria de examinar melhor alguns desses "deve" e "não deve", se você não se importa. No que se refere ao sexo, você consegue identificar o que você "deve" e "não deve" fazer?

Estimulação adequada

A crença mal-adaptativa de David de que homens têm que ser capazes de funcionar a qualquer momento sob qualquer condição impediu que ele tentasse estratégias diferentes que poderiam intensificar sua própria experiência de prazer ao se entregar a atividades sexuais com sua esposa. Além disso, David acreditava que a atividade sexual era a mesma coisa que cópula, o que limitou ainda mais suas opções e também as possibilidades que ele levava em consideração. Na troca a seguir com David, Karen e o terapeuta, as limitações do pensamento de David são ilustradas e são exploradas outras formas de estimulá-lo. Esse intercâmbio também exemplifica formas de falar sobre sexo com um casal que não se sente à vontade em usar as palavras adequadas. É importante que o terapeuta sinta-se à vontade em empregar palavras como ânus, seios, clitóris, clímax, ereção, prepúcio, glande, mamilos, estimulação oral, orgasmo, pênis, bolsa escrotal, sêmen, testículos, vagina, vulva e vibrador, entre outras.

Exemplo clínico: exploração de estratégias de estimulação adequada

Terapeuta: David, poderia, por favor, descrever para mim um pouco mais como foi a última vez que você e Karen compartilharam intimidade e tentaram fazer sexo.
David: Foi há duas noites. Tentamos, mas desisti. Não funcionou.
Terapeuta: Você quer dizer que tentou fazer sexo, mas não conseguiu copular?
David: Ele nem ficou ereto o suficiente, então desisti. Foi muito ruim.
Karen: Pare com isso, Dave. Não foi tão ruim.

Terapeuta: Então você ficou perturbado porque não teve uma ereção. É isso?
David: Sim.
Terapeuta: Compreendo. Vamos ver se há algo que você poderia ter feito de forma diferente nessa situação. Vamos microanalisar esses momentos anteriores. Conte-me com o máximo de detalhes o que aconteceu. Quem teve a iniciativa, e o que aconteceu a seguir?
David: Bem, fomos para a cama, assistimos um pouco à TV, desligamos as luzes e demos um beijo de boa-noite. Então nos abraçamos. Então a toquei e tentamos. Mas deu em nada.
Terapeuta: Onde você tocou Karen?
David: Toquei seus seios e lá embaixo.
Terapeuta: Sua vagina?
David: Sim.
Terapeuta: E você estimulou seu clitóris?
David: Sim.
Terapeuta: Você gostou, Karen?
Karen: Claro que sim.
Terapeuta: Ótimo. E o que você fez Karen?
Karen: Também toquei ele.
Terapeuta: Você tocou seu pênis?
Karen: Sim.
Terapeuta: Você gostou, David?
David: Como eu disse, não funcionou.
Terapeuta: Entendo que tudo isso é muito frustrante para vocês. Mas sei que há coisas relativamente fáceis que podemos fazer para deixar sua experiência prazerosa de novo. Vamos usar este pênis de borracha para ilustrar algumas formas de estimular seu pênis. Também trouxe este frasco de óleo de massagem que pode melhorar ainda mais essa experiência. Primeiramente, Karen, se você pudesse me mostrar neste pênis como estimulou David...

Relaxamento

Atividade sexual prazerosa e estresse são incompatíveis. O sexo pode aliviar o estresse, e o estresse interfere no sexo. Em contrapartida, estar em um estado relaxado favorece o sexo, intensifica a motivação e o prazer sexual. Práticas gerais de relaxamento que foram abordadas anteriormente podem ajudar a aliviar o estresse, como o relaxamento muscular progressivo e o relaxamento com imagens. Obviamente, pode ser bastante útil usar uma cena sexual como imagem. Contudo, se a imagem induzir medo, vergonha ou sentimentos ambíguos, não se recomenda fazer uso de estratégias de imagem. O princípio norteador para o terapeuta é propiciar um ambiente agradável e lidar com os problemas sexuais do paciente de forma aberta e sem juízos de valor.

Foco sensorial

Essa expressão, que foi introduzida por Masters e Johnson (1970), refere-se a exercícios específicos para encorajar as pessoas (normalmente casais) a se concentrar em experiências agradáveis em vez de se concentrar no orgasmo ou na cópula como o único objetivo do sexo. Os exercícios de foco sensorial seguem diferentes estágios. No estágio inicial, o casal se alterna no toque do corpo um do outro, exceto nos seios e órgãos genitais. O objetivo do toque não sexual é aguçar a percepção da textura e de outras características da pele do parceiro. A pessoa que está realizando o toque é instruída a se concentrar no que ela acha interessante na pele do outro, não no que o parceiro pode ou não gostar. Instrui-se, então, que o casal não prossiga para a cópula nem para outro tipo de estimulação genital, mesmo que ocorra excitação sexual. Essa sessão inicial é realizada geralmente em silêncio, porque a fala pode diminuir a consciência das sensações.

No segundo estágio, a opção de toque é gradativamente expandida para incluir os seios e os órgãos genitais. A cópula e o orgasmo ainda estão proibidos, e a ênfase é na consciência das sensações físicas, não na expectativa de resposta sexual. Para se comunicar, a pessoa que está sendo tocada coloca sua mão sobre a mão do parceiro para mostrar o que considera prazeroso em relação a local, ritmo e pressão. Estágios seguintes incluem o aumento gradual de estimulação dos órgãos genitais do parceiro e, então, cópula total, com a atenção voltada para os aspectos prazerosos dessa atividade. O orgasmo não deve ser o foco.

Outras estratégias

Há uma série de intervenções médicas para tratar disfunções sexuais. Para disfunção erétil, por exemplo, algumas das técnicas incluem próteses cirúrgicas, implantes penianos, injeção intracorporal de fármacos vasoativos (i.e., injeção de uma substância, como cloridrato de papaverina, que relaxa as células musculares na parede arterial, causando dilatação e aumento do fluxo sanguíneo em direção ao pênis), uso de anéis e aparelhos de bombeamento a vácuo e, evidentemente, fármacos de administração oral, como sildenafil (Viagra®).

Além das estratégias psicológicas mencionadas anteriormente, diversas técnicas psicológicas específicas foram desenvolvidas para tratar outras disfunções sexuais masculinas e femininas. Mais recentemente, ioga e métodos de *mindfulness* foram aplicados em várias disfunções sexuais. O respaldo empírico existente para essas estratégias é insuficiente. Contudo, algumas das estratégias mais comuns e de maior respaldo são as seguintes:

Estratégias terapêuticas específicas para disfunções sexuais

Técnicas para tratamento de anorgasmia feminina

- Treinamento de masturbação e masturbação orientada.
- *Exercício de Kegel*: Exercitar o músculo pubococcígeo (assoalho pélvico) para tratar o transtorno de desejo sexual feminino.
- *Manobra de ponte*: Estimulação clitoridiana pela mão do parceiro durante a cópula.
- *Alinhamento coital*: O parceiro masculino coloca-se por cima da mulher em uma posição de "cavalgadura elevada" enquanto alinha os genitais a fim de proporcionar estimulação máxima para a mulher.

Técnicas para tratamento de ejaculação precoce

- *Técnica stop-start (começa-para)*: O homem recebe a instrução de começar a se masturbar com movimentos de vai e vem no pênis. Quando chega próximo da ejaculação, ele é instruído a prestar bastante atenção à sensação de arrepio logo antes da ejaculação e quando ainda é possível pará-la. Pede-se, então, que o homem pare de manipular o pênis por pelo menos 15 segundos para que a ereção diminua e, então, comece a se masturbar novamente até que sinta a sensação de arrepio outra vez.
- *Técnica do aperto*: Depois que o pênis atingiu ereção plena, a mulher aperta o pênis ereto com os dedos indicador e médio e o polegar, logo abaixo da glande, de forma que o homem perde a ereção e, então, estimula o pênis novamente.

Respaldo empírico

Experimentos com fármacos, de modo geral, dominaram a área, apesar de evidências de estudos que oferecem respaldo às estratégias psicológicas descritas neste capítulo. Um panorama desses estudos pode ser encontrado em Rosen e Leiblum (1995). Por exemplo, uma metanálise recente sobre disfunção erétil (Melnik et al., 2007), o transtorno que aflige David, identificou nove experimentos controlados e randomizados que compararam psicoterapia com outros tratamentos (sildenafil, aparelhos de bombeamento a vácuo, injeção) e grupos-controle (sem tratamento ou lista de espera). Os resultados mostraram que pessoas que se submeteram a qualquer um desses tratamentos apresentaram uma taxa de resposta de 95% em comparação a 0% de indivíduos no grupo-controle após o tratamento. Uma comparação entre psicoterapia (administrada em formato de grupo) com sildenafil, e sildenafil isolado, demonstrou que o tratamento combinado esteve associado a uma melhora significativamente maior de cópula bem-sucedida e menos abandono terapêutico do que apenas o sildenafil. Não foi encontrada uma diferença evidente entre os vários tratamentos ativos quando administrados como monoterapia.

Leituras complementares recomendadas

Guia do terapeuta

Kaplan, H. S. (1987). *The illustrated manual of sex therapy*, 2nd edition. New York: Brunner/Mazel.

Guia do paciente

Heiman, J., and LoPiccolo, J. (1992). *Becoming orgasmic*. New York: Fireside.

11 Manejando a dor

A dor de Peter

Peter é um motorista de ônibus de 49 anos, casado com Jane. Eles têm dois filhos adultos que vivem em outro Estado. Há anos, Peter sofre de dor crônica, em especial na região lombar, e mais recentemente nos ombros, no pescoço e nos braços. A dor de Peter começou há 10 anos, quando um carro bateu na traseira de seu veículo enquanto ele estava parado na sinaleira. Os raios X e outros exames físicos mostraram apenas pequenas contusões nas costas, e o ferimento físico estava curado um mês após o acidente. No entanto, desde o ocorrido, a dor de Peter persistiu e até piorou. Ele ficou cada vez mais aflito com relação à dor, porque ela tem desdobramentos em praticamente todos os aspectos de sua vida, incluindo seu emprego, seus *hobbies* e sua vida afetiva. Costumava ter prazer em jogar boliche e em fazer ajustes em sua motocicleta, que, às vezes, usava em pequenas excursões. Contudo, a dor limitou consideravelmente sua capacidade de realizar essas e outras tarefas, de forma que ele parou de jogar boliche e de viajar de motocicleta há sete anos. A dor de Peter também interfere significativamente em sua vida amorosa. Raramente tem contato sexual com Jane devido à dor e tem medo que ela vá deixá-lo ou que procure um amante. Jane dá bastante apoio a Peter, e não há evidências de que ela terá um caso extraconjugal; entretanto, ela está frustrada com os problemas causados pela dor de Peter, porque eles também interferem em sua vida. Peter frequentemente se sente triste, frustrado e desesperançoso, porque nenhum dos vários médicos com os quais se consultou foi capaz de realmente ajudá-lo. Ele acha que sua vida é torturante e insuportável. Tudo o que ele quer é livrar-se da dor, mas ainda não encontrou estratégia eficaz. Peter experimentou 11 fármacos diários com receita médica (analgésicos, psicotrópicos e outros medicamentos), sendo que nenhum deles proporcionou muito alívio da dor. Além de consultar vários médicos, fez sessões de quiropraxia durante mais de um ano sem muito sucesso. Na realidade, os "reajustes" em suas costas agravaram a dor a ponto de torná-la debilitante. Ele foi forçado a pedir uma licença do trabalho como motorista de ônibus e não conseguiu trabalhar durante mais de dois meses.

Há três anos, um de seus médicos sugeriu que ele pudesse apresentar um caso de fibromialgia. Por fim, Peter conseguiu retomar seu emprego como motorista de ônibus, mas decidiu fazê-lo durante meio período, o que causou uma forte sobrecarga financeira na família. Em consequência, Peter encontra-se em uma situação desesperadora e recentemente consultou um psicólogo com especialização no tratamento de dor crônica.

Definição do transtorno

Todas as pessoas estão familiarizadas com a experiência de dor. A dor é adaptativa, já que facilita a capacidade de identificar, reagir e solucionar ferimentos físicos. Contudo, para aproximadamente 10% dos adultos, a dor persiste muito tempo depois de todas as patologias orgânicas identificáveis serem curadas, o que sugere que há outros fatores que podem manter a experiência de dor (Waddell, 1987). O modelo médico tradicional considera a dor uma experiência sensorial que surge do ferimento físico ou de outra patologia. Outras perspectivas mais modernas integraram fatores psicológicos para uma melhor conceituação da experiência de dor (Fordyce, 1976; Gamsa, 1994a, 1994b; Melzack e Wall, 1982). De acordo com esses modelos, a dor é um fenômeno perceptivo complexo que envolve uma série de fatores psicológicos. A dor de Peter teve início com um acidente de carro de pequenas proporções. Embora o ferimento físico tenha sido irrisório, seus problemas com a dor não se resolveram depois de seus ferimentos terem sido curados. Ao contrário, a dor se tornou mais debilitante e se espalhou desde o pescoço e das costas para outras partes do corpo, incluindo os braços e os ombros. Ele consultou vários médicos e foi tratado por um quiroprático, que aparentemente agravou o problema. Por fim, recebeu o diagnóstico de fibromialgia.

A fibromialgia é uma síndrome dolorosa crônica definida por dor espalhada ao longo várias áreas do corpo sem uma base orgânica identificável. O paciente com essa condição geralmente relata outros sintomas, como transtornos do sono, fadiga e depressão. Essa condição afeta 2 a 7% da população geral e está associada a um custo socioeconômico elevado (Bennett et al., 2007; Spaeth, 2009).

O modelo de tratamento

Peter sofre de dor crônica em várias partes do corpo, em particular na região lombar, nos ombros, no pescoço e nos braços. Assim como várias pessoas com dor crônica, a dor de Peter começou com um evento específico, mas persistiu mesmo depois de ele ter se recuperado dos ferimentos físicos. No caso de Peter, o evento que marcou o início de seu problema foi um acidente de carro há 10 anos. Desde então, a dor afetou enormemente sua vida, interferindo no trabalho, nos *hobbies* e na vida amorosa. Em consequência, Peter ficou deprimido e desesperançoso. O emprego como motorista de ônibus, que o obriga a ficar sentado em determinada posição durante horas sem intervalos, contribui ainda mais para aumentar sua dor. Em suma, a dor de Peter se tornou o foco central de sua vida. Tudo o que deseja é livrar-se dela. Ele já gastou uma enorme soma de dinheiro em seus tratamentos para a dor, mas nenhum deles pareceu ajudar. Algumas dessas intervenções, em particular a quiropraxia, deixaram a dor ainda pior.

De modo evidente, a dor de Peter atualmente desempenha um papel crucial em sua vida e a define. Embora a lesão tenha sido o fator desencadeador inicial, outros aspectos promoveram a persistência do problema. Ele vê a vida como uma experiência dolorosa e torturante, e sua existência como insuportável. A dor está sempre presente e encontra-se constantemente em seus pensamentos. Ele sente um forte anseio em eliminar a dor e liberar-se dela, mas não consegue. A experiência frequente e constante da dor faz Peter viver estressado, o que se manifesta em alta excitação fisiológica e em sentimentos de raiva e frustração. Peter também tenta evitar tarefas que causem dor, como trabalhar, jogar boliche e andar de motocicleta, bem como ter relações sexuais com a esposa. As consequências desses atos reforçam a visão de Peter de que não vale a pena viver e fortalecem ainda mais seu desejo de eliminar a dor. Peter está desesperado. A Figura 11.1 apresenta os fatores que contribuem para os problemas de Peter com a dor.

Estratégias de tratamento

A dor de Peter é real. Tudo o que ele deseja é apenas sentir alívio para seus problemas de dor crônica. A luta constante com a dor gera uma quantidade considerável de estresse para Peter. Pesquisas sugerem que o estresse associado à dor fortalece crenças catastróficas sobre a dor e contribuem tanto para sua gravidade quanto para sua interferência nas atividades cotidianas (Sullivan et al., 2001), estabelecendo um círculo vicioso que envolve dor, estresse relacionado à dor e dor relacionada ao estresse.

Como ocorre com muitas outras pessoas com transtorno doloroso, a dor de Peter está relacionada a uma lesão física. Depois que o fator desencadeador inicial foi resolvido e que o ferimento decorrente do acidente foi curado, a dor se tornou crônica, em grande medida como resultado de aspectos que mantêm o problema. Alguns dos fatores mantenedores mais importantes são as crenças catastróficas de Peter sobre a experiência da dor. Assim como outros pacientes que sentem dor, as cognições de Peter amplificam sua experiência. Por exemplo, ele

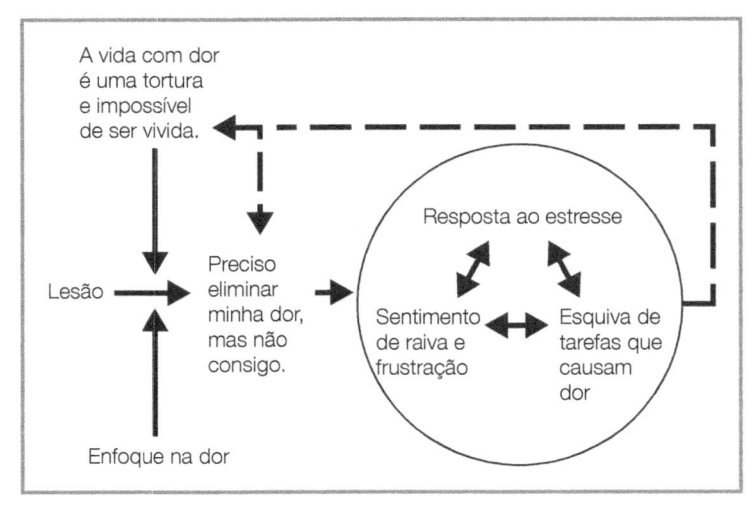

Figura 11.1 O problema de dor de Peter.

acha que a dor transforma sua existência em uma tortura e que não vale a pena viver. Em consequência, ele se concentra na vivência da dor e nas limitações que ela coloca em sua vida. Ele fica remoendo sobre a dor, que assume o foco central de sua existência. Conforme abordamos anteriormente (no Cap. 7), a ruminação e a preocupação com a dor mantêm o problema porque levam ao círculo vicioso ilustrado na Figura 11.1. As várias tentativas frustradas de Peter em eliminar a dor o levaram a se sentir frustrado e deprimido. Além disso, suas crenças catastróficas sobre a dor contribuem para o estresse, a excitação fisiológica aguçada e os sentimentos de raiva e frustração. Peter tentou evitar a dor usando fármacos analgésicos e outras estratégias, mas essas tentativas não obtiveram sucesso e reforçaram ainda mais suas crenças e cognições negativas. Várias estratégias eficazes de intervenção podem interromper o círculo vicioso de dor de Peter. Essas estratégias estão resumidas a seguir e são apresentadas na Figura 11.2.

Psicoeducação

Um aspecto crucial do tratamento, especialmente no início da terapia, é discutir com o paciente a conexão entre estresse e dor como um fator que colabora para a manutenção do problema. Conforme foi delineado no Capítulo 1, há uma diferença importante entre *fatores desencadeadores*, que são responsáveis pelo motivo

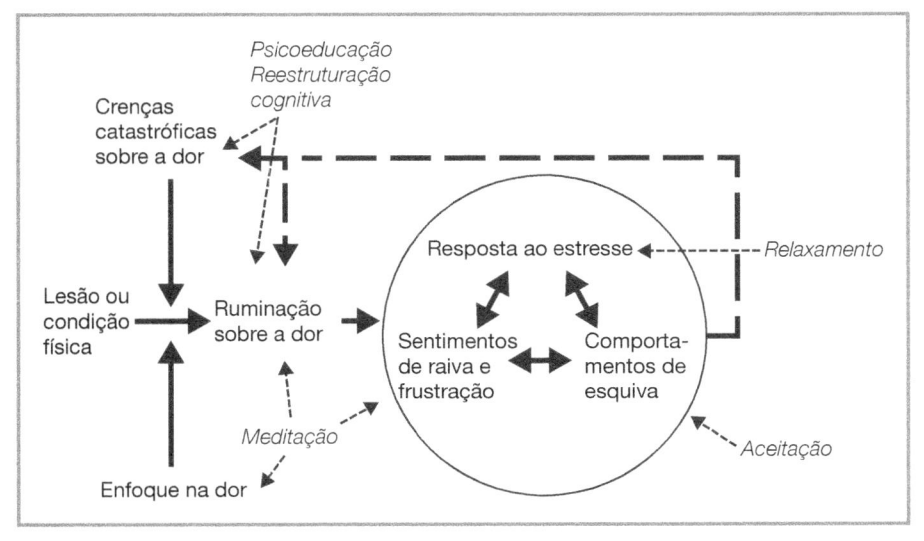

Figura 11.2 Estratégias para abordar a dor.

do problema ter começado (i.e., o acidente de carro de Peter que resultou em uma lesão nas costas) e *fatores mantenedores*, que são os motivos pelos quais o problema persiste.

Os fatores de manutenção geralmente são diferentes dos fatores desencadeadores. Um problema frequentemente surge por um motivo, mas é mantido por uma série de outras razões. Um fator de manutenção muito importante é o vínculo entre as respostas ao estresse e à dor. O fato de que o estresse contribui para a dor não quer dizer que a dor não seja real. Simplesmente, significa que o estresse exacerba a experiência de dor, e que, por sua vez, a dor pode desencadear o estresse. O estresse também pode melhorar ou piorar dependendo de como se encara a dor. Em outras palavras, o estresse pode agravar a dor, e sentir dor pode causar estresse. Esse círculo vicioso com frequência é mantido por crenças e processos cognitivos catastróficos e mal-adaptativos, os quais estão geralmente associados a respostas emocionais negativas e tentativas de evitar a dor.

Em suma, embora a dor seja real e tenha sido causada por ferimentos físicos, os fatores psicológicos são importantes. O estresse e os pensamentos negativos contribuem para a manutenção da experiência de dor. Identificar e modificar esses processos mal-adaptativos pode reduzir significativamente o problema de dor.

Exemplo clínico: psicoeducação sobre a dor

Para que se possa compreender a experiência de dor, precisamos nos deter não apenas nas questões físicas e biológicas a ela relacionadas, mas também considerarmos os fatores psicológicos. Eu gostaria de passar alguns minutos falando sobre esses fatores, porque eles podem ser importantes para a manutenção de sua dor. Como você percebeu, a dor causa um grau significativo de estresse em sua vida. Por exemplo, você gostava de jogar boliche e de fazer ajustes em sua motocicleta. Agora, você praticamente parou de jogar boliche e de viajar de motocicleta. Você também mencionou que a dor tem uma influência negativa sobre sua vida amorosa. É perfeitamente compreensível que tudo isso tenha feito você ficar bastante deprimido.

É importante mostrar que a dor e o estresse são duas coisas que estão estreitamente relacionadas. A dor faz você ficar aflito e deprimido, e você mencionou que a dor ocorre com maior frequência e é mais forte quando você se sente estressado. Então estamos lidando, aqui, com um círculo vicioso de dor, estresse e dor.

Reestruturação cognitiva

Peter acredita que sua vida com dor é uma tortura e que não vale a pena ser vivida. Essa é uma crença catastrófica. Contudo, não importa o quanto ele tente, não consegue eliminar sua dor, o que desencadeia uma resposta de estresse e sentimentos de raiva e frustração. A reação de Peter é tentar ao máximo evitar tarefas que possam causar dor, ou seja, a dor de Peter interfere em sua vida em um grau significativo. Além disso, a dor ocupa um papel dominante em sua vida, o que fortalece ainda mais as crenças mal-adaptativas sobre os efeitos da dor e a necessidade de evitar qualquer coisa que possa causar dor, levando a um sofrimento ainda maior.

Não se pode acabar com a dor por meio de lógica. Contudo, definitivamente é possível apontar a conexão entre pensamento catastrófico e sentimentos negativos. Um exemplo de uma discussão dessa natureza é apresentado a seguir.

Exemplo clínico: crenças catastróficas sobre a dor

Terapeuta: Você diz que sua vida é uma tortura e que a dor faz sua vida ser impossível de ser vivida. É uma afirmação muito forte.
Peter: É. Mas é verdade.

Terapeuta: Essa pergunta pode soar estranha, mas se sua vida com dor é impossível de ser vivida, então por que você continua vivo? Minha intenção não é zombar de você, mas estou tentando entender o que faz você seguir adiante.
Peter: Acho que é a esperança de que isso vá mudar.
Terapeuta: E se você tivesse certeza de que não vai mudar. E se a dor nunca passar?
Peter: Eu me mataria.
Terapeuta: Vamos nos deter aqui por um instante. Então, se você soubesse que a dor nunca fosse passar, você acha que se mataria. Por quê?
Peter: Porque a dor é insuportável.
Terapeuta: Entendo totalmente que a dor é uma experiência horrível. Mas o que você está dizendo é que não há motivo para viver se a dor continuar. É isso?
Peter: É. Acho que sim.
Terapeuta: Qual seria a vantagem de se matar?
Peter: A dor acabaria.
Terapeuta: Certo! E qual seria a desvantagem?
Peter: Como assim? Eu estaria morto, é óbvio.
Terapeuta: Sim, mas vamos pensar nas pessoas que você ama, nas coisas que você gosta de fazer na vida, nas coisas boas que você perderia.
Peter: Acho que tem coisas de que eu sentiria falta, e meus amigos e minha família ficariam tristes. Mas seria um alívio.
Terapeuta: Sim, mas, basicamente, a dor não interferiria apenas em sua vida atual, ela também destruiria todo seu futuro porque você estaria morto por causa da dor. A questão aqui é a seguinte: a dor que você sente é uma experiência horrível. No entanto, sua resposta à dor confere a ela um poder enorme sobre você. Você até se mataria por causa dela. Não temos como controlar sua dor de modo eficaz. Contudo, podemos fazer a dor parar de controlar você! Isso faz sentido? Você saberia me explicar o que quero dizer com isso?

Relaxamento e meditação

Um conjunto eficaz de estratégias para abordar a resposta de estresse associada à dor inclui técnicas de relaxamento e meditação. Práticas de meditação (p. ex., respiração de ioga (prática de pranayama) conforme abordado no Cap. 7, e meditação de amor-bondade [MAB], no Cap. 8) podem ser uma estratégia eficaz de redução de estresse para pacientes com dor crônica. Além disso, uma prática de relaxamento particularmente benéfica para pacientes com dor é o relaxamento muscular progressivo. Essa prática não é apenas uma técnica de redução de estresse geralmente eficiente, mas também pode ser bem-sucedida na abordagem da dor diretamente ao relaxar determinados grupos musculares. Um exemplo de exercício de relaxamento muscular progressivo é fornecido a seguir.

Exemplo clínico: relaxamento muscular progressivo

Adote uma posição confortável em um assento confortável em um ambiente tranquilo. Tire seus sapatos e roupas apertadas. Feche os olhos. Tensione e relaxe cada grupo de músculos na sequência a seguir:

1. *Fronte*: Enrugue a testa movendo as sobrancelhas em direção à linha do cabelo durante cinco segundos. Relaxe. Perceba a diferença entre tensão e relaxamento.
2. *Olhos e nariz*: Feche e aperte os olhos o máximo que puder. Mantenha a posição durante cinco segundos e, então, relaxe. Perceba a diferença entre tensão e relaxamento.
3. *Lábios, bochechas e mandíbula*: Leve os cantos da boca para trás como em um sorriso descontente. Mantenha a posição durante cinco segundos e, então, relaxe. Perceba a diferença entre tensão e relaxamento, e sinta a tepidez e a calma em seu rosto.
4. *Mãos*: Estique os braços na horizontal. Feche o punho das duas mãos com força durante cinco segundos e, então, relaxe. Perceba a diferença entre tensão e relaxamento.
5. *Braços*: Dobre os cotovelos. Tensione seu bíceps durante cinco segundos e, então, relaxe. Perceba a diferença entre tensão e relaxamento.
6. *Ombros*: Mova os ombros para cima e mantenha nesta posição durante cinco segundos e, então, relaxe.
7. *Costas*: Pressione as costas e o pescoço contra o assento. Segure a tensão durante cinco segundos e, então, relaxe. Perceba a diferença entre tensão e relaxamento.
8. *Barriga*: Contraia os músculos do abdome durante cinco segundos e, então, relaxe. Perceba a diferença entre tensão e relaxamento.
9. *Quadril e nádegas*: Contraia os músculos dos quadris e das nádegas durante cinco segundos e, então, relaxe. Perceba a diferença entre tensão e relaxamento.
10. *Coxas*: Contraia os músculos das coxas pressionando as pernas juntas o máximo possível. Continue assim durante cinco segundos e, então, relaxe. Perceba a diferença entre tensão e relaxamento.
11. *Pés*: Dobre os calcanhares em direção ao corpo. Continue assim durante mais cinco segundos e, então, relaxe. Perceba a diferença entre tensão e relaxamento.

12. *Dedos dos pés*: Curve os dedos dos pés durante cinco segundos e, então, relaxe.
13. Verifique se há algum músculo em seu corpo que ainda está tenso. Caso necessário, contraia e relaxe qualquer um desses grupos musculares específicos 3 ou 4 vezes.

Aceitação

Intervenções tradicionais para dor crônica estão voltadas principalmente para o controle da dor; por exemplo, cirurgia, medicamentos e técnicas de relaxamento. Contudo, para muitas pessoas que sofrem dor, a vivência da dor não reage a essas intervenções. Tal situação, então, torna-se problemática se a dor dominar a existência da pessoa e interferir na família, no trabalho e em outros aspectos importantes da vida (McCracken et al., 2004). Além disso, a esquiva excessiva da experiência de dor está associada a maior incapacitação e sofrimento (Asmundson et al., 1999).

Estratégias de aceitação podem ser úteis para abordar essas tentativas mal-adaptativas de obter controle sobre uma situação aparentemente incontrolável. A aceitação da dor crônica é definida como "uma disposição ativa a se dedicar a atividades significativas na vida independentemente de sensações, pensamentos e outros sentimentos associados que estejam relacionadas à dor e que possam atrapalhar a execução dessas tarefas" (McCraken et al., 2004, p. 6). A aceitação nesse contexto não implica que o paciente deva se resignar a sentir dor e desenvolver uma atitude fatalista e passiva, nem sugere que o paciente deva tentar reestruturar a dor como uma experiência positiva. Ao contrário, encoraja o paciente a aplicar uma nova perspectiva à experiência da dor e o efeito que ela tem sobre sua vida. Ao aceitar a dor, o paciente é encorajado a optar por desistir da luta pelo controle da dor e, em vez disso, comprometer-se com atos que conduzem a uma vida valorizada enquanto, ao mesmo, tempo aceita a vivência da dor (Hayes, 2004). Estratégias de aceitação parecem particularmente promissoras para transtornos mentais que são mantidos de modo parcial por tentativas de evitar ou suprimir experiências pessoais (p. ex., dor, pensamentos obsessivos e preocupações), levando a persistência paradoxal e recorrência da experiência evitada ou suprimida. As estratégias de aceitação auxiliam o paciente a perceber que quaisquer tentativas de controlar eventos pessoais fazem parte do problema, e não da solução. Essa estratégia tem uma longa tradição na medicina oriental tradicional, como o zen budismo e a terapia Morita (Hofmann, 2008b).

Exemplo clínico: introdução das estratégias de aceitação

O trecho a seguir extraído da terapia Morita (Morita, 1998/1874, p. 8-9) ilustra o uso das estratégias de aceitação:

> Um asno que é amarrado a um poste por uma corda irá continuar andando ao redor do poste na tentativa de se libertar, mas irá ficar mais imobilizado e preso ao poste. O mesmo se aplica às pessoas com pensamentos obsessivos que ficam presas em seus próprios sofrimentos quando tentam escapar de seus temores e do desconforto por meio de diversos meios manipulativos. Em vez disso, se elas perseverassem por entre a dor e a tratassem como algo inevitável, não ficariam presas dessa forma; seria o mesmo que o asno pastando livremente ao redor do poste sem atrelar-se a ele.

Esse exemplo destaca a estratégia geral para o uso de técnicas baseadas na aceitação para lidar com a dor. Em vez de repetir tentativas frustradas de controlá-la, incluindo estratégias psicológicas (distração), fisiológicas (p. ex., fisioterapia) e médicas (p. ex., fármacos ou cirurgia), o paciente é encorajado a aceitar a vivência da dor da forma como é, sem tentar evitá-la nem modificá-la. Ao não tentar controlá-la, o paciente, paradoxalmente, ganha controle sobre a experiência.

Deve-se destacar que essa abordagem pode ser difícil de implementar, em parte porque é obviamente contraintuitiva e em parte porque pode interferir em outras estratégias eficazes de controlar a dor, incluindo abordagens psicológicas (estratégias de relaxamento) e procedimentos médicos. Portanto, recomenda-se que as estratégias de aceitação sejam introduzidas apenas quando estiver evidente que outros métodos geralmente eficazes e mais convencionais de controle da dor não estejam funcionando. Estratégias baseadas na aceitação podem, então, ser implementadas em um estágio posterior, como alternativas viáveis a outras técnicas.

Respaldo empírico

O tratamento de dor crônica é difícil, e o prognóstico para recuperação é desfavorável (Goldenberg et al., 2004). Pesquisas sugerem que esse transtorno pode ser tratado efetivamente com farmacoterapia, como medicamento antidepressivo (Hauser et al., 2009). Contudo, intervenções farmacológicas com frequência levam a abandono do tratamento e efeitos colaterais adversos (Marcus, 2009). Revelou-se que intervenções psicológicas são eficazes para dor crônica (Abeles et al., 2008; Eccleston et al., 2009; Richmond et al., 1996), incluindo dor crônica na região lombar (Hoffman et al., 2007) e fibromialgia (Glombiewski et al., 2010). Uma resenha metanalítica das intervenções psicológicas para dor crônica na região lombar investigou 22 experimentos controlados e randomizados (Hoffman et al., 2007). Efeitos positivos de intervenções psicológicas, em comparação a efeitos percebidos em diversos grupos-controle, foram observados em relação a intensidade de dor, interferência relacionada à dor, qualidade de vida relacionada à saúde e depressão. A terapia cognitivo-comportamental (TCC) e os tratamentos autorreguladores foram particularmente eficazes. Efeitos positivos a curto prazo sobre a interferência de dor e efeitos positivos de longo prazo sobre a volta ao trabalho também foram observados em abordagens multidisciplinares que incluíram um componente psicológico. Em suma, os resultados desse estudo demonstraram efeitos positivos das intervenções psicológicas para dor crônica na região lombar. Particularmente relevante para o caso em questão foi uma metanálise que examinou de modo específico a eficácia de curto e longo prazo dos tratamentos psicológicos de fibromialgia (Glombiewski et al., 2010). Esse estudo identificou 23 experimentos abrangendo um total de 30 condições de tratamento psicológico e 1.396 pacientes. Os resultados mostraram uma magnitude de efeito relativamente pequena para redução de dor a curto prazo (g de Hedges = 0,37) e uma magnitude de efeito de pequena a média para a redução de dor a longo prazo sobre uma fase de acompanhamento com duração média de 7,4 meses (g de Hedges = 0,47) para todas as intervenções psicológicas. Essas intervenções também tiveram eficácia comprovada na redução dos transtornos do sono (g de Hedges = 0,46), depressão (g de Hedges = 0,33) e melhora do estado funcional (g de Hedges = 0,42), permanecendo estáveis os efeitos na avaliação de acompanhamento. Análises de moderação revelaram que a TCC tradicional foi superior aos outros tratamentos psicológicos em termos de redução de dor a curto prazo (g de Hedges = 0,60), sendo uma quantidade maior de sessões terapêuticas associada a um resultado melhor. Além das técnicas da TCC tradicional, estratégias de aceitação oferecem métodos potencialmente eficazes para lidar com a dor crônica. Por exemplo, demonstrou-se que maior aceitação da dor está associada a percepção menor da intensidade da dor, menos ansiedade e esquiva relacionadas à dor, menos depressão, menos incapacidade física e psicossocial e melhor situação de trabalho (McCracken, 1998). Em suma, a eficácia do tratamento psicológico para fibromialgia é relativamente pequena, mas sólida e comparável aos resultados obtidos com intervenções farmacológicas e de outra natureza para esse transtorno. Ademais, a TCC tradicional esteve associada às magnitudes de efeito mais elevadas. Estratégias que encorajam o paciente a aceitar a dor crônica, em vez de evitá-la, podem melhorar ainda mais a eficácia do tratamento em alguns pacientes com dor crônica.

Leituras complementares recomendadas

Guia do terapeuta

Thorn, B. F. (2004). *Cognitive therapy for chronic pain: A step-by-step guide.* New York: Guilford.

Guia do paciente

Otis, J. D. (2007). *Managing chronic pain: A cognitive-behavioral therapy approach (workbook).* New York: Oxford University Press.

12 Dominando o sono

Os problemas de sono de Tony

Tony é um estudante de mestrado de 24 anos. Ele estuda administração de empresas e mora sozinho fora do *campus*. Tony é um aluno disciplinado e suas notas estão na média. Exceto pelos problemas de sono, sua saúde geral é boa, sem episódios incomuns de ansiedade, depressão ou de outros transtornos mentais. O sono de Tony é facilmente perturbado pelo estresse na universidade ou em situações sociais. Contudo, mesmo sem estressor incomum, Tony tem dificuldades para dormir. Desde que começou a estudar na universidade, seus problemas de sono pioraram. Ele leva muito tempo para dormir e, às vezes, acorda no meio da noite ou cedo de manhã e não consegue voltar a dormir. Em consequência, começou a ficar preocupado quando está na hora de ir para cama, caso não consiga dormir. Ele tem um aparelho de TV no quarto, que, às vezes, ajuda-o a dissipar a ansiedade de ir para cama. Em uma noite típica, ele janta cedo, às 18 horas, estuda até às 19 horas e se prepara para ir para cama, com tempo de sobra para dormir. Com frequência, prepara sua própria refeição e bebe 2 a 3 copos de álcool para se acalmar. Normalmente, assiste à TV durante quase uma hora depois do jantar antes de dar início às tentativas de dormir por volta das 20 ou 21 horas. Ele, então, vira-se de um lado para outro na cama e costuma levar até quatro horas para finalmente pegar no sono. Tony geralmente acorda às 6 horas. Às vezes, acorda no meio da noite ou de madrugada, às 3 ou 4 horas, e não consegue voltar a dormir. Ele, então, assiste à TV ou verifica se tem *e-mails*. Para recuperar o sono, dorme até mais tarde 1 ou 2 vezes durante a semana e tira sonecas breves à tarde cerca de três dias por semana. Ele também dorme até mais tarde e tira sonecas diurnas longas nos finais de semana para recuperar o sono. Costuma passar as noites de sexta-feira e sábado com seus amigos indo a bares e a eventos esportivos. Tony está ligeiramente acima do peso. Gosta de cozinhar e de acompanhar esportes. Não faz exercícios regulares, com exceção da partida eventual de beisebol com os amigos. Experimentou vários fármacos para seus problemas de sono, mas não gosta dos efeitos colaterais.

Definição do transtorno

Problemas de sono, também conhecidos como insônia, são comuns. Estudos epidemiológicos sugerem que pelo menos 3 em cada 10 pessoas apresentam algum tipo de transtorno do sono em um intervalo de um ano e que aproximadamente 7% satisfazem os critérios para insônia (LeBlanc et al., 2006). De modo geral, a insônia é definida como dificuldade em iniciar, manter ou obter um sono satisfatório. Esse transtorno do sono causa aflição significativa ou interfere na vida da pessoa e ocorre apesar do indivíduo dispor de oportunidades adequadas para dormir. A insônia frequentemente está associada a uma série de diferentes psicopatologias, incluindo depressão, ansiedade, transtornos por uso de substância e várias condições médicas. Em torno de 1 a 2% da população sofre de insônia primária, que é definida como um transtorno do sono significativo que persiste independentemente de qualquer tipo de condição comórbida. A insônia geral pode se desenvolver em qualquer idade, enquanto a insônia primária tende a ser mais comum em jovens como Tony.

Os critérios do *Manual diagnóstico e estatístico de transtornos mentais – quarta edição* (DSM-IV) para insônia primária são: (1) o problema principal é a dificuldade em iniciar ou manter o sono durante um período mínimo de um mês; (2) o problema causa sofrimento e prejuízo significativos; (3) o problema não ocorre exclusivamente em consequência de outro transtorno do sono ou mental, ou como resultados dos efeitos de uso de substância ou de uma condição médica. Como indicado anteriormente, Tony tem dificuldade em iniciar e manter o sono e sofre com isso. Como transtorno do sono não está relacionado a outras condições psiquiátricas ou médicas, Tony provavelmente irá satisfazer os critérios diagnósticos para insônia primária.

Dormimos durante a noite porque o corpo segue um relógio interno (circadiano) que está em sintonia com os ciclos diurno e noturno. Esse relógio interno regula o ciclo de sono e vigília, assim como a digestão e a temperatura do corpo, entre outras funções. Se atravessarmos zonas de fuso horário ou se tivermos que trabalhar em turnos noturnos longos, esse ciclo natural sofre uma perturbação. Além disso, o ciclo natural pode ser interrompido por determinados hábitos que não são saudáveis, tais como dormir durante o dia, ir para a cama cedo demais, não se permitir tempo suficiente para relaxar, realizar tarefas mentais pouco antes do horário de dormir, assistir à TV ou executar outras tarefas incompatíveis com o sono na cama, esforçar-se para dormir, preocupar-se com o fato de não conseguir dormir e inquietar-se com as consequências da falta de sono.

Paradoxalmente, quanto mais nos esforçamos para dormir, mais difícil é pegar no sono. Esse fenômeno muito provavelmente está relacionado ao aumento da carga cognitiva ao tentar adormecer. Esse efeito foi ilustrado de forma convincente em um estudo realizado por Ansfield e colaboradores (1996). Nesse estudo, pessoas sem transtornos do sono receberam a instrução de ou dormir o mais rápido possível, ou dormir assim que desejassem sob condições de alta carga cognitiva (ouvindo música marcial) ou baixa carga cognitiva (ouvindo música *new age*). Indivíduos que receberam a instrução de dormir o mais rápido possível enquanto ouviam música marcial demonstraram maior dificuldade em pegar no sono, o que sugere que a carga cognitiva desempenha um papel fundamental na perturbação do sono.

O modelo de tratamento

Tony exibe vários comportamentos típicos que frequentemente contribuem para a insônia. Ele se preocupa demais quanto a obter sono suficiente e acredita que não irá conseguir funcionar normalmente a menos que tenha um mínimo de seis horas de sono todas as noites. Além disso, preocupa-se com o fato de que a falta de sono terá um impacto negativo sobre sua capacidade de se concentrar nos estudos, que tirará notas ruins e até mesmo será consequentemente reprovado em testes importantes. Portanto, ele tenta ir para a cama muito cedo. Além disso, Tony faz outras coisas que contribuem para uma má higiene do sono, tais como preparar refeições pesadas antes de ir para a cama, ingerir álcool logo antes de dormir e assistir à TV antes de desligar as luzes. Ele também não se exercita durante o dia. A predisposição para transtornos do sono, o estresse acadêmico e sua má higiene do sono, combinados com crenças cognitivas mal-adaptativas sobre o sono, enquadram Tony em insônia primária. A Figura 12.1 mostra o ciclo de um dos problemas de sono de Tony.

Estratégias de tratamento

Um modelo cognitivo proeminente para insônia primária foi elaborado por Harvey (2002). Esse modelo exibe várias semelhanças ao modelo para pânico de Clark (1986) (ver o Cap. 4). Esse modelo propõe que o indivíduo com insônia está preocupado em conseguir dormir rapidamente e em obter o máximo de sono possível. Em consequência, ele se preocupa em não conseguir sono suficiente e com os efeitos prejudiciais de pouco sono sobre a saúde geral e o funcionamento profissional. Essa atividade cognitiva excessiva e de valência negativa conduz a um aumento da excitação fisiológica e do estresse subjetivo. Em função disso, o insone presta atenção e monitora seletivamente indícios relacionados ao sono, como sinais físicos que são compatíveis ou incompatíveis com o adormecer, e também registra o tempo em que permaneceu acordado. Presume-se que esses

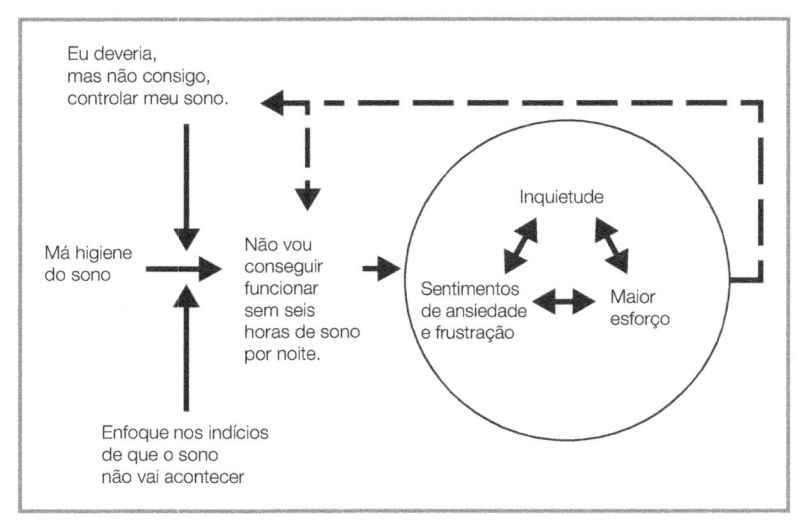

Figura 12.1 O problema de sono de Tony.

processos seletivos de atenção e monitoramento, junto a percepção distorcida do sono e dos déficits diurnos, crenças mal-adaptativas e tentativas contraproducentes de obter sono suficiente, causem uma escalada de preocupação demasiada associada à excitação fisiológica e ao sofrimento subjetivo.

Estratégias eficazes para interromper o círculo vicioso de Tony incluem: (1) corrigir suas cognições mal-adaptativas e esclarecê-lo sobre a natureza do sono e dos transtornos do sono, (2) instruções para controle de estímulos (i.e., eliminar as sonecas diurnas e evitar dormir demais nos finais de semana), e (3) reduzir a quantidade de tempo que ele passa na cama tentando dormir. Outra estratégia potencialmente útil, mas que ainda não foi testada, pode ser a meditação baseada em *mindfulness*. Conforme discutido anteriormente, preocupar-se com o sono é um dos fatores que mais contribui para os transtornos do sono, e, como indicado no Capítulo 7, a intervenção baseada em *mindfulness* é uma estratégia eficaz para combater a preocupação e a ruminação. Um resumo de estratégias úteis é apresentado na Figura 12.2. Cada procedimento é abordado em detalhes a seguir.

Psicoeducação

Mecanismos de perpetuação (p. ex., má higiene do sono), eventos precipitantes (p. ex., estresse) e fatores de predisposição contribuem para o desenvolvimento de insônia. O indivíduo com transtornos do sono costuma ter concepções equivocadas sobre a quantidade típica de sono que é necessária, dos meca-

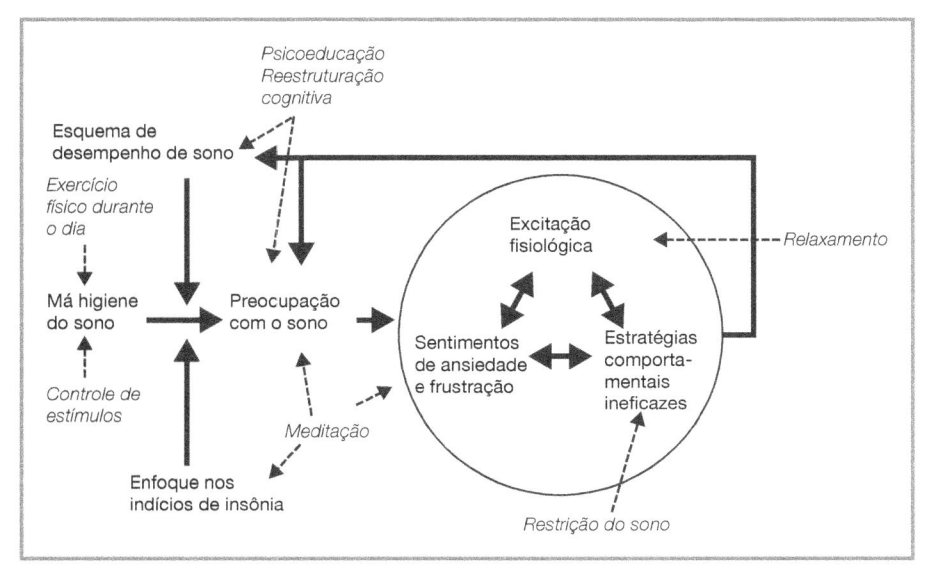

Figura 12.2 Estratégias para abordar a insônia.

```
                    Psicoeducação
                    Reestruturação
                    cognitiva
  Esquema de
  desempenho de sono
  Exercício
  físico durante                  Excitação
  o dia                           fisiológica  ←------ Relaxamento

  Má higiene        Preocupação
  do sono           com o sono
                                  Sentimentos    Estratégias
                                  de ansiedade   comporta-
  Controle de                     e frustração   mentais
  estímulos                                      ineficazes
                    Meditação

  Enfoque nos
  indícios de insônia
                                  Restrição do sono
```

nismos biológicos subjacentes ao sono, dos possíveis efeitos de pouquíssimo sono e das estratégias que ajudam a proporcionar sono suficiente para o corpo. A psicoeducação sobre essas questões é uma estratégia terapêutica inicial muito eficaz. A tendência dos pacientes em superestimar o possível perigo de ter pouco sono costuma perpetuar os transtornos do sono. O sono é um processo biológico natural. No caso de insônia primária, o paciente, paradoxalmente, dedica-se a estratégias de sono mal-adaptativas na tentativa de controlá-lo. O texto a seguir é um exemplo de psicoeducação sobre o sono. Ele aprofunda a informação de como o sono funciona e introduz a noção de que muitas das tentativas de Tony para aumentar a quantidade de horas dormidas na realidade agravam o problema.

Exemplo clínico: psicoeducação sobre o sono

Com base em nossa avaliação, você satisfaz os critérios diagnósticos para insônia primária. Ela se chama "primária" porque não há outro motivo evidente para seu problema de sono, como depressão. A boa notícia é que acredito que sua insônia provavelmente irá reagir muito bem ao tratamento que faremos. Antes de discutir as estratégias específicas, gostaria de dedicar um momento para esclarecer a função do sono e discutir com você os métodos que você em geral usa para controlá-lo.

Dormir é um processo natural. Se nosso corpo requer nutrição, ficamos com fome e temos ânsia de comer; se nosso corpo requer hidratação, ficamos com sede; e se o corpo requer repouso, ficamos cansados e temos ânsia de dormir. Essas são as motivações primárias que são norteadas por centros corticais inferiores, especialmente pelo hipotálamo, que controla o sistema nervoso autônomo. Como diz o nome, o sistema nervoso autônomo trabalha de forma autônoma, sem o controle voluntário nem a percepção consciente. Ele controla a respiração e a temperatura do corpo. Também determina se sentimos fome ou sede e regula nosso sono. Embora esses processos sejam inconscientes, eles podem ser perturbados por fenômenos corticais superiores, os quais atuam sobre nosso controle voluntário. Por exemplo, você pode optar por ficar sem comida ou sem água mesmo estando com fome ou com sede. Do mesmo modo, você pode perturbar seu sono ao adotar determinadas atitudes e evitar outras. Estas costumam ser formas específicas de pensar e de se comportar que você usa para ajudar em sua capacidade de dormir, mas que, involuntariamente, mantêm ou potencializam seu problema de sono.

Antes de discutirmos os comportamentos e pensamentos que contribuem para seu problema de sono, gostaria de lhe dar algumas informações básicas sobre o sono. Diga-me o que você sabe sobre o sono. Quantas horas de sono você acha que as pessoas precisam? Quais são as consequências de uma noite maldormida? Em sua opinião, quais seriam estratégias eficientes para superar os problemas de sono? (Investigue e discuta as crenças do paciente sobre o sono.)

Espero que essa discussão tenha ajudado. Então, resumindo, eu gostaria de destacar: (1) o sono é um processo natural que ocorre sem o controle voluntário ou consciente; (2) não há uma quantidade mínima determinada de horas que as pessoas precisam; muitas precisam de 7 a 8 horas. Algumas pessoas precisam de apenas cinco horas ou menos, enquanto outras necessitam de 9 ou mais horas de sono por noite; (3) a quantidade de horas de sono que você precisa baseia-se em seu relógio interno (circadiano); (4) o relógio circadiano pode sofrer um desajuste temporário quando mudamos de fuso horário, estamos sob estresse, consumimos medicamentos, álcool, drogas ou devido a uma má higiene do sono.

Reestruturação cognitiva

A psicoeducação sobre o sono pode efetivamente corrigir uma série de crenças de longa data, porém errôneas, sobre o sono. Por exemplo, as pessoas geralmente ficam surpresas quando são esclarecidas sobre a ocorrência natural do sono, da quantidade média de horas de sono e das consequências a curto e a longo prazo da privação de sono.

Muitas cognições mal-adaptativas que o insone possui são decorrentes de erros associados ao pensamento catastrófico (exacerbar os resultados negativos de um evento ou situação, ou exagerar as dimensões de um problema). De modo semelhante à técnicas cognitivas usadas para outros transtornos mentais, o terapeuta faz perguntas direcionadas a fim de identificar e contestar pensamentos mal-adaptativos com o objetivo de encorajar o paciente a avaliar criticamente suas crenças e suposições mal-adaptativas (diálogo socrático). Preocupar-se em dormir é um processo particularmente problemático, porque perpetua a complicação. O diálogo a seguir ilustra o uso do método socrático para abordar a insônia.

Exemplo clínico: o papel da preocupação

Terapeuta: Você contou-me que se preocupa muito quando está na cama. Pode me dizer quais são suas preocupações típicas?

Tony: Sempre me preocupo em não conseguir dormir o suficiente. Também me preocupo com outras coisas, geralmente relacionadas a meus estudos.

Terapeuta: Quando você se preocupa em não conseguir dormir o suficiente, o que você teme que aconteça caso não durma o suficiente?

Tony: Depende. Quando tenho um projeto importante no dia seguinte, fico preocupado que não vá conseguir executá-lo ou que vou estar cansado demais durante o dia para me sair bem em um teste.

Terapeuta: O que aconteceria se não se saísse bem no teste ou se não pudesse executar o projeto?

Tony: Acho que não passaria no teste.

Terapeuta: E então, o que aconteceria?

Tony: Eu não conseguiria me formar.

Terapeuta: E então?

Tony: Seria horrível, meus pais ficariam furiosos.

Terapeuta: Aposto que sim. Veja bem, com base nas informações sobre o sono que discutimos antes, esse cenário é bem improvável. Conversamos sobre como você normalmente consegue executar tarefas importantes no dia seguinte, mesmo quando acha que não conseguiu dormir o suficiente. No entanto, para entender por que você acha que é tão importante ter uma boa noite de sono, precisamos descobrir o que você teme que irá acontecer se não dormir o suficiente. Para fazer isso, eu gostaria de formular a pior das hipóteses e o pior resultado possíveis. Então vamos supor que você abandone a universidade e seus pais fiquem furiosos. E daí?

Tony: Não sei. Não pensei a respeito. Suponho que eu teria que procurar emprego.

Terapeuta: Que tipo de emprego?

Tony: Não tenho certeza. Teria que pensar a respeito. Acho que poderia trabalhar em um restaurante – era o que eu fazia quando comecei a faculdade.
Terapeuta: Entendo que abandonar os estudos e desapontar seus pais não seja uma situação desejável. Contudo, parece-me que, mesmo que isso acontecesse de verdade, você encontraria uma forma de lidar com a situação. Além disso, nós dois sabemos que esse é um desfecho muito improvável, não concorda?
Tony: Acho que sim.
Terapeuta: Então, há uma probabilidade muito pequena de que isso vá acontecer, e mesmo que aconteça, você conseguiria lidar com a situação. O irônico é que se preocupar, na realidade, aumenta a probabilidade de que isso aconteça, do que não se preocupar. Preocupar-se em não conseguir dormir é justamente o motivo pelo qual você não consegue dormir. Então o que precisamos fazer é convencer sua mente de que a preocupação ajuda em nada. Na verdade, só piora as coisas, porque se preocupar interfere em seu impulso natural de dormir.
Tony: Então o que faço para parar de me preocupar?
Terapeuta: Boa pergunta. Vamos ver várias estratégias que vão diminuir suas preocupações. O primeiro passo importante é você se dar conta de que ficar preocupado é grande parte do problema. Também é importante que você compreenda que não dormir o suficiente não vai levar a qualquer um dos eventos catastróficos que você prevê. Em vez de tentar forçar seu corpo a dormir, quero encorajá-lo a começar a ouvir seu corpo e a retreinar pouco a pouco seu corpo a dormir à noite.

Controle de estímulos

Estratégias de controle de estímulos tratam dos mecanismos inibitórios que surgem devido à excitação condicionada que está associada à insônia. Por exemplo, os indícios situacionais da cama e do quarto podem estar associados a transtornos do sono e a sentimentos associados a esses transtornos (p. ex., ansiedade ou preocupação) quando a pessoa luta várias noites contra os problemas para dormir na mesma situação. Estratégias de controle de estímulo baseiam-se na premissa de que o momento e o contexto do sono (i.e., o horário de ir para a cama e o quarto) estão associados a repetidas tentativas infrutíferas de dormir. Com o tempo, esses estímulos se tornam indícios condicionados para a excitação que mantém a insônia. O objetivo do controle de estímulo é reassociar a cama, o horário de dormir e o quarto a tentativas bem-sucedidas de pegar no sono. O controle de estímulos é um princípio comportamental básico e eficaz para reestabelecer o sono. Há várias estratégias bastante eficazes e relativamente simples para associar o sono e a sonolência à cama e ao quarto. Os métodos a seguir são exemplos eficazes de controle de estímulos.

Exemplo clínico: controle de estímulos

1. Ir para a cama somente quando estiver com sono.
2. Usar a cama para dormir e para sexo, e nada mais (p. ex., ler ou assistir à TV).
3. Se não conseguir dormir em um prazo superior a 30 minutos, sair da cama, ir para um aposento diferente e fazer algo que cause sono (p. ex., ouvir música ou ler algo agradável).
4. Levantar à mesma hora todas as manhãs.
5. Não tirar sonecas diurnas.

Restrição de sono

As estratégias de restrição de sono tratam da quantidade excessiva de tempo que uma pessoa passa na cama, tentando dormir. O objetivo da restrição de sono é coordenar a quantidade total de tempo passado na cama com o tempo real necessário para o sono. A fim de determinar a quantidade de horas necessárias de sono, deve-se manter um diário de sono durante aproximadamente duas semanas, que lista, pelo menos, a hora que a pessoa vai para a cama, a hora em a pessoa conseguiu dormir e a hora que a pessoa despertou. Com base nesse diário, a média de horas de sono é calculada. O tempo gasto na cama deve ser restrito ao tempo médio de sono mais 30 minutos. Por exemplo, se o diário de sono de Tony sugere que seu tempo médio de sono é de 6,5 horas, o tempo gasto na cama deve ser de sete horas. Como ele resolveu colocar o despertador para as 6 horas, ele deve ir para a cama todas as noites às 23 horas. Embora haja grande variação na quantidade de horas de sono de uma pessoa para outra, o tempo gasto na cama raramente deve ser inferior a cinco horas. Contudo, o terapeuta deve usar um grau considerável de flexibilidade para determinar esse tempo, e o tempo gasto na cama deve ser ajustado, dependendo do sucesso desse método.

Relaxamento e meditação

Várias técnicas podem ser úteis para reduzir a excitação fisiológica associada à ansiedade relativa ao sono. Ao contrário da sabedoria popular, contar carneirinhos não ajuda, porque a atividade, apesar de ser entediante, requer uma quantidade considerável de atividade cognitiva. Em vez disso, estratégias voltadas para o relaxamento do corpo parecem ter maior sucesso. Deve-se ressaltar, no entanto, que algumas práticas de relaxamento, como o relaxamento muscular progressivo, são mais eficazes quando acrescidas a um roteiro gravado (p. ex., uma faixa de áudio), já que sua demanda cognitiva é maior. Geralmente, esses métodos não são estratégias de relaxamento ideais para encorajar o sono, pois não reduzem a excitação cognitiva. Alguns métodos alternativos incluem estratégias de tensão dos dedos dos pés, imagens e respiração (ver adiante). Esses exercícios podem ser realizados durante o tempo que for desejado, mas geralmente recomenda-se que eles sejam praticados durante mais ou menos 15 minutos antes de tentar adormecer. Dependendo das necessidades do paciente, essas técnicas podem ser facilmente combinadas (i.e., tensão dos dedos dos pés durante a respiração e imaginando uma cena agradável). Por fim, muitas das farmacoterapias que foram discutidas em capítulos anteriores também podem ser usadas como alternativa a essas práticas de relaxamento ou em combinação. Algumas das estratégias eficazes são descritas a seguir.

Exemplo clínico: tensão dos dedos dos pés

1. Deite-se em decúbito dorsal e feche os olhos.
2. Estique os 10 dedos dos pés em direção ao rosto.
3. Conte lentamente até 10. Relaxe os dedos dos pés.
4. Repita o ciclo.

Exemplo clínico: exercício de respiração

1. Deite-se em decúbito dorsal e feche os olhos.
2. Coloque uma mão sobre o ventre e a outra sobre o tórax. Perceba como o ventre e o tórax se movem para cima e para baixo quando você inspira e expira.
3. Concentre-se em sua respiração. Se outros pensamentos entrarem em sua mente, deixe que eles venham e se vão e suavemente se concentre outra vez em sua respiração.
4. Reduza sua respiração esperando por dois segundos para inspirar depois de ter completado o ciclo de expiração.

Exemplo clínico: imagens

1. Deite-se em decúbito dorsal e feche os olhos.
2. Visualize-se em um local tranquilo (p. ex., uma praia, uma floresta, uma montanha ou um prado).
3. Imagine os sons, os aromas e as vistas nesse local (p. ex., as ondas do oceano, o barulho das folhas na floresta, a brisa fresca da montanha).
4. Essa experiência pode ser intensificada ouvindo uma trilha sonora que inclua sons da natureza (há muitos *sites* que permitem *download* gratuito de sons da natureza).

Melhora da higiene do sono

A má higiene do sono inclui hábitos que contribuem para transtornos do sono. Esses hábitos envolvem muitos fatores já abordados anteriormente. Outros aspectos são descritos a seguir.

Exemplo clínico: melhorando a higiene do sono

1. Evite ingerir álcool e cafeína (incluindo refrigerantes e chá) e comer chocolate. Se não puder evitar, não consumi-los de 4 a 6 horas antes de ir para a cama. Chocolate e cafeína são psicoestimulantes. O álcool inicialmente produz sonolência, contudo há um efeito estimulante depois de algumas horas, quando baixa o nível de álcool no sangue.
2. Evite alimentos açucarados, apimentados e pesados. Se não puder evitar, não ingira esses alimentos de 4 a 6 horas antes de ir para a cama. Em vez disso, faça refeições leves e de fácil digestão (p. ex., frango, arroz branco, pão branco, legumes cozidos, canja de galinha, macarrão simples).
3. Permita-se algum tempo para relaxar antes de ir para a cama e evite executar atividades mentais desgastantes imediatamente antes de dormir.
4. Evite lidar com situações que despertem emoções fortes, incluindo filmes, antes do horário de dormir.
5. Certifique-se de que seu quarto é um ambiente agradável. Sua cama deve ser confortável. O quarto deve apresentar uma temperatura agradável (fresca), a umidade certa e ser bem ventilado (i.e., não deve ser abafado nem malcheiroso).
6. O quarto deve ser escuro e silencioso. Se houver barulho perturbador, experimente usar tampões de ouvido ou escolha outro aposento.
7. Estabeleça um ritual de sono antes de ir para a cama. Ele pode incluir várias coisas. Você pode tentar qualquer uma das seguintes alternativas: escutar uma música (p. ex., música clássica relaxante ou *jazz*), ouvir rádio ou tomar um banho morno. Tente não assistir à TV, porque pode ser muito estimulante. Também tome cuidado ao ingerir líquidos logo antes de dormir (como leite morno ou chá), porque isso pode interromper seu sono mais tarde se tiver que se levantar no meio da noite para ir ao banheiro. Se ingerir líquidos imediatamente antes de ir para a cama não lhe incomoda, experimente leite morno com mel.
8. Identifique qual posição funciona melhor para você dormir. Há quem ache mais fácil deitar sobre as costas; outros preferem deitar sobre o lado direito. Quando for deitar sobre o lado esquerdo, o batimento cardíaco é mais perceptível, o que pode ser perturbador para algumas pessoas.

Exercícios físicos durante o dia

Uma estratégia surpreendente e pouco pesquisada para a insônia são os exercícios físicos. A recomendação geral é realizar algum tipo de exercício físico (como caminhadas) durante o dia, mas evitar exercícios pesados muito perto do horário de dormir. Considerando-se a função reparadora do sono, é muito provável que exercícios vigorosos (p. ex., mínimo de 30 minutos na esteira ou de corrida) pela manhã ou durante o dia sejam benéficos para o tratamento da insônia. O simples efeito de estar fisicamente exausto combinado com o desempenho de uma atividade que favorece o ritmo circadiano do corpo de modo muito provável resultará em início mais breve do sono e melhor manutenção dele.

Respaldo empírico

O tratamento mais comum para insônia primária é a farmacoterapia, como hipnóticos e antidepressivos (Walsh e Schweitzer, 1999). Uma alternativa de custo compensador, saudável e duradoura à farmacoterapia é a terapia cognitivo-comportamental (TCC), conforme mostram vários estudos (p. ex., Morin et al., 2006; para uma análise, ver Lacks e Morin, 1992; Edinger e Means, 2005). Esses estudos sugerem que terapias psicológica e comportamental levam a mudanças confiáveis em vários parâmetros de sono para pessoas com insônia primária ou insônia associada a condições médicas e psicopatologias. Além disso, os benefícios relacionados ao sono alcançados com esses tratamentos tiveram boa manutenção ao longo do tempo. Por exemplo, um experimento duplo-cego e controlado com placebo comparou TCC (que incluiu psicoeducação, controle de estímulos e restrição do horário de dormir) com relaxamento muscular progressivo e intervenção com placebo psicológico, constituído por um tratamento de quase-dessensibilização elaborado para eliminar excitação condicionada (Edinger et al., 2001). Cada um dos três tratamentos foi designado aleatoriamente a 75 pacientes e teve duração de seis semanas. As avaliações ocorreram nos períodos pré-teste e pós-teste e no acompanhamento de seis meses. A TCC demonstrou mais benefícios do que os outros dois grupos imediatamente após o tratamento e também na avaliação do acompanhamento de seis meses. Esses ganhos foram evidentes nos diários de sono dos pacientes, em seus questionários de autorresposta e nos registros de polissonografia.

Leituras complementares recomendadas

Guia do terapeuta

Edinger, J. D., and Carney, C. E. (2008). *Overcoming insomnia: A cognitive-behavioral therapy approach. Therapist guide.* New York: Oxford University Press.

Guia do paciente

Silberman, S., and Morin, C. M. (2009). *The insomnia workbook: A comprehensive guide to getting the sleep you need.* Oakland, CA: New Harbinger.

Referências

Abeles, M., Solitar, B. M., Pillinger, M. H., and Abeles, A. M. (2008). Update on fibromyalgia therapy. *American Journal of Medicine, 121*, 555–561.

Abramowitz, J. S. (2009). *Getting over OCD: A 10-step workbook for taking back your life*. New York: NYL Guilford Press.

Abramson, L. Y., and Seligman, M. E., (1978). Learned helplessness in humans: Critique and reformulation. *Journal of Abnormal Psychology, 87*, 49–74.

Allen, J. P., Mattson, M. E., Miller, W. R., Tonigan, J. S., Connors, G. J., Rychtarik, R. G., Randall, C. L., Anton, R. F., Kadden, R. M., Litt, M., Cooney, N. L., DiClemente, C. C., Carbonari, J., Zweben, A., Longabaugh, R. H., Stout, R. L., Donovan, D., Babor, T. F., Del Boca, F. K., Rounsaville, B. J., Carroll, K. M., Wirtz, P. W., Bailey, S., Brady, K., Cisler, R., Hester, R. K., Kiylahan, D. R., Nirenberg, T. D., Pate, L. A., and Sturgis, F. (1997). Matching alcoholism treatments to client heterogeneity. Project MATCH post-treatment drinking outcomes. *Journal of Studies on Alcohol, 58*, 7–29.

Allen, J. P., Anton, R. F., Babor, T. F., Carbonari, J., Carroll, K. M., Carroll, K. M., Connors, G. J., Cooney, N. L., Del Boca, F. K., DiClemente, C. C., Donovan, D., Kadden, R. M., Litt, M., Longabaugh, R., Mattson, M., Miller, W. R., Randall, C. L., Rounsaville, B. J., Rychtarik, R. G., Stout, R. L., Tonigan, J. S., Wirtz, P. W., and Zweben, A. (1998). Matching alcoholism treatments to client heterogeneity: Project MATCH three-year drinking outcomes. *Alcoholism: Clinical and Experimental Research, 22*, 1300–1311.

Alloy, L. B., and Clements, C. M. (1992). Illusion of control: Invulnerability to negative affect and depressive symptoms after laboratory and natural stressors. *Journal of Abnormal Psychology, 101*, 234–245.

Altman, L. K. (2006, September 17). Psychiatrist is among five chosen for medical award. New York Times, http://www.nytimes.com/2006/09/17/health/17lasker.html.

Ansfield, M. E., Wegner, D. M., and Bowser, R. (1996). Ironic effects of sleep urgency. *Behaviour Research and Therapy, 34*, 523–531.

Antony, M. M., Orsillo, S. M., and Roemer, L. (2001). *Practitioner's guide to empirically based measures of anxiety*. New York: Kluwer Academic/Plenum Publishers.

Antony, M. M., Craske, M. G., and Barlow, D. H. (2006). *Mastering your fears and phobias: Treatments that work*, 2nd edition, workbook. New York: Oxford University Press.

Asmundson, G. J. G., Norton, P. J., and Norton, G. R. (1999). Beyond pain: The role of fear and avoidance in chronicity. *Clinical Psychology Review, 19*, 97–119.

Astin, J. A., Berman, B. M., Bausell, B., Lee, W. L., Hochberg, M., and Forys, K. L. (2003). The efficacy of mindfulness meditation plus Qigong movement therapy in the treatment of fibromyalgia: A randomized controlled trial. *Journal of Rheumatology, 30,* 2257–2262.

Baer, R. (2003). Mindfulness training as a clinical intervention: A conceptual and empirical review. *Clinical Psychology: Science and Practice, 10,* 125–143.

Baker, S. L., Heinrichs, N., Kim, H.-J., and Hofmann, S. G. (2002). The Liebowitz Social Anxiety Scale as a self-report instrument: A preliminary psychometric analysis. *Behaviour Research and Therapy, 40,* 701–715.

Bandura, A. (1977). Self-efficacy: Toward a unifying theory of behavioral change. *Psychological Review, 84,* 191–215.

Barlow, D. H. (1986). Causes of sexual dysfunction: The role of anxiety and cognitive interference. *Journal of Consulting and Clinical Psychology, 54,* 140–148.

Barlow, D. H. (2002). *Anxiety and its disorders: The nature and treatment of anxiety and panic,* 2nd edition. New York: Guilford Press.

Barlow, D. H., and Craske, M. G. (2006). *Mastery of your anxiety and panic,* 3rd edition, workbook. New York: Oxford University Press.

Barlow, D. H., Gorman. J. M., Shear, M. K., and Woods, S. W. (2000). Cognitive-behavioral therapy, imipramine, or their combination for panic disorder: A randomized control trial. *Journal of the American Medical Association, 283,* 2529–2536.

Beck, A. T. (1970). Cognitive therapy: Nature and relation to behavior therapy. *Behavior Therapy, 1,* 184–200.

Beck, A. T. (1979). *Cognitive therapy and the emotional disorders.* New York: New American Library/Meridian.

Beck, A. T., and Alford, B. A. (2009). *Depression: Causes and treatment,* 2nd edition. Philadelphia: University of Pennsylvania Press.

Beck, A. T., Rush, A. J., Shaw, B. F., and Emery, G. (1979). *Cognitive therapy of depression.* New York: Guilford Press.

Bem, D. J. (1967). Self-perception: An alternative interpretation of cognitive dissonance phenomena. *Psychological Review, 74,* 183–200.

Bennett, R. M., Jones, J., Turk, D. C., Russell, I. J., and Matallana, L. (2007). An Internet survey of 2,596 people with fibromyalgia. BMC *Musculoskeletal Disorder, 8,* 27.

Bishop, M., Lau, S., Shapiro, L., Carlson, N. D., Anderson, J., Carmody Segal, Z. V., Abbey, S., Speca, M., Velting, D., and Devins, G. (2004). Mindfulness: A proposed operational definition. *Clinical Psychology: Science and Practice, 11,* 230–241.

Borkovec, T. D., and Hu, S. (1990). The effect of worry on cardiovascular response to phobic imagery. *Behaviour Research and Therapy, 28,* 69–73.

Borkovec, T. D., and Ruscio, A. M. (2001). Psychotherapy for generalized anxiety disorder. *Journal of Clinical Psychiatry, 62,* 37–42.

Borkovec, T. D., and Sharpless, B. (2004). Generalized anxiety disorder: Bringing cognitive behavioral therapy into the valued present. In S. Hayes, V. Follette, and M. Linehan (Eds.), *New directions in behavior therapy* (pp. 209–242). New York: Guilford Press.

Borkovec, T. D., Ray, W. J., and Stöber, J. (1998). Worry: A cognitive phenomenon intimately linked to affective, physiological, and interpersonal behavioral processes. *Cognitive Therapy and Research, 22,* 561–576.

Breslin, F. C., Borsoi, D., Cunningham, J. A., and Koski-Jannes, A. (2001). Help-seeking timeline followback for problem drinkers: Preliminary comparison with agency records of treatment contacts. *Journal of Studies on Alcohol, 62,* 262–267.

Burns, D. D. (1980). *Feeling good: The new mood therapy.* New York: HarperCollins.

Butler, A. C., Chapman, J. E., Forman, E. M., and Beck, A. T. (2006). The empirical status of cognitive-behavioral therapy: A review of meta-analyses. *Clinical Psychology Review, 26,* 17–31.

Campbell-Sills, L., Barlow, D. H., Brown, T. A., and Hofmann, S. G. (2006). Effects of suppression and acceptance on emotional responses of individuals with anxiety and mood disorders. *Behaviour Research and Therapy, 44,* 1251–1263.

Carver, C. S., Scheier, M. F., and Weintraub, K. J. (1989). Assessing coping strategies: A theoretical based approach. *Journal of Personality and Social Psychology, 56,* 267–283.

Chalmers, L. (2007). *Buddha's teachings: Being the sutta nipata, or discourse collection.* London, UK: Oxford University Press.

Chambless, D. L., Caputo, G. C., Jassin, S. E., Gracely, E. J., and Williams, S. (1985). The mobility inventory for agoraphobia. *Behaviour Research and Therapy, 23,* 35–44.

Choy, Y., Fyer, A. J., and Lipsitz, J. D. (2007). Treatment of specific phobia in adults. *Clinical Psychology Review, 27,* 266–286.

Cioffi, D., and Holloway, J. (1993). Delayed costs of suppressed pain. *Journal of Personality and Social Psychology, 64,* 274–282.

Clark, D. M. (1986). A cognitive approach to panic. *Behaviour Research and Therapy, 24,* 461–470.

Clark, D. M., and Wells, A. (1995). A cognitive model of social phobia. In R. G. Heimberg, M. R. Liebowitz, D. A. Hope, and F. R. Schneier (Eds.), *Social phobia: Diagnosis, assessment, and treatment* (pp. 69–93). New York: Guilford Press.

Clark, D. M., Ehlers, A., McManus, F., Hackman, A., Fennell, M., Campbell, H., Flower, T., Davenport, C., and Louis, B. (2003). Cognitive therapy versus fluoxetine in generalized social phobia: A randomized placebo-controlled trial. *Journal of Consulting and Clinical Psychology, 71,* 1058–1067.

Compton, S. N., March, J. S., Brent, D., Albano, A. M., Weersing, V. R., and Curry, J. (2004). Cognitive-behavioral psychotherapy for anxiety and depressive disorders in children and adolescents: An evidence-based medicine review. *Journal of the American Academy of Child and Adolescent Psychiatry, 43,* 930–959.

Cook, M., and Mineka, S. (1989). Observational conditioning of fear to fear-relevant versus fear-irrelevant stimuli in rhesus monkeys. *Journal of Abnormal Psychology, 98,* 448–459.

Coyne, J. C., Pepper, C. M., and Flynn, H. (1999). Significance of prior episodes of depression in two patient populations. *Journal of Consulting and Clinical Psychology, 67,* 76–81.

Craske, M. G., and Barlow, D. H. (2006). *Mastery of your anxiety and panic: Therapist guide*. New York: Oxford University Press.
Craske, M. G., Antony, M. M., and Barlow, D. H. (2006). *Mastering your fears and phobias: Treatments that work*, 2nd edition. New York: Oxford University Press.
Cuijpers, P., Dekker, J., Hollon, S. D., and Andersson, G. (2009). Adding psychotherapy to phamacotherapy in the treatment of depressive disorders in adults: A meta-analysis. *Journal of Clinical Psychiatry, 70*, 1219–1229.
Dalai Lama, and Cutler, H. C. (1998). *The art of happiness: A handbook for living*. New York: Riverhead Books.
Darymple, K. L., and Herbert, J. D. (2007). Acceptance and commitment therapy for generalized social anxiety disorder: A pilot study. *Behavior Modification, 31*, 543–568.
Davey, G. C. L. (2002). "Nonspecific" rather than "nonassociative" pathways to phobias: A commentary on Poulton and Menzies. *Behaviour Research and Therapy, 40*, 151–158.
Davidson, J. R. T., Foa, E. B., Huppert, J. D., Keefe, F., Franklin, M., Compton, J., Zhao, N., Connor, K., Lynch, T. R., and Kishore, G. (2004). Fluoxetine, comprehensive cognitive behavioral therapy, and placebo in generalized social phobia. *Archives of General Psychiatry, 61*, 1005–1013.
DeRubeis, R. J., Hollon, S. D., Amsterdam, J. D., Shelton, R. C., Young, P. R., Salomon, R. M., O'Reardon, J. P., Lovett, M. L., Gladis, M. M., Brown, L. L., and Gallop, R. (2005). Cognitive therapy vs. medications in the treatment of moderate to severe depression. *Archives of General Psychiatry, 62*, 409–416.
Dobson, K. S. (1989). A meta-analysis of the efficacy of cognitive therapy for depression. *Journal of Consulting and Clinical Psychology, 57*, 414–419.
Dobson, K. S., Hollon, S. D., Dimidjian, S., Schmaling, K. B., Kohlenberg, R. J., Gallop, R. J., Rizvi, S. L., Gollan, J. K., Dunner, D. L., and Jacobson, N. S. (2008). Randomized trial of behavioral activation, cognitive therapy, and antidepressant medication in the prevention of relapse and recurrence in major depression. *Journal of Consulting and Clinical Psychology, 76*, 468–477.
Eccleston, C., Williams, A. C. D., and Morley, S. (2009). Psychological therapies for the management of chronic pain (excluding headache) in adults. *Cochrane Database Systematic Review, 108*.
Edinger, J. D., and Carney, C. E. (2008). *Overcoming insomnia: A cognitive-behavioral therapy approach (workbook)*. New York: Oxford University Press.
Edinger, J. D., and Means, M. K. (2005). Cognitive-behavioral therapy for primary insomnia. *Clinical Psychology Review, 25*, 539–558.
Edinger, J. D., Wohlgemuth, W. K., Radtke, R. A., Marsh, G. R., and Quillian, R. E. (2001). Cognitive behavioral therapy for treatment of chronic primary insomnia. A randomized controlled trial. *Journal of the American Medical Association, 285*, 1865–1864.
Ehlers, A., Hofmann, S. G., Herda, C. A., and Roth, W. T. (1994). Clinical characteristics of driving phobia. *Journal of Anxiety Disorders, 8*, 323–339.
Elkin, I., Gibbons, R. D., Shea, M. T., Sotzky, S. M., Watklins, J. T., Pilkonis, P. A., and Hedeker, D. (1995). Initial severity and differential treatment outcome in the Na-

tional Institute of Mental Health Treatment of Depression Collaborative Research Program. *Journal of Consulting and Clinical Psychology, 63*, 841–847.

Ellis, A. (1962). Reason and emotion in psychotherapy. New York: Lyle Stuart.

Epstein, E. E., and McCrady, B. S. (2009). *Overcoming alcohol use problems: A cognitive-behavioral treatment program workbook*. New York: Oxford University Press.

Festinger, L. (1957). *A theory of cognitive dissonance*. Stanford, CA: Stanford University Press.

Festinger, L., and Carlsmith, J. M. (1959). Cognitive consequences of forced compliance. *Journal of Abnormal and Social Psychology, 58*, 203–210.

Field, A. P. (2006). Is conditioning a useful framework for understanding the development and treatment of phobias? *Clinical Psychology Review, 26*, 857–875.

First, M. B., Spitzer, R. L., Gibbon, M., and Williams, J. B. W. (1995). *Structured Clinical Interview for DSM-IV Axis I Disorder—Patient Edition (SCID-IV)*. New York: Biometrics Research Department, New York State Psychiatric Institute.

Foa, E. B., and Kozak, M. J. (1986). Emotional processing of fear: Exposure to corrective information. *Psychological Bulletin, 99*, 20–35.

Foa, E. B., and Kozak, M. J. (2004). *Mastery of obsessive-compulsive disorder: A cognitive-behavioral therapist guide. Treatments that work*. New York: Oxford University Press.

Fordyce, W. E. (1976). *Behavioral methods for chronic pain and illness*. St. Louis, MO: Mosby.

Fordyce, W. E., Shelton, J. L., and Dundore, D. E. (1982). The modification of avoidance learning in pain behaviors. *Journal of Behavioral Medicine, 5*, 405–414.

Freeston, M. H., Rhéaume, J., and Ladouceur, R. (1996). Correcting faulty appraisals of obsessional thoughts. *Behaviour Research and Therapy, 34*, 433–446.

Gamsa, A. (1994a). The role of psychological factors in chronic pain: I. A half century of study. *Pain, 57*, 5–15.

Gamsa, A. (1994b). The role of psychological factors in chronic pain: II. A critical appraisal. *Pain, 57*, 17–29.

Garfield, E. (1992). A citationist perspective of psychology. Part 1: Most cited papers, 1986–1990. *APS Observer, 5*, 8–9.

Gilbert, D. (2006). *Stumbling on happiness*. New York: Alfred Knopf.

Gloaguen, V., Cottraux, J., Cucherat, M., and Blackburn, I. (1998). A meta-analysis of the effects of cognitive therapy in depressed patients. *Journal of Affective Disorders, 49*, 59–72.

Glombiewski, J. A., Sawyer, A. T., Gutermann, J., Koenig, K., Rief, W., and Hofmann, S. G. (2010). Psychological treatments for fibromyalgia: A meta-analysis. *Pain, 151*, 280–295.

Goldenberg, D. L., Burckhardt, C., and Crofford, L. (2004). Management of fibromyalgia syndrome. *Journal of the American Medical Association, 292*, 2388–2395.

Gotlib, I. H., and Hammen, C. L. (2009). *Handbook of depression*, 2nd edition. New York: Guilford Press.

Greenberger, D., and Padesky, C. A. (1995). *Mind over mood: Change how you feel by changing the way you think*. New York: Guilford.

Gross, J. J. (2002). Emotion regulation: Affective, cognitive, and social consequences. *Psychophysiology, 39,* 281–291.

Gross, J. J., and John, O. P. (2003). Individual differences in two emotion regulation processes: Implications for affect, relationships, and well-being. *Journal of Personality and Social Psychology, 85,* 348–362.

Gross, J. J., and Levenson, R. W. (1997). Hiding feelings: The acute effects of inhibiting negative and positive emotion. *Journal of Abnormal Psychology, 106,* 95–103.

Guastella, A. J., Richardson, R., Lovibond, P. F., Rapee, R. M., Gaston, J. E., Mitchell, P., and Dadds, M. R. (2008). A randomized controlled trial of d-cycloserine enhancement of exposure therapy for social anxiety disorder. *Biological Psychiatry, 63,* 544–549.

Harvey, A. G. (2002). A cognitive model of insomnia. *Behaviour Research and Therapy, 40,* 860–893.

Hauser, W., Bernardy, K., Uceyler, N., and Sommer, C. (2009). Treatment of fibromyalgia syndrome with antidepressants: A meta-analysis. *Journal of the American Medical Association, 301,* 198–209.

Hayes, S. C. (2004). Acceptance and commitment therapy, relational frame theory, and the third wave of behavior therapy. *Behavior Therapy, 35,* 639–665.

Heiman, J., and LoPiccolo, J. (1992). *Becoming orgasmic.* New York: Fireside.

Higgins, S. T., and Silverman, K. (Eds.) (1999). *Motivating behavior change among illicit-drug abusers: Research on contingency-management interventions.* Washington, DC: American Psychological Association.

Hodgson, R. J., and Rachman, S. (1977). Obsessive compulsive complaints. *Behaviour Research and Therapy, 15,* 389–395.

Hoffman, B. M., Papas, R. K., Chatkoff, D. K., and Kerns, R. D. (2007). Meta-analysis of psychological interventions for chronic low back pain. *Health Psychology, 26,* 1–9.

Hofmann, S. G. (2007a). Cognitive factors that maintain social anxiety disorder: A comprehensive model and its treatment implications. *Cognitive Behaviour Therapy, 36,* 195–209.

Hofmann, S. G. (2007b). Enhancing exposure-based therapy from a translational research perspective. *Behaviour Research and Therapy, 45,* 1987–2001.

Hofmann, S. G. (2008a). Cognitive processes during fear acquisition and extinction in animals and humans: Implications for exposure therapy of anxiety disorders. *Clinical Psychology Review, 28,* 200–211.

Hofmann, S. G. (2008b). ACT: New wave or Morita Therapy? *Clinical Psychology: Science and Practice, 15,* 280–285.

Hofmann, S. G., and Asmundson, G. J. (2008). Acceptance and mindfulness-based therapy: New wave or old hat? *Clinical Psychology Review, 28,* 1–16.

Hofmann, S. G., and DiBartolo, P. M. (2010). *Social anxiety: Clinical, developmental, and social perspectives,* 2nd edition. New York: Elsevier/Academic Press.

Hofmann S. G., and Otto, M. W. (2008). *Cognitive-behavior therapy of social anxiety disorder: Evidence-based and disorder specific treatment techniques.* New York: Routledge.

Hofmann, S. G., and Smits, J. A. J. (2008). Cognitive-behavioral therapy for adult anxiety disorders: A meta-analysis of randomized placebo-controlled trials. *Journal of Clinical Psychiatry, 69*, 621–632.

Hofmann, S. G., Ehlers, A., and Roth, W. T. (1995). Conditioning theory: A model for the etiology of public speaking anxiety? *Behaviour Research and Therapy, 33*, 567–571.

Hofmann, S. G., Barlow, D. H., Papp, L. A., Detweiler, M., Ray, S., Shear, M. K., Woods, S. W., and Gorman, J. M. (1998). Pretreatment attrition in a comparative treatment outcome study on panic disorder. *American Journal of Psychiatry, 155*, 43–47.

Hofmann, S. G., Heinrichs, N., and Moscovitch, D. A. (2004). The nature and expression of social phobia: Toward a new classification. *Clinical Psychology Review, 24*, 769–797.

Hofmann, S. G., Moscovitch, D. A., Litz, B. T., Kim, H.-J., Davis, L., and Pizzagalli, D. A. (2005). The worried mind: Autonomic and prefrontal activation during worrying. *Emotion, 5*, 464–475.

Hofmann S. G., Meuret, A. E., Smits, J. A. J., Simon, N. M., Pollack, M. H., Eisenmenger, K., Shiekh, M., and Otto, M. W. (2006). Augmentation of exposure therapy for social anxiety disorder with d-cycloserine. *Archives of General Psychiatry, 63*, 298–304.

Hofmann, S. G., Sawyer, A. T., Korte, K. J., and Smits, J. A. J. (2009). Is it beneficial to add pharmacotherapy to cognitive-behavioral therapy when treating anxiety disorders? A meta-analytic review. *International Journal of Cognitive Therapy, 2*, 160–175.

Hofmann, S. G., Sawyer, A. T., Witt, A., and Oh, D. (2010). The effect of mindfulness-based therapy on anxiety and depression: A meta-analytic review. *Journal of Consulting and Clinical Psychology, 78*, 169–183.

Hollon, S. D., DeRubeis, R. J., Shelton, R. C., Amsterdam, J. D., Salomon, R. M., O'Reardon, J. P., Lovett, M. L., Young, P. R., Haman, K. L., Freeman, B. B., and Gallop, R. (2005). Prevention of relapse following cognitive therapy vs. medications in moderate to severe depression. *Archives of General Psychiatry, 62*, 417–422.

Hope, D. A., Heimberg, R. G., and Turk, C. L. (2010). *Managing social anxiety: A cognitive-behavioral therapy approach*, 2nd edition, workbook. New York: Oxford University Press.

Horwitz, A. V., Wakefield, J. C., and Spitzer, R. L. (2007). *The loss of sadness: How psychiatry transformed normal sorrow into depressive disorder*. New York: Oxford University Press.

Joiner, E., Van Orden, K. A., Witte, T. K., and Rudd, D. (2009). *The interpersonal theory of suicide: Guidance for working with suicidal clients*. Washington, DC: American Psychological Association.

Kabat-Zinn, J. (1994). *Wherever you go there you are*. New York: Hyperion.

Kabat-Zinn, J. (2003). Mindfulness-based interventions in context: Past, present, and future. *Clinical Psychology: Science and Practice, 10*, 144–156.

Kaplan, H. S. (1987). *The illustrated manual of sex therapy*, 2nd edition. New York: Brunner/Mazel.

Kaplan, H. S. (1979). *Disorders of sexual desire*. New York: Brunner/Mazel.

Kessler, R. C., Berglund, P., Demler, O., Jin, R., Koretz, D., Merikangas, K. R., Rush, A. J., Walters, E. E., and Wang, P. S. (2003). The epidemiology of major depressive disorder: Results from the National Comorbidity Survey Replication (NCS-R). *Journal of the American Medical Association, 289*, 3095–3105.

Kessler, R. C., Berglund, P., Demler, O., Jin, R., Merikangas, K. R., and Walters, E. E. (2005). Lifetime prevalence and age-of-onset distribution of DSM-IV disorders in the National Comorbidity Survey Replication. *Archives of General Psychiatry, 62*, 593–602.

Klein, D. F. (1964). Delineation of two drug-responsive anxiety syndromes. *Psychopharmacologia, 5*, 397–408.

Klein, D. F., and Klein, H. M. (1989). The definition and psychopharmacology of spontaneous panic and phobia. In P. Tyrer (Ed.), *Psychopharmacology of anxiety* (pp. 135–162). New York: Oxford University Press.

Klein, D. F. (1993). False suffocation alarms, spontaneous panics, and related conditions. An integrative hypothesis. *Archives of General Psychiatry, 50*, 306–317.

Koerner, N., Rogojanski, J., and Antony, M. M. (2010). Specific phobias. In S. G. Hofmann and M. Reineck (Eds.), *Cognitive-behavioral therapy with adults* (pp. 60–77). Cambridge, UK: Cambridge University Press.

Kushner, M. G., Kim, S. W., Donahue, C., Thurus, P., Adson, D., Kotlyar, M., McCabe, J., Peterson, J., and Foa, E. B. (2007). D-cycloserine augmented exposure therapy for obsessive-compulsive disorder. *Biological Psychiatry, 62*, 835–858.

Lacks, P., and Morin, C. (1992). Recent advances in the assessment and treatment of insomnia. *Journal of Consulting and Clinical Psychology, 60*, 586–594.

Ladouceur, R., Gosslin, P., and Dugas, M. J. (2000). Experimental manipulation of intolerance of uncertainty: A study of a theoretical model of worry. *Behaviour Research and Therapy, 38*, 933–941.

Laumann, E. O., Gagnon, J. H., Michael, R. T., and Michaels, S. (1994). *The social organization of sexuality: Sexual practices in the United States*. Chicago: University of Chicago Press.

Laumann, E. O., Paik, A., and Rosen, R. C. (1999). Sexual dysfunction in the United States. Prevalence and Predictors. *Journal of the American Medical Association, 281*, 537–544.

Lazarus, R. S. (1993). Coping theory and research: Past, present, and future. *Psychosomatic Medicine, 55*, 234–247.

Leahy, R. L. (2005). *The worry cure: Seven steps to stop worry from stopping you*. New York: Harmony Books.

Leahy, R. L. (2010). *Beat the blues before they beat you: How to overcome depression*. Carlsbad, CA: Hay House.

LeBlanc, M., Merette, C., Savard, J., Ivers, H., Baillargeon, L., and Morin, C. M. (2006). Incidence and risk factors of insomnia in a population-based sample. *Sleep, 32*, 1027–1037.

LeDoux, J. (1996). *The emotional brain: The mysterious underpinnings of emotional life*. New York: Touchstone.

Ley, R. A. (1985). Blood, breath and fears: A hyperventilation theory of panic attacks and agoraphobia. *Clinical Psychology Review*, 5, 271-285.
Liebowitz, M. R. (1987). Social phobia. *Modern Problems in Pharmacopsychiatry*, 22, 141-173.
Lovibond, P. F. (2004). Cognitive processes in extinction. *Learning and Memory*, 11, 495-500.
MacLeod, A. K., and Cropley, M. L. (1996). Anxiety, depression, and the anticipation of future positive and negative experiences. *Journal of Abnormal Psychology*, 105, 286-289.
MacLeod, C., Rutherford, E., Campbell, L., Ebsworthy, G., and Holker, L. (2002). Selective attention and emotional vulnerability: Assessing the causal basis of their association through the experimental manipulation of attentional bias. *Journal of Abnormal Psychology*, 111, 107-123.
March, J. S. (2004). Fluoxetine, cognitive-behavioral therapy, and their combination for adolescents with depression: Treatment for Adolescents with Depression Study (TADS) randomized controlled trial. *Journal of the American Medical Association*, 292, 807-820.
Marcus, D. A. (2009). Fibromyalgia: Diagnosis and treatment options. *Gender Medicine*, 6 *(Suppl. 2)*, 139-151.
Masters, W. H., and Johnson, V. E. (1970). *Human sexual inadequacy*. Boston: Little, Brown.
McCracken, L. M. (1998). Learning to live with the pain: Acceptance of pain predicts adjustment in persons with chronic pain. *Pain*, 74, 21-27.
McCracken, L. M., Carson, J. W., Eccleton, C., and Keefe, F. J. (2004). Acceptance and change in the context of chronic pain. *Pain*, 109, 4-7.
McNally, R. J. (1994). *Panic disorder: A critical analysis*. New York: Guilford Press.
McNally, R. J. (2011). *What is mental illness?* Cambridge, MA: Belknap Press of Harvard University Press.
Melbourne Academic Mindfulness Interest Group (2006). Mindfulness-based psychotherapies: A review of conceptual foundations, empirical evidence and practical considerations. *Australian and New Zealand Journal of Psychiatry*, 40, 285-294.
Melnik, T., Soares, B., and Nasello, A. G. (2007). Psychosocial interventions for erectile dysfunction. *Cochrane Database of Systematic Reviews*, 3, DOI: 10.1002/14651858.
Melzack, R., and Wall, P. (1982). *The challenge of pain*. London: Penguin.
Menzulis, A., H., Abramson, L. Y., Hyde, J. S., and Hankin, B. L. (2004). Is there a universal positive bias in attributions? A meta-analytic review of individual, developmental, and cultural difference in the self-serving attributional bias. *Psychological Bulletin*, 130, 711-747.
Meuret, A. M., Rosenfield, D., Seidel, A., Bhaskara, L., and Hofmann, S. G. (2010). Respiratory and cognitive mediators of treatment change in panic disorder: Evidence for intervention specificity. *Journal of Consulting and Clinical Psychology*, 78, 691-704.
Meyer, T. J., Miller, M. L., Metzger, R. L., and Borkovec, T. D. (1990). Development and validation of the Penn State Worry Questionnaire. *Behaviour Research and Therapy*, 28, 487-495.

Miller, W. R., and Rollnick, S. (1991). *Motivational interviewing: Preparing people to change addictive behaviors*. New York: Guilford Press.

Mineka, S., and Öhman, A. (2002). Born to fear: Non-associative versus associative factors in the etiology of phobias. *Behaviour Research and Therapy, 40*, 173–184.

Mischel, W. (1979). On the interface of cognition and personality beyond the person-situation debate. *American Psychologist, 34*, 740–754.

Mogg, K., and Bradley, B. P. (1998). A cognitive-motivational analysis of anxiety. *Behavior Research and Therapy, 36*, 809–848.

Mogg, K., and Bradley, B. P. (2006). Time course of attentional bias for fear-relevant pictures in spider-fearful individuals. *Behaviour Research and Therapy, 44*, 1241–1250.

Morin, C. M., Bootzin, R. R., Buysse, D. J., Edinger, J. D., Espie, C. A., and Lichtenstein, K. L. (2006). Psychological and behavioral treatment of insomnia: update of the recent evidence (1998–2004). *Sleep, 29*, 1396–1414.

Morita, S. (1998/1874). *Morita therapy and the true nature of anxiety-based disorders (Shinkeishitsu)*. Albany: State University of New York.

Mowrer, O. H. (1939). Stimulus response theory of anxiety. *Psychological Review, 46*, 553–565.

Myers, K. M., and Davis, M. (2002). Behavioral and neural analysis of extinction. *Neuron, 36*, 567–684.

National Institute on Alcohol Abuse and Alcoholism (2011). What is a standard drink? Available at http://pubs.niaaa.nih.gov/publications/practitioner/pocketguide/pocket_guide2.htm.

Nolen-Hoeksema, S., and Morrow, J. (1993). Effects of rumination and distraction on naturally occurring depressed mood. *Cognition and Emotion, 7*, 561–570.

Norberg, M. M., Krystal, J. H., and Tolin, D. F. (2008). A meta-analysis of d-cycloserine and the facilitation of fear extinction and exposure therapy. *Biological Psychiatry, 63*, 1118–1126.

Nowinski, J., and Baker, S. (1998). *The twelve-step facilitation handbook: A systematic approach to early recovery from alcohol and addiction*. San Francisco, CA: Josey-Bass.

Ochsner, K. N., Bungem, S. A., Gross, J. J., and Gabrieli, J. D. (2002). Rethinking feelings: An fMRI study of the cognitive regulation of emotion. *Journal of Cognitive Neuroscience, 14*, 1215–1229.

Öhman, A., Flykt, A., and Esteves, F. (2001). Emotion drives attention: Detecting the snake in the grass. *Journal of Experimental Psychology, 130*, 466–478.

O'Leary, K. D., and Beach, S. R. H. (1999). Marital therapy: A viable treatment for depression and marital discord. *American Journal of Psychiatry, 147*, 183–186.

Öst, L. G., Fellenius, J., and Sterner, U. (1991). Applied tension, exposure in vivo, and tension-only in the treatment of blood phobia. *Behaviour Research and Therapy, 29*, 561–574.

Otis, J. D. (2007). *Managing chronic pain: A cognitive-behavioral therapy approach*, workbook. New York: Oxford University Press.

Otto, M. W., Tolin, D. F., Simon, N. M., Pearlson, G. D., Basden, S., Meunier, S. A., Hofmann, S. G., Eisenmenger, K., Krystal, J. H., and Pollack, M. H. (2010). Efficacy of d-cycloserine for enhancing response to cognitive-behavior therapy for panic disorder. *Biological Psychiatry, 67*, 365–370.

Poulton, R., and Menzies, R. G. (2002a). Non-associative fear acquisitions: A review of the evidence from retrospective and longitudinal research. *Behaviour Research and Therapy, 40*, 127–149.

Poulton, R., and Menzies, R. G. (2002b). Fears born and bred: Toward a more inclusive theory of fear acquisition. *Behaviour Research and Therapy, 40*, 197–208.

Prochaska, J. O., DiClemente, C. C., and Norcross, J. C. (1992). In search of how people change: Applications to addictive behaviors. *American Psychologist, 47*, 1102–1114.

Rachman, S. (1991). Neoconditioning and the classical theory of fear acquisition. *Clinical Psychology Review, 11*, 155–173.

Rachman, S. (1993). Obsessions, responsibility, and guilt. *Behaviour Research and Therapy, 31*, 149–154.

Rachman, S. (1998). A cognitive theory of obsessions: Elaborations. *Behaviour Research and Therapy, 36*, 385–401.

Rapee, R. N., and Heimberg, R. G. (1997). A cognitive-behavioral model of anxiety in social phobia. *Behaviour Research and Therapy, 35*, 741–756.

Rassin, E., and Koster, E. (2003). The correlation between thought–action fusion and religiousity in a normal sample. *Behaviour Research and Therapy, 41*, 361–368.

Reiss, S. (1991). Expectancy model of fear, anxiety and panic. *Clinical Psychology Review, 11*, 141–153.

Ressler, K. J., Rothbaum, B. O., Tannenbaum, L., Anderson, P., Graap, K., Zimand, E., Hodges, L., and Davis, M. (2004). Cognitive enhancers as adjuncts to psychotherapy: Use of d-cycloserine in phobic individuals to facilitate extinction of fear. *Archives of General Psychiatry, 61*, 1136–1144.

Reynolds, C. F., Dew, M. A., Pollock, B. G., Mulsant, B. H., Miller, F. E., Houck, P. R., Mazumdar, S., Butters, M. A., Stack, J. A., Schlernitzauer, M. A., Whyte, E. M., Gildengers, A., Karp, J., Lenze, E., Szanto, K., Bensasi, S., and Kupfer, D.J . (2006). Maintenance treatment of major depression in old age. *New England Journal of Medicine, 354*, 1130–1138.

Richmond, J., Berman, B. M., Docherty, J. P., Goldstein, L. B., Kaplan, G., Keil, J. E., Krippner, S., Lyne, S., Mosteller, F., Oconnor, B. B., Rudy, E. B., Schatzberg, A. F., Friedman, R., Altman, F., Benson, H., Elliott, J. M., Ferguson, J. H., Gracely, R., Greene, A., Haddox, J. D., Hall, W. H., Hauri, P. J., Helzner, E. C., Kaufmann, P. G., Kiley, J. P., Leveck, M. D., McCutchen, C. B., Monjan, A. A., Pillemer, S. R., MacArthur, J. D., Sherman, C., Spencer, J., and Varricchio, C. G. (1996). Integration of behavioral and relaxation approaches into the treatment of chronic pain and insomnia. *Journal of the American Medical Association, 276*, 313–318.

Rosen, R. C., and Leiblum, S. R. (1995). Treatment of sexual disorders in the 1990s: An integrated approach. *Journal of Consulting and Clinical Psychology, 63*, 877–890.

Rosen, R. C., Ryley, A., Wagner, G., Oserlow, I. H., Kirpatik, J., and Mishra, A. (1997). The international index of erectile function (IIEF): A multidimensional scale for the assessment of erectile dysfunction. *Urology, 49*, 822–830.

Roth, W. T., Wilhelm, F. H., and Pettit, D. (2005). Are current theories of panic falsifieable? *Psychological Bulletin, 131*, 173–192.

Rothbaum, B. O., Hodges, L. F., Smith, S., Lee, J. H., and Price, L. (2000) A controlled study of virtual reality exposure therapy for the fear of flying. *Journal of Consulting and Clinical Psychology, 68*, 1020–1026.

Rusting, C. L., and Nolen-Hoeksema, S. (1998). Regulating responses to anger: Effects of rumination and distraction on angry mood. *Journal of Personality and Social Psychology, 74*, 790–803.

Salkovskis, P. M. (1985). Obsessional-compulsive problems: A cognitive-behavioural analysis. *Behaviour Research and Therapy, 23*, 571–583.

Salkovskis, P. M., and Harrison, J. (1984). Abnormal and normal obsessions: A replication. *Behaviour Research and Therapy, 22*, 549–552.

Schachter, S., and Singer, J. E. (1962). Cognitive, social, and physiological determinants of emotional state. *Psychological Review, 69*, 379–399.

Segal, Z. V., Williams, J. M. G., and Teasdale, J. D. (2002). *Mindfulness-based cognitive therapy for depression: A new approach to preventing relapse.* New York: Guilford Press.

Segal, Z. V., Kennedy, S., Gemar, M., Hood, K., Pedersen, R., and Buis, T. (2006). Cognitive reactivity to sad mood provocation and the prediction of depressive relapse. *Archives of General Psychiatry, 63*, 749–755.

Seligman, M. E. P. (1971). Phobias and preparedness. *Behavior Therapy, 2*, 307–320.

Shafran, R., Thordarson, D., and Rachman, S. (1996). Thought–action fusion in obsessive compulsive disorder. *Journal of Anxiety Disorders, 10*, 379–391.

Shear, M. K., Brown, T. A., Barlow, D. H., Money, R., Sholomksas, D. E., Woods, S. W., Gorman, J. M., and Papp, L. A. (1997). Multicenter collaborative panic disorder severity scale. *American Journal of Psychiatry, 154*, 1571–1575.

Silberman, S., and Morin, C. M. (2009). *The insomnia workbook: A comprehensive guide to getting the sleep you need.* Oakland, CA: New Harbinger.

Smits, A. J., and Hofmann (2009). A meta-analytic review of the effects of psychotherapy control conditions for anxiety disorders. *Psychological Medicine, 39*, 229–239.

Solomon, D. A., Keller, M. B., Leon, A. C., Mueller, T. I., Lavori, P. W., Shea, M. T., et al. (2000). Multiple recurrences of major depressive disorder. *American Journal of Psychiatry, 157*, 229–233.

Spaeth, M. (2009). Epidemiology, costs, and the economic burden of fibromyalgia. *Arthritis Research and Therapy, 11*, 117.

Stinson, F. S., Dawson, D. A., Chou, S. P., Smith, S., Goldstein, R. B., June Ruan, W., and Grant, B. F. (2007). The epidemiology of DSM-IV specific phobia in the USA: Results from the national epidemiologic survey on alcohol and related conditions. *Psychological Medicine, 37*, 1047–1059.

Sullivan, M. J. L., Thorn, B. E., Haythornthwaite, J. A., Keefe, F., Martin, M., Bradley, L., and Lefebvre, J. C. (2001). Theoretical perspectives on the relation between catastrophizing and pain. *Clinical Journal of Pain, 17*, 52–64.

Szasz, T. (1961). *The myth of mental illness: Foundations of a theory of personal conduct.* New York: Hoeber-Harper.

Thorn, B. F. (2004). *Cognitive therapy for chronic pain: A step-by-step guide*. New York: Guilford.
van Oppen, P., and Arntz, A. (1994). Cognitive therapy for obsessive-compulsive disorder. *Behaviour Research and Therapy, 32*, 79-88.
Waddell, G. (1987). A new clinical model for the treatment of low back pain. *Spine, 12*, 632-644.
Walsh, J. K., and Schweitzer, P. K. (1999). Ten-year trends in the pharmacologic treatment of insomnia. *Sleep, 22*, 371-375.
Watson, J. B., and Rayner, R. (1920). Conditioned emotional reactions. *Journal of Experimental Psychology, 3*, 1-34.
Wegner, D. M. (1994). *White bears and other unwanted thoughts: Suppression, obsession, and the psychology of mental control*. New York: Guilford Press.
Wakefield, J. C. (1992). The concept of mental disorder: On the boundary between biological facts and social values. *American Psychologist, 47*, 373-388.
Weissman, M., Markowitz, J., and Klerman, G. L. (2007). *Clinician's quick guide to interpersonal psychotherapy*. New York: Oxford University Press.
Wells, A. (2009). *Metacognitive therapy for anxiety and depression*. New York: Guilford Press.
Whisman, M. A., and Bruce, M. L. (1999). Marital dissatisfaction and incidence of major depressive episode in a community sample. *Journal of Abnormal Psychology, 108*, 674-678.
Whittal, M. L., Thordarson, D. S., and McLean, P. D. (2005). Treatment of obsessive-compulsive disorder: Cognitive behavior therapy vs. exposure and response prevention. *Behaviour Research and Therapy, 43*, 1559-1576.
Wilhelm, S., Buhlmann, U., Tolin, D.F , Meunier, S. A., Pearlson, G. D., Reese, H. E, Cannistraro, P., Jenike, M. A., and Rauch, S. L. (2008). Augmentation of behavior therapy with d-cycloserine for obsessive-compulsive disorder. *American Journal of Psychiatry, 165*, 335-341.
Wolitzky-Taylor, K. B., Horowitz, J. D., Powers, M., and Telch, M. J. (2008). Psychological approaches in the treatment of specific phobias: A meta-analysis. *Clinical Psychology Review, 28*, 1021-1037.
Wolpe, J., and Lang, P. J. (1964). A fear survey schedule for use in behaviour therapy. *Behavioural Research and Therapy, 2*, 27-30.
Zilbergeld, B. (1992). *The new male sexuality*. New York: Bantam Books.

Índice

AA. *Ver* Alcoólicos Anônimos
Abeles, M. e colaboradores, 175
Abramowitz, J. S., 104
Abramson, L. Y., 123
Aceitação, 34-35, 39-40
   manejo da dor, 173-174
   transtorno de ansiedade generalizada e preocupação, 115-119
   transtorno obsessivo-compulsivo, 97, 102-104
Agorafobia
   acompanhamento do progresso do tratamento, 43
   ataques de pânico e, 61-63
   DSM-IV, 64
   esquiva e, 67
   estratégias de tratamento, 67-76
   exposição, 72-76, 78
   farmacoterapia, 61-62, 65, 77, 78
   idade de início, 64
   Inventário de Mobilidade, 43
   prevalência ao longo da vida, 62-63
   psicoeducação, 69
   respaldo empírico, 77
   transtorno de pânico e, 62-64
   ver também Transtorno de pânico
Alcoólicos Anônimos (AA), 145, 146
Alford, B. A., 133-134
Allen, J. P. e colaboradores, 148
Alloy, L. B., 123
Altman, L. K., 3-4
Amígdala, 9-10, 12-14
Análise de comportamento, 22, 39-40

Ansfield, M. E. e colaboradores, 178-179
Ansiedade de falar em público, 64, 85-86, 90-91, 107-108
Ansiedade relativa à saúde
   superestimação de probabilidades, 18-19
Ansiolíticos, 58-59, 104
Antidepressivos
   depressão, 9-11, 132-134, 174
   fobias, 58-59
   insônia, 188
   manejo da dor, 174
   neurose de ansiedade, 65
   pânico e agorafobia, 61-62
   transtorno obsessivo-compulsivo, 93
Antony, M. M., 59
Arntz, A., 104
Asmundson, G. J., 39-40, 173
Aspirina, 9-10
Astenia neurocirculatória, 39-40
Ataques de pânico
   agorafobia e, 61-63
   definição do transtorno, 61-62
   desencadeador situacional, 61-62, 64
   DSM-IV, 61-62
   falar em público, 64
   farmacoterapia, 61-62, 65, 77, 78
   fobias e, 48, 61-62, 64
   inesperado/não evocado, 61-62
   ligado à situação/evocado, 61-62
   predisposto por situação, 61-62
   relaxamento e, 40-41
   resposta de luta ou fuga, 68

sintomas físicos, 64-67, 71, 73
tipos, 61-62
transtorno de ansiedade social, 64, 81
transtorno de pânico e, 61-64
Ativação comportamental, 16-17, 34-35, 40, 131-133
Autoafirmações, 5-6
Autocontrole, 42
Autoeficácia, 26-27, 42, 143, 148
Autoexploração, 17-18
Avaliação, 27-28
    diários, 27
    Entrevista Clínica Estruturada para o DSM-IV (SCID-IV), 27
    histórico do problema, 28
    histórico familiar e social, 28
    histórico psiquiátrico, 28
    queixas principais, 27

Baer, R., 38
Baker, S., 145
Bandura, A., 26, 42
Barlow, D. H., 10-11, 59, 62-63, 77, 78, 119, 155
Beach, S. R. H., 124
Beck, Aaron T., 2-6, 11-12, 15-17, 30, 35-36, 38, 44, 77, 127, 133-134
Beck Depression Inventory (Inventário de Depressão de Beck), 44
Bem, D. J., 22
Bennett, R. M. e colaboradores, 166
Betabloqueadores, 80, 81
Bishop, M. e colaboradores, 38
Borkovec, T. D., 107-108, 113-114, 118-119
Bradley, B. P., 50, 52
Breslin, F. C. e colaboradores, 44
Bruce, M. L., 124
Burns, D. D., 32
Butler, A. C. e colaboradores, 132-133

Campbell-Sills, L. e colaboradores, 117-118
Carlsmith, J. M., 22, 141
Carney, C. E., 44, 189
Carver, C. S. e colaboradores, 126

Cefaleias, 9-10
Chambless, D. L. e colaboradores, 43
Choy, Y. e colaboradores, 58, 59
Ciclo de resposta sexual, 152
Ciclo positivo de *feedback*, 21-22, 34-35, 82, 108-109
Cioffi, D., 14-15
Clark, David M., 65, 77, 83, 179
Clements, C. M., 123
Cognições mal-adaptativas, xi, 3, 5-6, 7-8, 11-12, 19-20, 21
    catastrofização. Ver Pensamento catastrófico
    categorias, 31-34
    concentração nos aspectos negativos, 32
    conclusões precipitadas, 33
    crenças centrais, 30
    depressão, 35-36, 122, 125, 127-129
    desqualificação dos aspectos positivos, 32
    identificando, 30, 35-36, 42
    metacognições, 35-36, 108-109
    mudando, 30-31
    pensamento dicotômico, 32
    personalização, 32
    raciocínio emocional, 21-22, 33-34, 82, 108-109, 115-116, 125
    reestruturação. Ver Reestruturação cognitiva
    substituição de, 19-20, 31
    superestimação de probabilidades, 18-19, 31-32, 35-36, 71, 72-73, 99-100, 116-117
    supergeneralização, 33
    teste de validade, 31
    Ver também Crenças centrais
Compulsões, 94, 96
    Ver também Transtorno obsessivo-compulsivo
Conclusões precipitadas, 33
Conflitos conjugais, 34-35
    depressão e, 121, 122, 124, 127
    problemas com álcool e, 136-137
Controle, 42

Controle de estímulos, 180, 184-185
Cook, M., 49
Córtex pré-frontal, 13-14
Coyne, J. C. e colaboradores, 122
Craske, M. G., 59, 64, 78, 119
Crenças centrais, 2-5, 17-18, 30, 36-37
 Ver também Reestruturação cognitiva; Cognições mal-adaptativas; Esquemas
Cropley, M. L., 124
Cutler, H. C., 39-40, 130

Dalai Lama, 39-40, 130
Daley, D. C., 149
Darymple, K. L., 83
Davey, G. C. L., 49
Davis, M., 41, 42
D-cicloserina (DCS), 10-11, 59, 78, 91-92, 104
DCS. Ver D-cicloserina
Depressão, 1-3, 6-8, 17-18, 93, 121-134
 acompanhamento do progresso do tratamento, 44
 antidepressivos, 9-11, 132-134, 174
 ativação comportamental, 16-17, 34, 40, 131-133
 avaliação, 28
 cognições mal-adaptativas, 35-36, 122, 125, 127-129
 contexto interpessoal, 122, 124-125
 contexto social, 122, 124
 crenças catastróficas, 125
 definição do transtorno, 122-123
 diário de atividades, 131-133
 distribuição por gênero, 122
 duração, 122
 estratégias de tratamento, 126-133
 estratégias orientadas para a emoção, 126
 estratégias orientadas para o problema, 126
 estresse e, 6-7, 124
 farmacoterapia, 9-11, 132-134, 174
 fatores de manutenção, 6-8, 23, 28
 ganho secundário, 28

idade de início, 122
inventário de autorrelato, 44
Inventário de Depressão de Beck, 44
meditação, 129-131
meditação de amor-bondade, 130-131
modelo de tratamento, 123-125
modificação de situação, 127
pensamentos automáticos, 125
práticas de *mindfulness*, 38, 129, 130
problemas conjugais e, 121, 122, 124, 127
psicoeducação, 127-129
realismo depressivo, 3, 123
recaída e recorrência, 122
reestruturação cognitiva, 127-129
respaldo empírico, 132-134
resposta cognitiva, 130
serotonina e, 9-10
suicídio, 2, 121-122, 130
taxa de prevalência ao longo da vida, 122
taxa de prevalência de 12 meses, 122
terapia interpessoal (TIP), 122-124
unipolar, 44, 93, 122
viés de atribuição, 123
viés positivo de atribuição, 123
visão psicanalítica, 8-9
DeRubeis, R. J. e colaboradores, 133-134
Descentração, 15-16
Descoberta guiada, 17-18
Diálogo socrático, 17-18, 30, 35-36, 72, 183
Diário
 avaliação e, 27
 de atividades, 131-133
 de eventos positivos, 38
 de sono, 44, 185, 189
Diário de atividades, 131-133
Diário de eventos positivos, 38
Diário do sono, 44, 185, 189
Disfunção erétil, 151-163
 acompanhamento do progresso do tratamento, 44
 definição do transtorno, 152-153

disfunções psicogênicas primárias, 152
disfunções psicogênicas secundárias, 152
estimulação adequada, 159-160
estratégias de tratamento, 154-159
estresse e, 151, 152, 160
foco sensorial, 161
idade e, 153
International Index of Erectile Function (Índice Internacional de Função Erétil), 44
modelo de tratamento, 153-154
modificação de atenção e de situação, 155-156
psicoeducação, 156-157
reestruturação cognitiva, 158-159
relaxamento, 160-161
respaldo empírico, 162-163
sildenafil (Viagra), 153, 161, 163
taxa de prevalência, 152
Disfunção nociva
transtorno mental como, 7-8
Distanciamento, 15-16
Dobson, K. S. e colaboradores, 133-134
Dor crônica. *Ver* Manejo da dor
DSM-IV *(Manual diagnóstico e estatístico de transtornos mentais - quarta edição)*
agorafobia, 64
ataques de pânico, 61-62
critérios de avaliação, 27
Entrevista Clínica Estruturada para o DSM-IV (SCID-IV), 27
fobias, 48
insônia, 178
transtorno de ansiedade generalizada, 106
transtorno de pânico, 62-64

EC. *Ver* Estímulo condicionado
Eccleston, C. e colaboradores, 175
Edinger, J. D., 44, 188, 189
Efeito placebo, 11-12, 41
Ehlers, A. e colaboradores, 64
EI. *Ver* Estímulo incondicionado

Eixo II, 80
Ejaculação precoce, 153
estratégias terapêuticas, 162
Ellis, Albert, 2-6, 11-12
Emery, G., 77
Emoções, 10-12
modelo de processo de Gross, 15-16
modelo tripartido, 22
neurobiologia das, 12-14
Empatia, 25
Enfoque no problema, 29-30
Entrevista Clínica Estruturada para o DSM-IV (SCID-IV), 27
Entrevista motivacional/Terapia de intensificação motivacional (TIM), 24-25, 142-145
desenvolvimento de discrepância, 25, 143
expressão de empatia, 25, 142
lidar com a resistência, 26, 143
objetivo, 26
problemas com álcool, 25, 138, 142-145, 148-149
promover a autoeficácia, 26-27, 143
transtorno de ansiedade generalizada, 25, 26
transtorno obsessivo-compulsivo, 25
transtornos por uso de substância, 25
Epicteto, 3-4
Epigenética, 6-7
Epstein, E. E., 140, 149
Erro de leitura de mentes, 33
Erro de vidente, 33
Esquemas, 2-5, 17-18, 21, 35-36
Ver também Reestruturação cognitiva; Crenças centrais; Cognições mal-adaptativas
Esquiva, xi, 34-35
ansiedade, 22, 53-56
definição, 74-76
esquiva experiencial, 14-15, 34-35, 39-40, 51
fobias, 53-56
transtorno de pânico, 74-76

Esquiva experiencial, 14-15, 34-35, 39-40, 51
Estímulo condicionado (EC), 40-41
Estímulo incondicionado (EI), 40-42
Estratégias de esquiva, 41
 efeito, 22
 experienciais, 22
 fobias, 51, 54, 58
 objetivo, 22
 pânico e agorafobia, 67, 74-76
 preocupação, 107-108
 transtorno de ansiedade generalizada e preocupação, 107-108, 115-117
 transtorno de ansiedade social, 81, 84-86, 90-91
 transtorno obsessivo-compulsivo, 104
Estratégias de regulação da emoção, 13-17
 descentração, 15-16
 distanciamento, 15-16
 voltadas para a resposta, 15-16
 voltadas para antecedentes, 15-16
Estratégias voltadas para antecedentes, 15-16
Estratégias voltadas para resposta, 15-16
Estresse
 depressão e, 6-7, 124
 disfunção erétil e, 151, 152, 160
 dor e, 167-172
 estressores interpessoais, 124
 modelo diátese-estresse de psicopatologia, 6-7
 TEPT, 6-7
Estudos de reavaliação cognitiva, 12-14
Excitação fisiológica, 5-6, 13-14, 40, 56, 167-169, 180, 185
Excitação simpática, 14-15
Exercícios de respiração, 34-35, 39-40
 fobias, 51, 53
 manejo da dor, 171
 respiração de ioga, 115-116, 171
 transtorno de ansiedade generalizada e preocupação, 114-116
 transtorno de pânico, 39-41, 70-71
Experimento do urso branco, 14-15, 98-99

Exposição, 34-35, 41-42
 agorafobia, 72-76, 78
 estabelecimento de objetivos, 88-90
 excitação emocional, 87-89
 exemplos de tarefas, 89-90
 exposição *in vivo*, 51, 58, 78, 89-90
 exposições espelhadas, 88-89
 exposições graduais, 76
 exposições intensivas não graduais, 76
 falar em público, 90-91
 feedback em vídeo, 88-89
 fobias, 51, 53-58
 foco de atenção, 88-89
 hierarquia de exposição, 56-58, 103
 realidade virtual, 58, 59
 reavaliação da apresentação social, 88-89
 transtorno de ansiedade generalizada e preocupação, 115-118
 transtorno de ansiedade social, 84, 87-91
 transtorno de pânico, 73-76, 78
 transtorno obsessivo-compulsivo, 97, 102-104
 transtornos de ansiedade e, 41, 53-56
Exposição a estímulos
 problemas com álcool, 138, 145
Exposições espelhadas, 88-89
Extinção, 41-42

Farmacoterapia, 7-9
 ansiolíticos, 58-59, 104
 antidepressivos. *Ver* Antidepressivos
 betabloqueadores, 80, 81
 combinada com TCC, 9-11
 d-cicloserina (DCS), 10-11, 59, 78, 91-92, 104
 depressão, 9-11, 132-134, 174
 fluoxetina, 90-92
 fobias, 58-59
 imipramina, 65, 77, 78
 indústria farmacêutica, xiv, 3-4
 inibidores da recaptação de serotonina, 9-10, 61-62

insônia, 188
ISRSs, 9-10
manejo da dor, 165, 168, 174-175
pânico e agorafobia, 61-62, 65, 77, 78
paroxetina, 80
preferência por, xiv-xv
problemas sexuais, 153
propranolol, 80
Prozac, 9-10
sildenafil (Viagra), 153, 161, 163
TCC comparada a, xiv, 7-8, 11-12
testes, xv
transtorno de ansiedade generalizada e preocupação, 105
transtorno de ansiedade social, 80, 81, 85-86
transtorno obsessivo-compulsivo, 93, 104
Fatores de manutenção, 5-8
  depressão, 6-8, 23, 28
  dor, 167-169
Fatores desencadeadores, 5-8
  dor, 169
Fear Survey Schedule-III (Roteiro de Levantamento de Medo-III), 43
Feedback, 31
  ciclo positivo de, 21-22, 34-35, 82, 108-109
  em vídeo, 88-89
Feedback em vídeo, 88-89
Festinger, L., 22, 141
Fibromialgia, 166, 175
Field, A. P., 49
Fluoxetina, 90-92
Foa, E. B., 96, 104
Fobias, 47-59
  acompanhamento do progresso do tratamento, 43
  antidepressivos, 58-59
  aprendizagem vicária e, 49
  aquisição, 49
  aracnofobia, 47, 48, 50-53, 56-57, 61-62
  ataques de pânico e, 48, 61-62, 64

definição do transtorno, 48-49
desenvolvimento, 49
distribuição de gênero, 48
DSM-IV, 48
esquiva, 53-56
estratégias de esquiva, 51, 54, 58
estratégias de tratamento, 51-58
etnia e, 48
exercícios de respiração, 51, 53
expectativa de perigo, 50
explicações evolutivas, 48-49, 50, 52
exposição, 51, 53-58
farmacoterapia, 58-59
Fear Survey Schedule-III (Roteiro de Levantamento de Medo-III), 43
fobia de dirigir, 61-62, 62-63, 64
fobia de voar, 52, 58, 59, 64
fobia social. *Ver* Transtorno de ansiedade social
hierarquia de exposição, 56-58
hiperexcitação, 51
medicamentos, 58-59
modelo de tratamento, 49-50
modificação de atenção e de situação, 52-53
percepções de previsibilidade e controle, 50
pistas interoceptivas, 49
processos cognitivos, 49-50
psicoeducação, 51, 52
realidade virtual, 58, 59
reestruturação cognitiva, 51, 52
relevância biológica dos estímulos, 49
respaldo empírico, 58-59
taxa de prevalência ao longo da vida, 48
teoria de dois estágios de Mowrer para desenvolvimento do medo, 49
tipo ambiente natural, 48
tipo animal, 48
tipo sangue-injeção-ferimentos, 48, 58
tipo situacional, 48
vias de aprendizado, 49
vias de informação, 49

vias não associativas, 49
viés de atenção, 50, 52
Foco sensorial, 161
Fordyce, W. E., 166
FPA. *Ver* Fusão entre pensamento e ação
Freeston, M. H. e colaboradores, 96
Fusão entre pensamento e ação (FPA), 15-17, 94-95, 99, 104

Gamsa, A., 166
Ganho secundário do transtorno, 28
Garfield, E., 77
Gilbert, D., 124
Gloaguen, V., 132-133
Glombiewski, J. A. e colaboradores, 175
Goldenberg, D. L., 174
Gotlib, I. H., 122
Gräfenberg, Ernst, 157
Greenberger, D., 35-36
Gross, J. J., 13-16

Hammen, C. L., 122
Harrison, J., 95
Harvey, A. G., 179
Hauser, W. e colaboradores, 174
Hayes, S. C., 15-16, 38-40, 173
Heiman, J., 163
Heimberg, R. G., 83, 91-92
Herbert, J. D., 83
Higgins, S. T., 147
Hiperventilação, 39-40, 65, 70, 71
Hipocapnia, 70
Hodgson, R. J., 43
Hofmann, S. G., 10-11, 38-40, 49, 64, 77, 80, 83, 91-92, 104, 106, 118-119, 173, 175
Hollon, S.D., 133-134
Holloway, J., 14-15
Hope, D. A., 91-92
Horney, Karen, 3
Hu, S. 107-108

Imipramina, 65, 77, 78
Indicações emocionais, 14-15
Indústria farmacêutica, xiv, 3-4

Inibidores da recaptação de serotonina, 9-10, 61-62
Inibidores seletivos da recaptação de serotonina (ISRSs), 9-10
Insônia, 177-189
   acompanhamento do progresso do tratamento, 44
   carga cognitiva, 178-179
   controle de estímulos, 180, 184-185
   critérios do DSM-IV, 178
   definição do transtorno, 178-179
   diário do sono, 44, 185, 189
   estratégias de tratamento, 179-188
   exercício físico, 188
   farmacoterapia, 188
   higiene do sono, 187-188
   idade de início, 178
   insônia geral, 178
   insônia primária, 178, 181
   meditação, 180, 185-186
   modelo de tratamento, 179
   pensamento catastrófico, 183, 184
   práticas de *mindfulness*, 180
   preocupação e, 183-184
   psicoeducação, 180-182
   reestruturação cognitiva, 182-184
   relaxamento, 185-186
   relaxamento muscular progressivo, 185
   respaldo empírico, 188-189
   restrição do sono, 185
Instituto Kinsey, 156
International Index of Erectile Function (Índice Internacional de Função Erétil), 44
Ioga
   problemas sexuais e, 162
   respiração, 70, 114-116, 171
ISRSs. *Ver* Inibidores seletivos da recaptação de serotonina

John, O. P., 15-16
Johnson, V. E., 156, 161
Joiner, E. e colaboradores, 130

Kabat-Zinn, J., 38, 101
Kaplan, H. S., 152, 153, 163
Kessler, R. C. e colaboradores, 48, 94, 106, 122, 136-137
Klein, D. F., 65, 70
Klein, H. M., 65
Koerner, N. e colaboradores, 49
Koster, E., 95
Kozak, M. J., 96, 104
Kushner, M.G., 104

Lacks, P., 188
Ladouceur, R. e colaboradores, 107-108
Lang, P. J., 43
Laumann, E. O. e colaboradores, 152, 153, 156, 158
Lazarus, R. S., 126
Leahy, R. L., 119, 133-134
LeBlanc, M. e colaboradores, 178
LeDoux, Joseph, 10-14
Leiblum, S. R., 152, 156, 162
Levenson, R. W., 13-16
Ley, R. A., 70
Liebowitz, M. R., 43
Liebowitz Social Anxiety Scale (Escala de Liebowitz para a Ansiedade Social), 43
LoPiccolo, J., 163

MAB. *Ver* Meditação de amor-bondade.
Ver Diário
MacLeod, A. K., 124
MacLeod, C. e colaboradores, 52
Mal-adaptativo
  significado, 7-8
Manejo da dor, 2, 165-176
  aceitação, 173-174
  acompanhamento do progresso do tratamento, 44
  antidepressivos, 174
  definição do transtorno, 166
  dor lombar crônica, 175
  estratégias de tratamento, 167-174
  estresse, 167-172
  exercícios de respiração, 171
  farmacoterapia, 165, 168, 174-175
  fatores de manutenção, 167-169
  fatores desencadeadores, 169
  fibromialgia, 166, 175
  meditação, 171
  meditação de amor-bondade, 171
  modelo de tratamento, 166-167
  modelos de dor, 166
  Pain Catastrophizing Scale (Escala de Catastrofização diante da Dor), 44
  pensamento catastrófico, 167-170
  psicoeducação, 168-170
  reestruturação cognitiva, 170-171
  relaxamento, 171-173
  relaxamento muscular progressivo, 171-173
  respaldo empírico, 174-175
  supressão, 14-15
  terapia Morita, 173, 174
Manual diagnóstico e estatístico de transtornos mentais - quarta edição. Ver DSM-IV
Marco Aurélio, 3-4
Marcus, D. A., 175
Margraf, J., 77
Marlatt, G. A., 149
Masters, W. H., 156, 161
Maudsley Obsessional Compulsive Inventory (Inventário Maudsley de Obsessões e Compulsões), 43
McCracken, L. M. e colaboradores, 173, 175
McCrady, B. S., 140, 149
McNally, R. J., 66
Means, M. K., 188
Medicamentos. *Ver* Farmacoterapia
Meditação, 15-16, 34, 38-40
  depressão, 129-131
  insônia, 180, 185-186
  manejo da dor, 171
  meditação de amor-bondade, 34, 38-40, 130-131, 171
  transtorno de ansiedade generalizada e preocupação, 113-116
  transtorno obsessivo-compulsivo, 95, 97-98, 101-102
  Ver também Práticas de *mindfulness*

Meditação de amor-bondade (MAB), 34, 38-40
　depressão e, 130-131
　manejo da dor, 171
　Ver também meditação
Melbourne Academic Mindfulness Interest Group, 38
Melnik, T. e colaboradores, 162
Melzack, R., 166
Menzies, R. G., 49
Menzulis, A. e colaboradores, 123
Metacognições, 35-36, 108-109
Meuret, A. M. e colaboradores, 70
Meyer, T. J. e colaboradores, 44
Miller, W. R., 25, 26, 143
Mineka, S., 49
Mischel, W., 123
Mobility Inventory (Inventário de Mobilidade), 43
Modelo ABC, 5-6
Modelo de processo de emoções de Gross, 15-16
Modelo de TCC, 21
Modelo diátese-estresse de psicopatologia, 6-7
Modelo transteórico de mudança, 23-24
Modificação comportamental, 34-35, 39-40
Modificação de atenção e de situação, 34-35
　depressão, 127
　disfunção erétil, 155-156
　fobias, 52-53
　transtorno de ansiedade generalizada e preocupação, 108-110
　transtorno de ansiedade social, 84-86
　transtorno de pânico, 69-70
　transtorno obsessivo-compulsivo, 97-98
Modificação de situação. *Ver* Modificação de atenção e de situação
Mogg, K., 50, 52
Monitoramento das mudanças durante o tratamento, 42-45
Morin, C., 188

Morin, C. M., 188, 189
Morita, S., 174
Morrow, J., 14-15
Mowrer, O. H.
　teoria de dois estágios para o desenvolvimento do medo, 49
Mudança
　análise de custo e benefício, 24
　disposição para, 23
　estágios, 23-24
　modelo transteórico 23-24
Myers, K. M., 41, 42

National Institute on Alcohol Abuse and Alcoholism, 140
Neurobiologia das emoções, 12-14
Neurociência afetiva, 10-12
Neurotransmissores, 8-10
Nolen-Hoeksema, S., 14-15
Norberg, M. M. e colaboradores, 10-11
Nowinski, J., 145

O'Leary, K. D., 124
Obsessões, 25, 94, 97
Ochsner, K. N. e colaboradores, 12-13
Öhman, A., 49, 50
Öst, L. G. e colaboradores, 58
Otis, J. D., 176
Otto, M. W., 78, 83, 91-92

Padesky, C. A., 35-36
Panic Disorder Severity Scale (Escala de Gravidade do Transtorno de Pânico), 43
Papel do terapeuta de TCC, 17-18, 29, 88-89, 142
Paroxetina, 80
Penn State Worry Questionnaire (Questionário de Preocupações da Penn State), 44
Pensamento catastrófico, 19-20, 31-33, 35-36
　depressão, 125
　insônia, 183, 184
　manejo da dor, 167-170

transtorno de ansiedade social, 19-20
transtorno de pânico, 71
transtorno obsessivo-compulsivo, 94, 96, 97, 99-100
Pensamento dicotômico, 32
Pensamentos automáticos, xi, 2-6, 17-18, 21, 30
　depressão, 125
　identificando, 35-36
　mudando, 36-38
　resistência, 31
　superestimação de probabilidade e, 18-19
Personalização, 32
Pistas interoceptivas, 49
Planilha de crenças centrais, 38
Planilhas de monitoramento, 45
Poulton, R., 49
Práticas de *mindfulness*, 15-16, 38
　depressão, 38, 129, 130
　insônia, 180
　magnitude de efeitos, 38
　problemas sexuais, 162
　transtorno de ansiedade generalizada e preocupação, 38, 119
　transtorno obsessivo-compulsivo, 95, 97-98, 101-102
　Ver também Meditação
Predisposição genética, 6-7
Prêmio Lasker, 3-4
Preocupação. *Ver* Transtorno de ansiedade generalizada e preocupação
Pressuposições condicionais, 35-37
Problemas com álcool, 2, 135-149
　abuso de álcool, 136-137
　acompanhamento do progresso do tratamento, 43
　apoio social, 145
　critérios diagnósticos, 136-137
　definição do transtorno, 136-137
　dependência de álcool, 136-137
　dissonância cognitiva, 141
　estratégias de tratamento, 138-147
　exposição a estímulos, 138, 145
　modelo de tratamento, 136-138

　percentis para uso de álcool, 140
　projeto MATCH, 148-149
　psicoeducação, 138-140
　reestruturação cognitiva, 138, 140-142
　reforço contingencial, 138, 146-147
　respaldo empírico, 148-149
　terapia cognitivo-comportamental tradicional, 148-149
　terapia de intensificação motivacional, 25, 138, 142-145, 148-149
　terapia dos doze passos, 145, 146, 148-149
　Timeline Followback Calendar (Calendário Retrospectivo Cronológico), 44
Problemas sexuais, 6-7
　anorgasmia, 162
　características demográficas, 153
　casamento e, 153
　categorização, 152
　definição do transtorno, 152
　disfunção erétil. *Ver* Disfunção erétil
　distribuição de gênero, 152, 153
　ejaculação precoce, 153, 162
　estratégias terapêuticas, 162
　etnia e, 153
　farmacoterapia, 153
　idade e, 153
　práticas de *mindfulness*, 162
　taxa de prevalência, 152-153
　transtorno da excitação sexual, 152
　transtorno do desejo sexual, 152
　transtornos do orgasmo, 152
　transtornos sexuais dolorosos, 152
Prochaska, J. O. e colaboradores, 23, 141, 142
Profecia autorrealizável, 34-35, 113-114
Projeto MATCH, 148
Propranolol, 80
Prostaglandinas, 9-10
Prozac, 9-10
Psicanálise, 2, 3, 8-9
Psicanálise freudiana, 2, 3, 8-9
Psicoeducação
　agorafobia, 69
　depressão, 127-129

disfunção erétil, 156-157
experimento do urso branco, 14-15, 98-99
fobias, 51, 52
insônia, 180-182
manejo da dor, 168-170
problemas com álcool, 138-140
transtorno de ansiedade generalizada e preocupação, 111-114
transtorno de ansiedade social, 83-85
transtorno de pânico, 67-69
transtorno obsessivo-compulsivo, 97-99
Psicopatologia, xiii-xiv
modelo diátese-estresse de, 6-7
Psiquiatria, 7-11

Questionamento orientado, 17-18

Rachman, S., 43, 49, 95
Raciocínio emocional, 21-22, 33-34, 82, 108-109, 116-117, 125
Rapee, R. N., 83
Rassin, E., 95
Rayner, R., 41
Realidade virtual, 58, 59
Realismo depressivo, 3, 123
Reestruturação cognitiva, 34-38
depressão, 127-129
disfunção erétil, 158-159
fobias, 51, 52
insônia, 182-184
manejo da dor, 170-171
problemas com álcool, 138, 140-142
superestimação de probabilidades, 99-100
transtorno de ansiedade generalizada e preocupação, 113-114
transtorno de ansiedade social, 85-88
transtorno de pânico, 67, 71-73, 77
transtorno obsessivo-compulsivo, 97, 99-100
Reforço contingencial
problemas com álcool, 138, 146-147
Reiss, S., 66

Relacionamento entre terapeuta e paciente, 29
Relaxamento, 34-35, 40-41
disfunção erétil, 160-161
insônia, 185-186
manejo da dor, 171-173
relaxamento muscular progressivo, 171-173, 185
transtorno de ansiedade generalizada e preocupação, 113-116
transtorno de pânico e, 40-41
transtorno obsessivo-compulsivo, 97, 101-102
Relaxamento muscular progressivo, 171-173, 185
Repressão, 8-9
Ver também Supressão
Resistência, 26, 143
Respaldo empírico, 11-12
agorafobia, 77
depressão, 132-134
disfunção erétil, 162-163
fobias, 58-59
insônia, 188-189
manejo da dor, 174-175
problemas com álcool, 148-149
transtorno de ansiedade generalizada e preocupação, 118-119
transtorno de ansiedade social, 90-92
transtorno de pânico, 77-78
transtorno obsessivo-compulsivo, 104
Resposta cognitiva
depressão, 130
Resposta de luta ou fuga, 12-13
Ressler, K. J. e colaboradores, 10-11, 59
Reynolds, C. F. e colaboradores, 124
Richmond, J. e colaboradores, 175
Rollnick, S., 25, 26, 143
Rosen, R. C. e colaboradores, 44, 152, 156, 162
Roth, W. T. e colaboradores, 39-40
Rothbaum, B. O. e colaboradores, 58
Ruscio, A. M., 118-119
Rusting, C. L., 14-15

Salkovskis, P. M., 95, 96
Schachter, S., 22
Schweitzer, P. K., 188
SCID-IV. *Ver* Entrevista Clínica Estruturada para o DSM-IV
Segal, Z. V. e colaboradores, 38, 129, 130
Seligman, M. E. P., 49, 123
Sensibilidade à ansiedade, 66
Serotonina, 9-10
Shafran, R. e colaboradores, 15-16, 94
Shakespeare, William, 3-4
Sharpless, B., 113-114
Shear, M. K. e colaboradores, 43
Silberman, S., 189
Sildenafil (Viagra), 153, 161, 163
Silverman, K., 147
Síndrome cardíaca irritável, 39-40
Síndrome de Da Costa, 39-40
Síndrome do esforço, 39-40
Singer, J. E., 22
Sistema nervoso autônomo, 12-13
Smits, A. J. A. J., 41, 77, 104, 118-119
Solomon, D. A. e colaboradores 122
Spaeth, M., 166
Stinson, F. S., 48
Suicídio, 2, 16-17, 121-122, 130
Sullivan, M. J. L., 167
Superestimação de probabilidades, 18-19, 31-32, 35-36, 71-73, 99-100, 116-117
Supergeneralização, 33
Supressão, 8-9, 13-15
  dor, 14-15
  estratégias de aceitação e, 39-40
  experimento do urso branco, 14-15, 98-99
  transtorno obsessivo-compulsivo e, 95, 96, 98-99
  Ver também Repressão
Szasz, Thomas, 7-8

Tabagismo, 23, 141, 153
TAC. *Ver* Terapia de aceitação e comprometimento
TAG e preocupação. *Ver* Transtorno de ansiedade generalizada (TAG) e preocupação
Tálamo, 12-13
TAS. *Ver* Transtorno de ansiedade social
TBM. *Ver* Terapia baseada em *mindfulness*
TDP. *Ver* Terapia dos doze passos
Técnica da seta descendente, 35-36, 38
Teoria da dissonância cognitiva, 138, 141
TEPT. *Ver* Transtorno de estresse pós--traumático
Terapia baseada em *mindfulness* (TBM), 38
Terapia de aceitação e comprometimento (TAC), 39-40
Terapia dos doze passos (TDP), 145, 146, 148-149
Terapia interpessoal (TIP), 122-124
Terapia Morita, 173
Terapia psicodinâmica, 8-9
Terapia racional emotiva comportamental, 3
Thorn, B. F., 44, 176
TIM. *Ver* Entrevista motivacional/Terapia de intensificação motivacional
Timeline Followback Calendar (Calendário Retrospectivo Cronológico), 44
TIP. *Ver* Terapia interpessoal
TOC. *Ver* Transtorno obsessivo-compulsivo
Transtorno da personalidade esquiva, 80, 81. *Ver também* Transtorno de ansiedade social
Transtorno de ansiedade generalizada (TAG) e preocupação, 35-36, 105-119
  aceitação, 115-119
  acompanhamento do progresso do tratamento, 44
  critérios do DSM-IV, 106
  definição do transtorno, 106-108
  distribuição de gênero, 106
  entrevista motivacional, 25-26
  esquiva, 107-108
  estratégias de tratamento, 108-119
  etnia e, 106
  exercícios de respiração, 114-116
  exposição, 115-118

idade de início, 106
insônia. *Ver* Insônia
meditação, 113-116
metacognições, 108-109
modelo de tratamento, 107-109
modificação de atenção e de situação, 108-110
Penn State Worry Questionnaire (Questionário de Preocupações da Penn Stote), 44
práticas de *mindfulness*, 38, 114-115, 119
psicoeducação, 111-114
Questionário de Preocupações da Penn State University, 44
reestruturação cognitiva, 113-114
relaxamento, 113-116
respaldo empírico, 118-119
respiração de ioga, 114-116
superestimação de probabilidades, 18-19, 116-117
Transtorno de ansiedade social (TAS), 19-20, 79-92
  acompanhamento do progresso do tratamento, 43
  ataques de pânico, 64, 81
  avaliação, 28
  definição do transtorno, 80-81
  diagnóstico, 80-81
  distribuição de gênero, 80
  estratégias de esquiva, 81, 84-86, 90-91
  estratégias de tratamento, 82-91
  exposições, 84, 87-91
  farmacoterapia, 80, 81, 85-86
  idade de início, 80
  modelo de tratamento, 81-83
  modificação de atenção e de situação, 84-86
  pensamento catastrófico, 19-20
  problemas associados, 80
  psicoeducação, 83-85
  reestruturação cognitiva, 85-88
  relacionamentos interpessoais, 83
  respaldo empírico, 90-92

taxa de prevalência ao longo da vida, 80
transtorno da personalidade esquiva, 80, 81
Transtorno de estresse pós-traumático (TEPT), 6-7
Transtorno de pânico, 61-78
  acompanhamento do progresso do tratamento, 43
  agorafobia e, 62-64. *Ver também* Agorafobia
  ataques de pânico e, 61-64
  diagnóstico, 62-64
  DSM-IV, 62-64
  esquiva, 74-76
  estratégias de tratamento, 67-76
  exercícios de respiração, 39-41, 70-71
  exposição, 73-76, 78
  farmacoterapia, 61-62, 65, 77, 78
  hiperventilação, 65, 70, 71
  idade de início, 64
  modelo cognitivo, 65, 66
  modelo de expectativa, 66
  modelo de tratamento, 65-66
  modificação de atenção e de situação, 69-70
  palpitações cardíacas, xi, 18-19
  pensamento catastrófico, 71
  psicoeducação, 67-69
  reestruturação cognitiva, 67, 71-73, 77
  relaxamento e, 40-41
  respaldo empírico, 77-78
  sensibilidade à ansiedade, 66
  síndrome diagnóstica, 65
  superestimação de probabilidade, 18-19
  taxa de prevalência ao longo da vida, 62-63
Transtorno obsessivo-compulsivo (TOC), 93-104
  aceitação, 97, 102-104
  acompanhamento do progresso do tratamento, 43
  antidepressivos, 93
  compulsões, 94, 96
  definição do transtorno, 94-95

distribuição de gênero, 94
entrevista motivacional, 25
estratégias de esquiva, 104
estratégias de tratamento, 97-104
exposição, 97, 102-104
farmacoterapia, 93, 104
fusão de pensamento e ação (FPA), 15-17, 94-95, 99, 104
idade de início, 94
Maudsley Obsessional Compulsive Inventory (Inventário Maudsley de Obsessões e Compulsões), 43
meditação de *mindfulness*, 95, 97-98, 101-102
modelo de tratamento, 95-96
modificação de atenção e de situação, 97-98
pensamento catastrófico, 94, 96, 97, 99-100
psicoeducação, 97-99
reestruturação cognitiva, 97, 99-100
relaxamento, 97, 101-102
respaldo empírico, 104
superestimação de probabilidade, 99-100
supressão e, 95, 96, 98-99
taxa de prevalência ao longo da vida, 94
Transtornos de ansiedade, xiv, 2, 6-7
esquemas, 35-36
exposição e, 41, 53-56
ver também Transtorno de ansiedade generalizada; Transtorno de pânico; Fobias; Transtorno de ansiedade social

Transtornos do sono. *Ver* Insônia
Transtornos mentais
como condição médica 8-9
como disfunção nociva, 7-8
como entidades biológicas, 8-10
definição, 7-9
existência de, 7-8
psicanálise e, 8-9
Transtornos por uso de substância, 6-7, 136-137, 153
intensificação motivacional, 25
Ver também Problemas com álcool
Turk, C. L., 91-92

van Oppen, P., 104
Viagra, 153, 161, 163

Waddell, G., 166
Wakefield, Jerome, 7-8
Wall, P., 166
Walsh, J. K., 188
Watson, J. B., 41
Wegner, Daniel, 14-15, 95, 98
Weissman, M. e colaboradores, 122
Wells, A., 83, 108-109
Whisman, M. A., 124
Whittal, M. L. e colaboradores, 104
Wilhelm, S. e colaboradores, 104
Wolitzky-Taylor, K. B. e colaboradores, 58
Wolpe, J., 43

Zilbergeld, B., 156